화재증거물분석 실무개론

김의수 지음

도서출판 동화기술

머리말

하루에도 많은 사건사고가 발생하고 있고 많은 이해관계자들이 그 사건사고와 연관되어 민형사적 책임 소재를 밝히기 위해 끊임없는 논쟁에 휘말리고 있다. 특히 공판주의 도입으로 증거중심주의 제도가 정착되면서 사건사고에 있어 유효 증거는 책임 소재를 판단할 수 있는 매우 중요한 가치를 지니며 이를 수집하고 분석하기 위한 무형의 기술 또한 그런 의미에서 큰 의미를 가진다. 또한 각종 사고는 물적인 불안전한 상태와 인적인 불안전한 행동 등의 직접적인 원인에서 기인하고 이는 기술적 요인, 인간적 요인, 관리적 요인으로 나누어 볼 수 있는데 이를 제대로 규명하여 제거하고 개선하는 활동이 동종 사고 발생을 최소화하는데 매우 중요하다 할 수 있다. 화재는 우리가 주변에서 가장 접하기 쉬운 사건사고의 유형으로 결과는 화재의 한 형태로 나타나나 전기적 요인 외에도 기계적 요인, 화학적 요인 등 그 원인은 매우 다양하다. 또한 주로 안전사고가 고의성이 없는 사고 측면에 가깝다면 방화라고 하는 고의성 있는 범죄에 해당하는 화재 유형이 존재하기에 범죄와 사고를 구별하는데 있어 현장 조사 및 원인 규명 활동은 책임 소재 판단에서 민형사상 특히 중요한 의미를 지닌다.

원인 규명 활동에 있어 가장 기본이 되면서 그 만큼 중요한 무형의 기술은 화재사고와 가장 밀접한 관련이 있는 증거물을 현장에서 판별하고 수집하는 기술과 이를 검사 및 분석하는 기술로 본 기술의 고저 및 보유 유무에 따라 유효 증거 취득 여부는 결정된다 할 수 있다. 하지만 언급된 두 가지 기술은 기계공학, 전기공학, 화학공학 등의 매우 종합적인 지식이 필요한데 화재사고 원인 규명 활동을 하고 있는 소방관, 경찰관, 화재감식평가사, 손해사정사가 이런 전문화된 영역을 이해하고 논단하기에는 큰 무리가 따르는 것이 지금의 현실이다. 이를 극복하기 위해 화재 조사자들을 위한 교육 등이 일부 기관에서 진행되고 있으나 대부분 현장 감식분야에 국한되어 있어 실제 증거물을 검사하고 분석하는데 대한 기술은 습득하기 힘든 실정이다.

화재 증거물의 경우는 화재 현장에서 수거되는 특성 상, 소훼되거나 소실된 것이 대부분으로 원인 규명 측면에서 이를 검사하고 분석 기술은 화재 현장에서 손상된 물질에서 나오는 데이터들이나 사실을 인지하는 능력과 이들 데이터들을 적절하고 객관적으로 분석할 수 있는 능력이라 할 수 있다. 이는 과학적인 방법으로 조심스럽게 증거물들을 수집하고 분석해야 하며 객관적이고 올바른 해석 및 결과를 결정해야한다는 것이다. 화재 증거물을 분석하기 위해서는 발화지점과 밀접한 관련이 있는 제품이나 설비의 전기적, 기계적 특징을 파악하는 것이 매우 중요하며 그 바탕에는 제품 및 설비의 장치 종류, 구조, 구동 메커니즘 등의 이해가 전제가 되어야 하나 기존 화재 조사 및 감식을 다루는 전문서적은 주로 현장 조사 시 화재와 관련된 유효 증거물의 수거에 초점을 맞추고 있다 보니 원인 규명을 위한 폭 넓은 시각을 전달하기에는 어려움이 있었다고 사료된다.

이에 본 저자는 국립과학수사연구원, 삼성전자, LG전자, 한국교통대 등에서 공정엔지니어 및 사고조사 감정관, 안전공학과 교수 등으로 재직하면서 겪은 실제 경험을 바탕으로 화재조사 및 감정의 기본 방법과 전기 설비, 기계 설비, 가스 설비 등의 설비에 대한 기본 개념과 분류별 특징을 소개한 후 설비별 장치 및 구조, 작동 메커니즘을 학습시키고 소방, 경찰, 손해사정사 등 비전공자가 화재 증거물을 검사 및 분석할 수 있도록 최소한의 필요 지식을 본 서적에 최대한 담아 기술하는데 노력함으로써 기존 화재조사 관련 전문서적과의 차별화를 도모하였다. 이와 같은 관점에서 본 서적은 화재 증거물 수거 후 검사 및 분석과 관련된 종합적인 지식 함양에 도움이 되기 위해 총 8장으로 실제 화재 증거물 검사 및 분석에서 반드시 필요로 하는 화재조사 기본, 증거물 수집, 전기기구 및 제품, 가스연소기구, 유류연소기구, 기계장치 및 설비, 주요장치 분석, 화재분석장비 등으로 항목을 나누어 챕터를 구성하고 챕터별로 실제 방법론과 관련된 그림과 사진을 많이 삽입하여 집필하는데 노력하였다.

본 서적을 집필하는데 화재조사 관련 국내외 문헌, 관련 기관 내 공유 자료, 언론 보도 자료, 인터넷 자료 등을 일부 활용하였으며 이에 관해 저자들에게 감사드리며, 원고 집필을 위해 자료 발췌 및 정리 등에 힘써 준 한국교통대학교 안전공학과 기계안전연구실 학생들에게 감사드리고 마지막으로 책의 출판을 위해 물심양면 도와준 아내와 도서출판 동화기술 직원분들께 감사드리오며, 본 서적을 통해 국내 외 화재조사 관련 공학도 및 소방, 경찰, 손해사정사 등의 기관 관계자 분들이 화재 증거물 검사 및 분석 기술을 이해하는데 많은 도움이 되길 소망해 본다.

충주캠 테크노관에서

저자 김 의 수 올림

목 차

Chapter

1 화재조사 기본

1 화재조사 기본방법

1.1 개요

화재조사의 목적은 크게 3가지로 나누어 볼 수 있으며 첫째, 화재조사의 과학적 방법에 관한 주요 요소의 확인과 둘째, 수집한 데이터 분석 그리고 마지막으로 가설을 전개시킬 방법의 이해 등을 둘 수 있다. 화재조사의 본질은 기술과 과학이 포함된 복잡한 노력이다. 사실의 분석뿐만 아니라 사실적 자료의 수집을 객관적이고 진실하게 수행하여야 한다. 화재조사의 기본 방법론은 체계적인 접근방법의 이용과 모든 관련된 세부사항 주의에 의존하여야 한다. 체계적 접근방법의 이용은 이전의 결과가 재평가될 필요가 있을지 모르는 분석을 위한 새로운 사실적 자료를 발견한다. 약간의 예외는 있지만 화재 또는 폭발 조사를 위한 적절한 방법론은 우선적으로 화재사고에 대한 직접적 원인을 규명하기 위해 발화지점을 입증 및 결정하는 것이고 이 때 현장조사를 통해 발화지점 및 발화대상물 등을 파악하는 것이다.

대부분의 화재조사는 손상된 물질에서 나오는 데이터의 인지, 수집, 분석을 포함하고 있으며 화재조사의 요점은 이러한 데이터들이나 사실들을 인지하는 능력과 이들 데이터들을 적절하고 객관적으로 분석할 수 있는 능력이라고 할 수 있다. 이 때 체계적 접근방법을 이용한다는 것은 화재현장을 과학적인 방법으로 기술 및 전개하여야 하고 조심스럽게 증거들을 수집하여야 하며 현장을 완벽하게 기록하여 적절하고 올바른 해석 및 결과를 결정해야 하는 물리적 증거들을 보증해야 한다는 것이다. 체계적 접근이란 이런 데이터들을 분석하는 과학적 방법(Scientific Method)이며 과학적 방법이란 문제가 무엇인가를 알아내고 그 문제를 구체적으로 만들어내고 관찰과 실험으로부터 데이터들을 수집하며 가설을 세우고 전개시키며 그 가설에 의한 결과의 신뢰성 및 유효성에 대해 시험을 포함한 지식을 체계적으로 추구해가는 절차와 원리를 일컫는 말로서 문제들을 해결해가는 조직적이고 논리적인 방법으로 정의할 수 있다. 스스로 인식하지 못하고 있지만 우리들 대부분은 일상생활에서 과학적 방법을 사용하고 있으며 다음의 “빛이 없는 방 내부”에 대해 단계별로 문제를 풀어가는 과정에서 그 예를 살펴볼 수 있다.

(1) **필요성 인식**(Recognize the Need)
방안에 빛이 필요하다.

(2) **문제 정의**(Define the Problem)
빛이 없는 상황이다.

(3) **데이터 수집**(Collecting Data)
집의 파워를 확인 : Power is ON.
회로의 파워를 확인 : Power is ON.
스위치를 확인 : Switch is ON.
전구를 확인 : 필라멘트가 부러졌다.

(4) **데이터 분석**(Analyzing the Data) - 귀납적 추리(Inductive Reasoning)
건물 및 회로에 파워는 들어와 있다.
스위치가 제대로 작동하는지는 알려져 있지 않다.
전구의 필라멘트는 교체되어야 한다.

(5) **가설의 설정 및 전개**(Formulation and Development of Hypothesis)
전구가 나갔다.

(6) **가설의 검증**(Testing of Hypothesis) - 연역적 추리(Deductive Reasoning)
새로운 전구로 교체한다.
스위치를 켠다.
빛이 들어온다.

(7) **최종 가설**(Final Hypothesis)
전구가 나갔었다.

1.2 화재조사를 과학적 방법

NFPA 921 코드에서는 폭발 사고 조사는 경험, 기술, 지식과 과학이 포함된 복합적인 노력의 산물이라 표현하고 있다. 사실적인 분석뿐만 아니라, 사실적 자료 수집의 과정이 객관적이고 진실하게 수행되어야 하며 체계적 접근 방법을 이용하여야 한다. 권장된 체계적 접근 방법은 물리학에서 사용하는 과학적 방법의 접근 방법과 같으며 이 방법은 조직적이고 분석적인 과정을 제공한다. 과학적인 방법은 과학적, 공학적 과정의 기본을 형성하는 조사의 주요원칙이며 그림 1-1에 그 단계를 제시하였고 사용된 주요 용어의 정의는 다음과 같다.

(1) 용어 정의

1) 과학적 방법(Scientific Method)

한 가지 문제를 인식하고, 문제를 만들고, 관찰과 실험을 통해 데이터를 수집하고, 가설들을 세우고, 검증하는 것들을 포함하는 지식을 체계적으로 추구하기 위한 절차와 원리들.

2) 경험적(Empirical)

관찰과 경험을 토대로 나오고 이론적인 합당한 보증 없이 단지 관찰과 경험에 의존하고 관찰과 실험에 의해 증명되거나 배제될 가능성 있는 방법.

3) 귀납적 추리(Inductive Reasoning)

특정한 관찰들과 실험들로부터 더욱 일반적인 가설들과 이론들로 나아가는 추리.

4) 연역적 추리(Deductive Reasoning)

특정한 실험적 결과들을 설명하는 이론들로부터 시작하는 추리.

(2) 조사의 주요 단계

1) 필요성 인식(Recognize the Need)

우선 문제의 존재를 결정하여야 한다. 화재사고가 발생했고 사고 재발을 예방할 수 있도록 원인을 결정하고 등록하여야 한다.

2) 문제 정의(Define the Problem)

문제가 존재하다고 결정한 후에 어떠한 방법에 의해 문제를 해결할 것인지 정의해야 한다. 이 경우 현장 조사와 이전에 행해진 그 사고에 대한 조사의 재검토, 사고 관련인의 인터뷰, 자료 수집 등의 방법이 병행되어 수행되어야 한다.

3) 데이터 수집(Collect Data)

화재사고에 대한 사실을 수집한다. 이것은 실험이나 관찰 등 직접적인 자료 수집 방법에 의해 수행되어야 하며 관찰이나 경험에 바탕을 두고 검증될 수 있기 때문에 이를 경험적 데이터라고 한다.

4) 데이터 분석(Analyze the Data)

모든 수집된 자료는 귀납적 방법에 의해 분석되어져야 한다. 이것은 수집된 경험적 데이터를 조사자의 지식, 교육 및 경험에 비추어 더욱 세밀하게 조사하고 분석하는 과정이다. 주관적이거나 추리적 자료는 분석에 포함될 수 없고 단지 관찰과 실험에 의해 확실히 입증될 수 있는 사실만은 포함한다.

5) 가설 정립(Develop a Hypothesis)

자료 분석에 근거하여 화재사고의 원인을 설명하기 위하여 가설이나 가설군을 만들어야 한다. 이 가설은 단지 조사자가 수집한 경험적 데이터에만 의존하여야 한다.

6) 가설 검증(Test the Hypothesis)

가설의 검증은 가설과 알려진 사실을 비교하여 연역적 추리의 원칙으로 행하여져야 한다. 인지력이 있거나 실험에 근거하여 가설이 인정 불가능하면 폐기되거나 더 적절한 새로운 가설을 실험해야 한다. 이 과정은 모든 가능한 가설이 실험될 때까지 지속되어야 하며 그렇지 않으면 사고 원인은 논단 불가로 처리하여야 한다.

7) 원인 추정의 회피(Avoid Presumption of Cause)

자료가 수집되기 전까지는 어떤 가설도 논리적으로 구성될 수 없고 받아들여질 수 없다. 하지만 모든 사고는 조사자에 의하여 추정 없이 접근되어야 한다.

(3) 과학적 방법의 적용

과학적 방법은 화재사고 조사를 포함하여 합법적이고 과학적, 기술적 과정의 기초를 형성하는 조사의 주요 부분이다. 과학적 방법은 다음 6가지 절차를 사용하여 적용된다.

1) 필요성 인식(Recognizing the Need)

① 화재 조사자들이 종종 화재조사에 사용된 방법에 대해 질문을 받을 때, 현장을 외부로부터 내부로 또는 가장 적게 소훼된 부분으로부터 가장 많이 소훼된 방향으로 화재현장을 기술한다라고 말한다. 이는 현장조사의 과학적 방법에 포함된 단계 중에서 세 번째 단계인 데이터를 수집하는 과학적 단계의 일부분일 뿐이다.

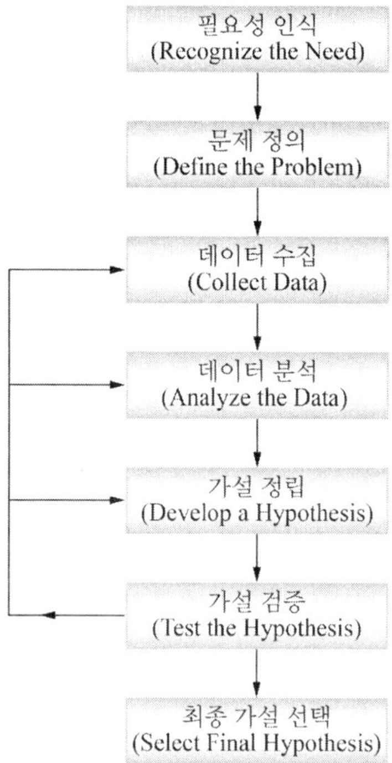

그림 1-1 과학적 방법(Scientific Method)의 활용

② 우선 문제의 존재를 결정하여야 한다. 이 경우에 화재나 폭발이 일어났고 향후 사고의 재발을 방지할 수 있도록 원인을 결정 및 등록하여야 한다.

2) 문제 정의(Defining the Problem)

① 조사자가 현장에 도착하였거나 혹은 임무가 주어진 때에는 반드시 풀어 헤쳐야 할 문제의 정의부터 해야 한다.

② 예를 들어 문제가 화재의 발화지점과 원인을 결정하는 것인지, 또는 화재의 확산에 주요한 역할을 한 것이 무엇인지를 결정하는 것인지, 또는 화재에 의한 사망의 원인을 결정해야 하는 것인지 등이다.

③ 문제가 존재한다고 결정한 후에, 조사자나 분석가는 어떠한 방법에 의해 문제가 풀릴 것인지 정의해야 한다. 이 경우에 적절한 출화지점과 원인 조사를 수행하여야 한다. 이것은 현장 검증과 이전에 행해진 그 사고에 대한 범죄의 재검토, 증인이나 다른 알 만한 사람의 면접, 과학적 검사의 결과와 같은 자료 수집 방법의 조합에 의해 수행하여야 한다.

3) 데이터 수집(Collecting the Data)

① 조사자는 앞에서 정의된 문제의 답을 찾는데 필요할 데이터들을 현장에서 수집하기 시작해야 한다.

② 다음의 것들이 이들 데이터에 포함된다.

(가) 화재 연소 패턴과 같은 물리적 증거 인식

(나) 실험을 위해 샘플 파편들과 같은 물질의 수집

(다) 실험실 실험 결과들

(라) 목격자 진술과 같은 개인적 관찰의 기록들

(마) 현장에 대한 사진, 스케치, 기록된 노트들을 통한 현장의 기록물들

(바) 경찰 및 방송 등과 같은 기관의 보도 내용과 같은 공공의 결과물들

(사) 선행된 현장조사의 결과들

③ 과학적 방법을 사용하여 수집되어 나중에 분석될 데이터들을 경험적 데이터라 부른다. 경험적 데이터들은 증명될 수 있고 사실로서 유효화시킬 수 있는 정보들이나 또는 관찰이나 경험에 바탕을 둔 정보들로 구성된다. 조사자들이 만든 가설을 궁극적으로 입증할 데이터들을 적절히 수집하고 기록하는 것은 매우 중요하다.

4) 데이터 분석(Analyzing the Data)

① 경험적 데이터의 전부를 조사자의 지식, 교육 및 경험에 비추어 세밀하게 조사하는 과정이다. 주관적이나 추리적인 자료는 분석에 포함될 수 없고 단지 관찰과 실험에 의해 확실히 입증될 수 있는 사실만을 포함한다.

② 이런 수집된 증거들에 대해 이 증거 자체가 의미하는 바를 찾아내고 조사를 하고 있는 사건에 대해 한 가지 가능한 가설을 결정하는데 사용하기 위해 최대한 객관적으로 보아야 한다.

5) 가설 정립(Developing a Hypothesis)

① 자료 분석에 근거하여 조사자는 화재의 출화원과 원인을 설명하기 위하여 가설이나 가설군을 만들어내야 한다.

② 이 가설은 과학적 방법의 문제 정의 단계에 대한 답을 하기 위한 하나의 시도로서 이 가설은 단지 조사자가 수집한 경험적 데이터에만 의존해야 한다.

③ 한 가설이 과학적 방법을 사용하여 더 이상 발전될 수 없으면 조사자는 또 다른 잠재적 가설(Another Potential Hypothesis)이 필요할 지도 모른다. 이 잠재적 가설을 “미지(Unknown)” 또는 “더욱 있음직한(More Probable)”로

표현해야 한다.

6) 가설 검증(Testing the Hypothesis)

① 다른 모든 합리적인 출화원과 원인은 제거하여야 한다.

② 조사자는 가설이 세심한 조사와 합리적인 도전이나 검증에 대응하지 못하는 한 진정으로 가능한 가설을 찾지 못한다. 이것은 조사자가 가설을 모든 알려진 사실과 비교하여 연역적 추리의 원칙에 의해 행해진다.

③ 만약 가설이 연역적 추리에 의한 검사를 극복하지 못한다면, 그것은 인정 불가능한 것으로 폐기하거나 새로운 더 적절한 가설을 시험하여야 하며, 그렇지 않으면, 화재 원인은 "불상(Undetermined)"으로 판단하여야 한다.

④ 한 개의 설정된 가설이 지지 받느냐 그렇지 않느냐의 주요한 문제는 다음과 같은 것들이다.

㈎ 어느 다른 한 가설이 있어 이 가설이 동일한 사실들의 집합체에 의해 지지되는지 여부

㈏ 동일한 사실들의 집합체에 의해 지지되는 두 개의 가설들이 있다면 조사자가 충분히 많은 데이터를 수집하지 못했을 개연성이 있다. 이런 경우 조사자는 더욱 더 많은 정보를 수집하여야 하고 과학적 방법론의 각 단계들에 재적용 해야 한다.

㈐ 때때로 조사자는 확정적이거나 결정적인 정도의 합리적인 확정도에 의해 지지될 수 있는 가설을 정립하지 못할 수도 있다. 궁극적으로 조사자의 목표는 확정적으로 지원되는 유일한 한 가설을 만드는 것이다. 가설이 확정적일 정도로 지지되지 못하는 상황에서는 그 가설은 단지 "의심되는"이나 "있음직한" 것으로 판단된다.

⑤ 조사자가 가설을 검증할 때 사용하는 질문의 형태들은 다음과 같다.

㈎ 밝혀진 그 사실들(데이터)을 해석하는 다른 논리가 있는가?

㈏ 만일 있다면, 당신이 그 사실들(데이터)을 해석한 것이 왜 더 진실한가?

㈐ 당신이 세운 가설(데이터의 해석)에서 가장 취약한 것이 무엇인가?

㈑ 당신과는 반대편에 있는 전문가가 당신의 가설을 반박하는데 어떤 논의로 할 것 같은가?

㈒ 당신의 가설을 반박할 만한 사실들이 있는가?

㈓ 당신이 세운 가설을 지지하는 연구논문이 있는가?

㈔ 누군가가 당신이 세운 가설을 증명할 수 있는가?

㈕ 그 가설이 의미 있는 것인가?

⑥ 만일 한 가설이 합리적인 도전이나 검증에 대응하지 못한다면 조사자는 추가적인 데이터들의 수집 및 이들 데이터의 분석과 같은 과학적 방법론의 초기 단계들로 회귀하거나, 그 가설을 재설정해야 한다.

1.3 현장조사의 기본단계

1) 과제의 할당(Receiving the Assignment)

조사자는 사고 원인을 규명해야 한다는 책임이 있다는 점에서 자신이 무엇을 하고 무엇을 얻을 것인가에 대해 인지하고 있어야 한다. 사고 조사 후 혹 다른 결과의 제시에 대해 형사 및 민사 소송이 진행될 수 있다는 점에서 여러 방면으로 면밀히 사고 원인 규명을 위해 해야 할 일에 대해 미리 대비할 필요가 있다.

2) 조사 준비(Preparing for the Investigation)

조사자는 자신의 역할과 자원을 정리하고 조사를 수립하여야 한다. 이 단계에서 예비계획은 효율성을 증가시킬 뿐 아니라 전반적인 조사의 완성 가능성을 높여 준다. 도구, 장비, 인력을 예측하는 것은 초기 현장조사를 하는데 필요할 뿐만 아니라 조사와 분석이 유연하고 생산적인 방향으로 진행되게 한다.

3) 조사의 수행(Conducting the Investigation)

조사자는 현장조사를 실시하여야 하며 원인 규명을 위한 자료를 수집하여야 한다. 전형적인 사고조사는 타인에 의해 기 작성된 현장 문서 검토, 사진과 도표로 이루어진 현장 문서 수집, 관계자 인터뷰 등의 과정을 포함한다.

4) 증거 수집과 보존(Collecting and Preserving Evidence)

중요한 물리적 증거는 향후 심화 검증 및 법원에서의 소송 등을 위해 인식되고 기록되며 적절히 수집되어야 한다.

5) 사고 분석(Analyzing the Accident)

수집된 모든 가능한 자료는 과학적 공학적 방식에 의하여 분석되어야 한다. 사고 시나리오 구성은 화재사고의 유형, 관련 물질, 점화원 등이 포함된 사고 원인에 관한 종합적 결론과 그에 따른 책임에 관해 기술되어야 한다.

6) 결론 & 보고절차(Conclusions & Reporting Procedure)

결론은 사고 분석을 통해 다방면에서 피어리뷰 등의 충분한 검토를 걸쳐 도출되어야 하며 문서나 구두 형태로 보고가 이루어져야 한다. 또한 관련된 정보는 사고 재발 방지를 위하여 적절한 형식으로 저장·보관하고 사고 재발 방지 관련 규제 및 방안을 검토 후 실행하여야 한다.

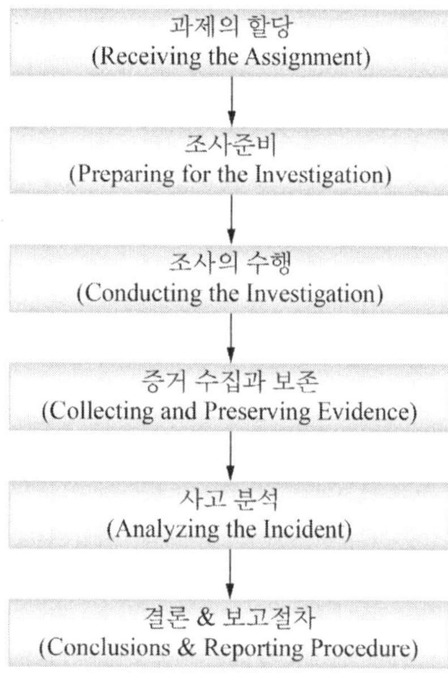

그림 1-2 현장조사 기본단계

과학적 방법을 이용하는 대부분의 화재나 폭발 사고는 시작부터 최종 분석까지 다음 6가지 주요 절차를 포함하여야 한다.

1) 조사 임무 수령

조사자는 자신의 역할이 무엇인가, 자신이 무엇을 성취할 것인가, 사고 자체 등에 대하여 알아야 한다.

2) 조사 준비

조사자는 자신의 역할과 자원을 정리하고 조사를 수행할 계획을 수립하여야 한다.

3) 현장조사

조사자는 현장조사를 수행하여야 하고 분석에 필요한 기초 자료를 수집하여야 한다.

4) 현장 기록

현장은 사진 촬영, 도해화 하여야 하며 조사 진행사항을 작성하여야 한다. 사용한 실험적 데이터는 기록 및 보존하여야 한다.

5) 증거 수집과 보존

중요한 물증은 차후의 시험 및 평가나 법정 제출을 위해 인식하고 적절히 수집하며 보존하여야 한다.

6) 사고 분석

사고 시나리오나 결함 분석은 그 사고의 발화지점 설명, 원인 및 책임에 대해 기술하여야 한다. 이 분석은 재발을 방지하기 위해 적절한 토론회에 보고하여야 한다.

1.4 현장조사 자료 분석

화재현장에서 발화지점 한정 및 발화 초기 상태 확인을 위하여 사전자료 분석이 요구되며 사전자료 분석을 통해 현장조사의 효율성 제고 및 정확한 발화지점 한정이 가능하다. 본격적인 화재 현장조사 전에 필수적으로 수행되어야 할 현장보존 및 사전자료 분석에 대한 절차와 방법은 다음과 같다.

(1) 현장보존

화재 발생에 따른 소화 작업 및 인명 구조 등이 이루어진 후, 화재현장조사 실시 전까지 그림 1-3에 나타낸 바와 같이 출입통제선의 설치 및 현장조사가 진행 중임을 인지할 수 있는 표시를 하고 피해자 및 관계자 등에 대한 현장 출입 통제한다. 이를 통하여 소방 활동 이후에 현장의 임의훼손 또는 조작 등이 발생되지 않도록 현장을 보존한다.

그림 1-3 현장보존을 위한 출입통제선 설치 예

(2) 자료 수집

현장보존 절차와 동시에 화재현장에 대해 구체적인 피해정도를 파악하고 피해자 및 목격자 진술을 확보하는 등의 사전 조사 활동 자료를 확보한다. 또한 현장조사 과정에서 발생할 수 있는 붕괴 등의 2차사고 방지를 위한 안전시설을 확보하고 원활한 현장조사가 가능하도록 조명설비 등을 설치한다. 전기 및 가스 등에 대한 안전점검을 통하여 2차사고 가능성을 차단할 수 있도록 하여야 한다.

1) 영상 자료

소화 작업 과정에서 초기의 형상 및 연소 진행 방향에 대한 사진촬영 작업을 병행하고 소방 활동에 대한 정보 및 진술을 충분히 확보하여야 한다. 그림 1-4는 화재발생 신고 접수 후, 최초로 현장에 도착한 소방관에 의해 촬영된 사진으로 초기 화재의 형태를 잘 보여주고 있으며 초기 발화지점 판단에 중요한 자료로 작용하였다.

그림 1-4 소방 촬영 초기 화재 현장 영상

그림 1-5는 화재현장을 지나던 행인에 의해 휴대폰으로 촬영된 동영상을 캡처한 모습으로 피해자들의 엇갈린 진술을 명확하게 해준 자료이다. 이처럼 초기 연소 확대과정에 대한 자료는 관련자 진술의 신빙성 확보는 물론, 초기 발화지점 한정에 중요한 역할을 하므로 본격적인 화재 현장 조사 이전에 초기 상황에 대한 사진 및 영상 등을 확보하여 분석하는 것이 중요하다.

그림 1-5 주변 목격자 휴대폰 촬영 영상

그림 1-6에 나타낸 영상은 부산 한 실내사격장 화재사고에서 사격이 이루어지는 사로 내부에 설치된 폐쇄회로(CCTV)의 사고당시 촬영된 영상으로 동 CCTV 영상에는 정확한 화재 발생시각 및 발화지점이 촬영되어 있는데 많은

인명피해로 인해 발화지점 및 화재발생시각 판정에 논란이 많았던 부분을 일시에 해소시켜준 사례이다. 이러한 사례는 숭례문 방화 현장 등에서도 유용한 자료로 활용되었으며, 범죄예방을 목적으로 다양한 장소에 CCTV가 설치되고 있는 추세를 감안하여 화재사고 발생 시, 주변이나 화재현장에 설치된 CCTV에 대한 확인이 반드시 이루어져야 할 것이다.

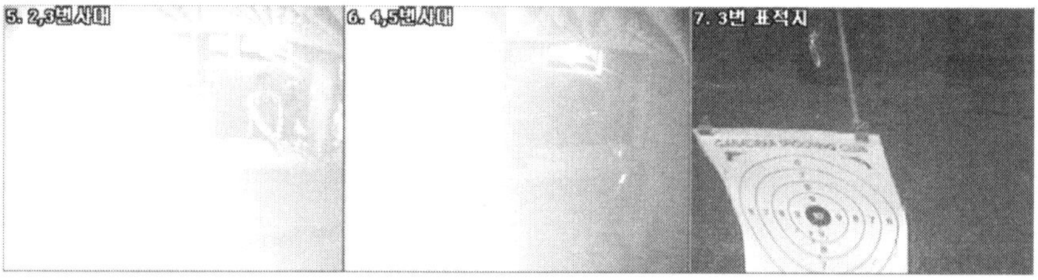

그림 1-6 폐쇄회로(CCTV)에 촬영된 영상

화재발생 초기에 촬영된 사진 또는 영상이 존재하지 않는 경우에는 본격적인 현장조사 단계 이전에 현장에 대한 사전 조사가 필요하다. 먼저 화재 발생 시각, 목격 당시의 상황 및 기상관계 정보 등을 확실히 조사해야 할 필요가 있다. 또한 화재 발생 건물의 임대차 관계 및 건물 내부 설비 등의 정보를 확인하고 수리 내역 등에 대한 확인 및 보험관계와 건물주의 부채 관계 등에 대한 조사 또한 선행되어야 한다. 마지막으로 화재 발생 당시, 현장에 사람이 있었는지 여부 및 사용 중이었는지, 건물 시정상태는 어떠하였는지, 목격자는 있는지 등을 면밀히 조사해야 한다. 이는 현행법상, 경찰 및 소방 관계자에 의해 이루어지므로 유관기관과의 협조가 요구된다.

2) 방범 시스템 자료

초기 영상자료 및 수사자료에 대한 분석과 더불어 최근 사설 경비업체에 의해 운용되는 방범 시스템을 설치하고 있는 건물 및 공장 등이 많아지는 추세로 건물 곳곳에 설치된 열 감지 센서의 동작 시간을 조사하는 것도 발화지점 축소에 효과적인 자료로 활용된다. 이러한 열 감지 센서는 외부에서 사람이 침입하는 경우, 체온을 감지하기 위한 목적으로 설치되며 화재 발생에 의해 열이 발생하게 되면 열 감지 센서에서 이상신호가 감지되어 발생 시각 및 형태를 저장하도록 구성되어 있다. 그림 1-7은 화재 건물에 대한 연소형상 및 방범시스템 열 감지 센서의 이벤트 발생 시각을 나타낸 것으로 열 감지 센서 동작시간의 분석을 통해 발화개소를 한정할 수 있었던 사례이다. 특히 화재발생 이후, 장시간에 걸쳐 소방 활동이 진행되는 경우, 전반적으로 심한 연소 형태를 보이며 비정상적인 연소 형태인 폭연 및 폭굉 등으로 진전되는 경우, 연소 형상만으로 발화지점을 축소하는 것은 실제로 어려운 점이 있다. 따라서 앞서 언급한 초기 영상자료 및 방범시스템의 이벤트 발생 시각 등을 활용한다면 보다 효과적인 화재현장조사가 가능할 것이다.

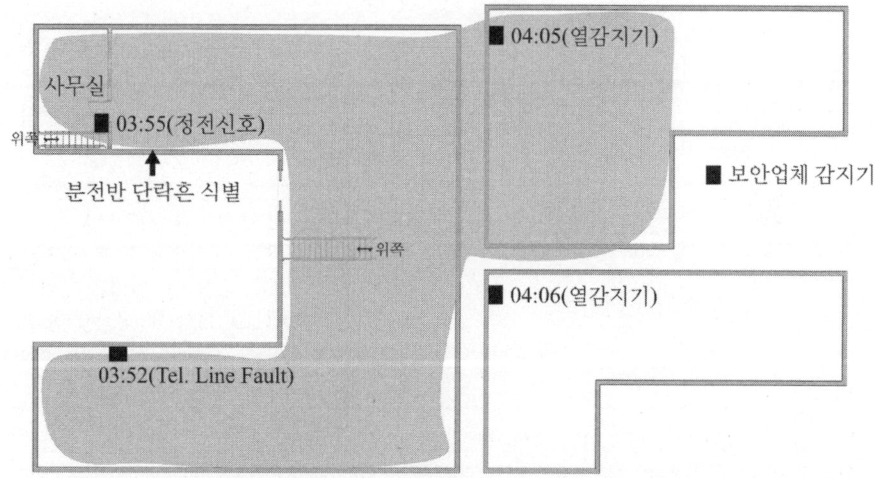

그림 1-7 방범 시스템 동작 시간 정리

(3) 관계자 정보 수집

현장보존 및 현장조사 준비 단계에서 관계자 인터뷰 및 초기 상황에 대한 정보 등의 수집을 통해 보다 원활한 현장조사가 가능하므로 이에 대한 충분한 준비가 있어야 한다. 이러한 사전준비를 확인하기 위해 표 1-1에 현장보존 및 현장조사 준비단계에 대한 체크리스트를 나타내었다.

표 1-1 현장보존 및 현장조사 준비 체크리스트

확인항목	Y	N	비 고
화재 완전 진화 여부			소방 활동 및 인명구조 활동 종료 여부, 현장 출입 통제 여부 결정
현장 상황 파악			화재발생시각, 화재 지속시간, 화재규모 및 피해상황 등
출입 통제			출입통제선 설치, 현장조사 중임을 알릴 수 있는 표식
목격자 및 관계자 조사			최초목격시각, 화재현장 시정 여부, 보험 가입여부, 사람 상주 여부 등
조명설치 및 현장 안전 조치 시행			2차 화재, 붕괴 위험성 및 유독가스 여부 등에 대한 확인 및 조치 현장조사를 위한 조명 등의 설치
방범 시스템 확인			설치 여부 및 이벤트 발생 시각 등 방범 시스템 설정 시각(최종 퇴청 시각)
초기 촬영된 영상 확보			소방 활동 중 촬영된 영상, 현장내부 및 주변 CCTV 영상 및 목격자에 의해 촬영된 영상 등
화재 조사팀 구성			경찰, 소방 및 기타 유관기관에서 전문 지식이 있는 전문가로 구성
화재현장 조사 범위 및 절차 협의			화재현장 조사기관에 따라 업무 분담 역할 분담 및 지휘체계 조율
현장조사 시작			현장조사 시작

Chapter 2

증거물 수집

1 물리적 증거

1.1 개요

화재 조사를 진행하는 동안 화재조사관은 물리적 증거의 위치, 수집, 식별, 보관, 검사 및 시험에 대한 준비임무를 맡게 된다. 화재조사관은 이러한 물리적 증거물 처리에 대한 권장 방법 및 허용된 방법에 대해 철저히 알고 있어야 한다. 일반적 의미의 물리적 증거는 특정 사실이나 문제를 입증하거나 반증하는 것으로, 물리적(Physical) 물품 또는 실체가 있는(Tangible) 물품을 말한다. 화재현장에서의 물리적 증거물은 화재의 발화위치, 원인, 확산 또는 책임 문제와 관련될 수 있다. 실험실이나 다른 테스트 기관에 조사 및 의뢰하거나 어떤 사실 또는 의견을 뒷받침하기 위해 사고 현장에서 어떤 물리적 증거물을 수집하는 것에 대한 결정은 화재조사관의 몫이다. 이 결정은 조사의 범위, 법적 요구사항 또는 금지사항과 같은 여러 가지 고려사항을 근거로 내려져야 할 것이다. 추가적인 증거물들은 다른 조사관이나 보험회사 직원, 제조업체 직원, 소유자 및 거주자를 포함한 다른 사람들에 의해 수집될 수도 있다. 화재조사관은 증거 관련 문제와 증거 파기에 관련된 문제에 관한 기준 및 절차도 알고 있어야 한다.

1.2 물리적 증거 보존

화재 현장의 건물, 내용물, 비품, 가구들은 가능하면 화재 이전의 위치에서 원래의 모습 그대로 보존 및 보호되도록 모든 노력을 기울여야 한다. 작은 종이 성냥과 같은 증거물들은 주의를 기울이지 않으면 화재 현장에서 쉽게 부서지거나 분실될 수 있다. 일반적으로 화재나 폭발의 원인은 조사가 거의 마무리될 때까지는 알 수 없다. 따라서 화재 현장에서 발견되는 여러 개의 물리적 증거물에 대한 증거로서의 가치나 화재를 설명하는 해석적 가치는 화재 현장 조사가 거의 끝나거나 완전히 완료될 때까지 알 수 없을 수도 있다. 그러므로 화재 현장 전체를 물리적 증거로 간주하고 보호 및 보존해야 한다. 재와 잔해를 일시적으로 옮길 때에는 봉투나 방수포, 또는 다른 적당한 용기에 조심스럽게 담고 수거된 위치를 라벨로 표시해야 한다. 이런 식으로 하면, 어떤 기구나 방화를 위한 도구의 부속물이 누락되어 있다는 것을 알았을 때, 라벨 표시된 용기에서 좀 더 쉽게 찾을 수 있다. 화재 현장 및 물리적 증거물 보존에 대한 책임이 오직 화재조사관에만 있는 것은 아니며 소방관 또는 경찰들이 현장에 도착하면서부터 시작되어야 한다. 보존을 제대로 하지 않으면 물리적 증거물들이 부서지고 오염되며 분실되거나 불필요한 이동을 하게 될 수 있다. 처음에는 사고 지휘관 나중에는 화재조사관이 화재 현장에 대한 침입에 대해 보안을 유지해야 하며 필요한 경우에는 화재 진압 활동을 제한해야 한다. 화재 현장에서의 증거물은 범죄의 맥락(무기, 체액, 발자국과 같은 관습적인 법적 증거물)에서만 고려되어서도 안 되며, 방화 관련 증거, 물품 또는 인위적 물품(방화 장치 또는 용기)에 대한 것으로만 한정되어서도 안 된다.

그림 2-1 물리적 증거의 보존

화재 현장 및 주변 지역에 있는 잠재적 증거물에는 물리적 구조물, 건물 내에 있는 물건들, 인공물 및 인화된 물질이나 화재 패턴을 나타내는 모든 물질이 포함될 수 있다. 물리적 증거로서의 화재 패턴을 증거 및 화재를 설명하는 지표로 사용하는 것은 방화 화재의 방화 장치나 우발적 사고 화재의 특정 기구와 같은 잠재적 발화 원인을 밝히는데 유용할 수 있다. 화재 패턴은 화재 후에도 남아 있기 때문에 측정하거나 볼 수 있는 물리적 효과이다. 이러한 화재 패턴에는 탄화된 재, 산화, 가연성 물질의 소비, 연기, 침전된 검댕, 뒤틀림, 융해, 색 변화, 물질의 성질 변화, 구조물 붕괴 및 기타 효과와 같은 물질에 대한 열적 효과가 포함된다.

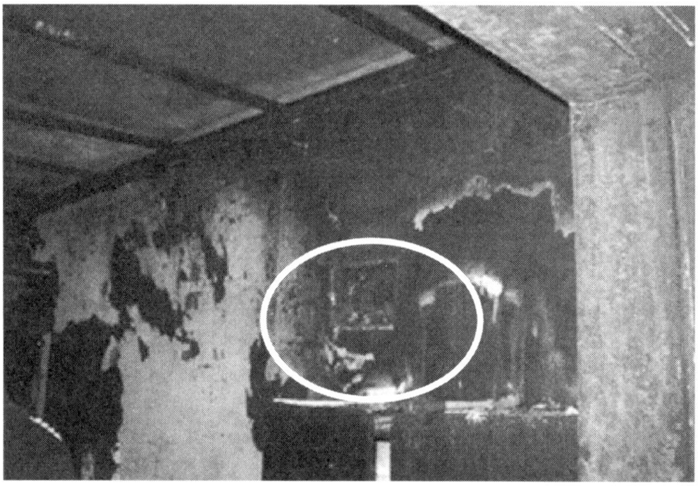

그림 2-2 물리적 증거로서의 화재패턴

(1) 인공 증거물(Artifact Evidence)

처음 발화된 물질, 발화원 또는 화재의 발화, 발달 또는 확산에 어떤 식으로든 관련된 물품이나 부속물의 잔재가 인공물이 될 수 있다. 표면에 화재 패턴이 남아 있는 물품도 인공물이 될 수 있는데, 이 경우 인공물의 보존은 물품 자체를 위해서라기보다는 품목에 남아 있는 화재 패턴을 위한 것이다.

그림 2-3 인공 증거물의 예

(2) 현장 복원

화재 현장에서 인공물의 이동 및 제거는 조사관이 현장을 재구성하는 것을 어렵게 할 수 있다. 조사관이 증거물의 화재 이전 위치를 확인할 수 없게 되면 증거는 분석적 가치 또는 해석적 가치를 잃을 수 있다. 화재 현장에 있는 내용물 및 가구류 또는 기타 증거물을 옮기는 것, 특히 제거하는 것은 기록, 재구성 및 분석이 완료될 때까지는 피해야 한다. 소방관이 화재 현장을 보존하고 보호하기 위한 예비 작업을 시작하지 않은 경우에는 화재조사관이 이러한 작업에 대한 책임을 져야 한다. 그런 다음, 개개인의 권한과 책임에 따라서 조사관은 증거를 기록, 분석 및 수집해야 한다. 안전이나 다른 실제적인 이유로 인해 현장을 수리하거나 철거해야 할 수도 있다. 일단 현장이 이해 당사자에 의해 기록되고 관련 증거가 수거된 후라면, 현장을 계속 보존해야 할 이유는 없다. 일반 활동의 재개를 허용하기 위한 충분한 작업이 이루어질 시기에 대한 결정은 그 당시의 모든 이해 당사자들에 의해 이뤄져야 한다.

(3) 보존 작업

인공물이나 다른 증거가 발견되면, 해당 물품이 분실, 파괴 또는 움직이지 않도록 보존하고 보호하기 위한 예비 작업을 시작해야 한다. 발굴을 한 사람은 사고 지휘관에게 가능한 빨리 이를 고지해야 하고 사고 지휘관은 화재조사관이나 증거의 기록 및 수집에 대한 책임과 권한이 있는 다른 적절한 인원 또는 기관에 고지해야 한다. 소방대원들은 직접 분사 호스를 사용하거나 천장을 잡아당기거나 유리창을 깨거나 벽을 부술 때, 그리고 잔불을 정리하거나 복원 작업을 할 때 증거를 불필요하게 훼손하지 않도록 주의해야 한다. 송수관 및 호스 등 소방관들은 직접 분사 기구를 사용할 때 가능한 한 신중해야 하며 특히 불의 아래 부분은 발화지역일 수 있으므로 불의 아래 부분에 대해서는 더욱 주의해야 한다. 간혹 발화 지역에서 발화원의 증거를 발견할 수 있다. 호스, 특히 직접 분사 기구의 사용은 존재할지도 모르는 물리적 증거를 옮기거나 손상시키거나 파괴할 수도 있다. 세척과 같은 분해 조사 작업 또는 천장이나 벽을 열기 위한 급수 호스의 사용 또한 발화 추정 지역에서 먼 곳으로 제한되어야 한다. 화재 패턴이 남아 있을 가능성이 있어 조사관이 바닥을 살펴봐야 하는 지역에는 물의 사용을 제한해야 한다. 고인물이 있는 바닥이 샐 때에는, 새는 구멍을 찾아서 화재 현장 및 화재 패턴에 최소한의 영향만 주도록 해야 한다.

그림 2-4 현장 복원 및 보존 작업

1.3 증거물의 오염

수집, 저장 또는 이동의 방법이 부적절할 때 물리적 증거물의 오염이 발생할 수 있다. 화재 현장에 대한 부적절한 보존과 마찬가지로 물리적 증거물의 오염은 증거로서의 가치를 저하시킬 수 있다.

(1) 증거물 보관 용기의 오염

오염된 증거물 보관 용기의 사용으로 인해 물리적 증거가 오염될 수 있으므로 주의해야 한다. 따라서 화재조사관들은 오염되지 않은 새 증거물 보관 용기를 기존에 사용되었던 용기나 오염 지역에서 떨어진 곳에 두어야 한다. 강철 페인트 통이나 유리병과 같은 증거 수집 용기의 상호 교차 오염을 막기 위한 하나의 방법으로 공급자로부터 받은 즉시 봉인하는 것이 도움이 될 수 있다. 증거 수집 용기는 증거 수집 현장으로 저장되어 운반되는 동안 계속 봉인되어 있어야 한다. 수집 장소에서 증거를 수령할 때에만 용기를 개봉해야 하고 증거물을 담은 후에는 실험실 조사를 할 때까지 다시 봉인해야 한다. 물리적 증거물에 대한 대부분의 오염은 수집하는 과정에서 발생한다. 특히 액체 및 고체 촉진제 증거물을 수집하는 경우에는 더욱 그러하다. 액체 및 고체 촉진제는 화재조사관의 장갑에 흡수될 수 있고 수집 도구 및 기구로 옮겨질 수도 있다. 따라서 화재조사관은 이후에 발견되는 물리적 증거물이 서로 교차 오염되지 않도록 하는 것이 중요하다. 이러한 상호 교차 오염을 방지하기 위해 화재조사관은 액체나 고체 촉진제 증거물을 수집할 때 일회용 비닐장갑을 착용하거나 손을 비닐봉지에 넣고 작업할 수 있다. 이후로 액체나 고체 촉진제 증거를 수집할 때에는 각 증거물에 대해 항상 새

장갑이나 새 봉지를 사용해야 한다. 증거를 수집하는 동안의 오염을 막기 위한 다른 방법은 증거 보관 용기 자체를 수집 도구로 사용하는 것이다. 예를 들어, 금속 뚜껑은 물리적 증거물을 캔에 담을 때 국자처럼 사용할 수 있고, 이로써 화재조사관의 손, 장갑 또는 도구로부터 교차 오염을 방지할 수 있다. 이와 비슷한 교차 오염을 방지하기 위해서 각각의 액체나 고체 촉진제 증거물을 수집하는 중간 중간에 화재조사관이 사용하는 빗자루, 삽 또는 창문 닦이와 같은 증거 수집 도구 또는 분해 조사 기구를 완전히 닦아야 한다. 그러나 화재조사관은 휘발성 용매가 들어 있을 수 있는 무수(無水)성 또는 기타 형태의 클리너를 사용하지 않도록 주의해야 한다.

그림 2-5 증거물 금속 보관 용기

(2) 증거물 보호

증거가 훼손되지 않도록 보호할 수 있는 방법에는 여러 가지가 있을 수 있다. 소방관이나 경찰을 보내서 건물, 방 또는 해당 구역에 대한 접근을 제한하거나 막는 방법도 있고 추가 조사가 필요한 지역이나 증거를 나타내는 숫자 표시 또는 도로의 공사구간 등에 설치하는 위험 경고 표지를 사용할 수도 있으며 해당 영역이나 증거를 정밀 조사하기 전 방수포로 덮어둘 수도 있고 방이나 구역을 끈, 경고 테이프, 폴리스 라인 테이프 등을 통해 격리시킬 수도 있다. 이는 조사관이 잔불정리 및 복원 작업을 감독하는데 도움이 될 수 있다. 화재 현장에서 빈 상자나 양동이 등이 인공물 위에 놓여 있는 경우들이 있는데 이런 물품들은 소방관이나 화재 현장에 있는 다른 사람들이 보존해야 하는 증거로서 표시해둔 것인지에 대한 확인이 명확하지 않을 수 있다. 증거임이 확실히 확인되지 않으면, 현장에서 파손되거나 옮겨지기 쉽다.

그림 2-6 증거물 보호 인식 라인

1.4 증거 수집 방법

물리적 증거의 수집은 화재 조사의 적절한 수행에 있어서 중요한 부분이다. 증거 수집 방법 결정요소에는 다음과 같은 것들이 있다.

① **물리적 상태** : 물리적 증거물의 상태가 고체, 액체 또는 기체인가
② **물리적 특성** : 물리적 증거물의 크기, 모양 및 무게
③ **파손성** : 물리적 증거물이 부서지거나 손상되거나 변하는 정도
④ **휘발성** : 물리적 증거물이 증발되는 정도

어떤 방법으로 증거를 수집하든, 화재조사관은 물리적 증거물을 검사하고 테스트할 실험실의 정책 및 절차뿐만 아니라 다음과 같은 기준 또한 준수해야 한다.

(1) 물리적 증거의 기록

물리적 증거를 옮기기 전에 이에 대해 철저히 기록해야 한다. 이는 정확한 측정치와 사진이 포함된 현장 노트, 문서로 된 보고서, 스케치 및 도표를 통해 기록하는 것이 가장 좋을 수 있다. 도표 작성 및 사진 촬영은 항상 물리적 증거물이 옮겨지거나 흐트러지기 전에 수행해야 한다. 조사관은 옮겨진 모든 물리적 증거의 목록과 옮긴 사람에 대한 목록의 작성에 최선을 다해야 한다. 이러한 기록의 목적은 두 가지이다. 첫째, 물리적 증거의 발견 당시 원래 위치뿐만 아니라 그 상태 및 화재 조사와의 관계를 확인

하고 둘째, 해당 물리적 증거물이 오염되었거나 바뀌었는지 여부를 확인하는데 화재조사관에게 도움을 주기 위해서이다.

(2) 법의학적인 물리적 증거물

법의학적 물리적 증거물에는 손가락 및 손바닥 지문, 피와 타액과 같은 체액, 머리카락 및 섬유, 신발 자국, 도구의 흔적, 흙 및 모래, 나무 및 톱밥, 유리, 페인트, 금속, 필적, 의심되는 문서 및 일반적인 형태의 흔적이 포함된다. 이러한 종류의 물리적 증거는 보통 다른 형식의 조사들과 관련이 있지만, 화재 조사의 일부가 될 수도 있다. 이러한 법의학적 물리적 증거물 수집에 대한 권장되는 방법은 매우 다양하다. 따라서 화재조사관은 물리적 증거물을 검사하거나 테스트할 법의학 실험실에 자문을 구해야 한다.

(3) 촉진제 증거 수집

화재를 유발하거나 화재 확산의 속도나 성장을 증가시키는 연료 또는 산화제인 촉진제는 발화성 액체인 경우가 많다. 촉진제는 액체, 기체 또는 고체 등 어떤 상태로든 발견될 수 있다. 액체 촉진제는 물리적 증거 수집에 대해 직접적으로 관련이 있는 특이한 특성을 가지고 있는데, 이러한 특성에는 다음과 같은 것들이 포함된다.

① 액체 촉진제는 대부분의 구조부, 내부 마감재 및 기타 화재 잔해에 쉽게 흡수된다.
② 일반적으로, 액체 촉진제는 물과 접촉했을 때 물 위에 뜬다. (알코올 제외)
③ 액체 촉진제는 다공성 물질 안에 갇혔을 때 지속성(존속 가능성)이 매우 높다.

(4) 비교 표본

물리적 증거물을 검사 및 테스트를 위해 채취할 때 비교 표본도 함께 채취할 필요가 있는 경우가 많다. 비교 표본의 채취는 액체나 고체 촉진제가 포함되어 있는 것으로 보이는 물질을 수집할 때 특히 중요하다. 예를 들어, 액체 촉진제가 묻어 있는 것으로 보이는 카펫 조각이 포함되어 있는 물리적 증거에 대한 비교 표본은 액체 촉진제가 묻어 있지 않은 동일한 카펫 조각이 된다. 비교 표본을 통해 실험실에서는 휘발성 열분해 생성물이 분석에 얼마나 기여할 것인지 평가할 수 있고 존재하는 일반 연료의 화염 특성을 측정할 수 있다. 촉진제 잔여물이 있는지를 확인하기 위해 비교 표본을 채취할 때는 화재에 영향을 받지 않은 지역이나 가구의 아래 등 조사관이 이러한 촉진제가 없는 곳으로 판단되는 곳에서 채취되어야 한다. 비교 표본에 대한 테스트 결과 발화성 액체가 없다고 가정할 때, 의심되는 표본에 있는 발화성 액체는 의심 표본이 채취된 부분과는 관계없는 것으로 볼 수 있다. 화재 현장의 상태로 인해 비교 표본을 구할 수 없을 수도 있다. 또한 발화성 액체 잔여물의 유효성을 확인하는데 비교 표본이 불필요한 경우도 많다. 비교 표본이 필요한지에 대한 결정은 실험 분석가가 내리는 것이지만, 조사관이 비교 표본을 채취하기 위해 현장을 다시 방문할 수 없는 경우가 많기 때문에 비교 표본은 초기 조사 시점에 채취되어야 한다.

1) 기체 표본의 수집

특정 화재와 폭발 유형에 관한 조사를 실시하는 동안, 특히 연료 가스가 포함된 사건의 경우에는, 화재조사관이 기체 표본을 수집해야 할 수 있다. 기체 표본은 여러 방법으로 수집할 수 있다. 첫 번째 방법은 시중에 유통되는 기계적 표본 채취 장치를 사용하는 것이다. 이 장치는 단지 기체 공기 표본을 빨아들여 표본 용기에 보관하거나, 이후의 분석을 위해 숯(잔해)이나 화학적 중합체를 흡수하는 물질로 된 트랩을 통해 빨아들인다. 또 다른 방법은 텅 빈 공기 채취 캔을 이용하는 것이다. 이러한 캔들은 기체 표본을 채취하기 위해 특별히 고안된 제품들이다.

2) 설비 시스템 구성부품의 수집

화재조사관은 분배 시스템 회로에서 전기 설비나 그 구성부품을 수집하기 전에 모든 전원이 차단되었는지 확인해야 한다. 전기 설비 및 그 구성부품들은 해당 구성부품이 화재원인과 관계가 있는지를 화재조사관이 판단하는데 도움이 되는 물리적 증거물로 수집될 수 있다. 전기 기기 또는 다른 형태의 설비가 발화 시나리오와 관련이 있는 것으로 생각되는 경우, 화재조사관은 이를 검사하거나 테스트하는 것이 좋다. 전기 기기는 해당 전기 기기가 발화 요인이었는지 아닌지를 화재조사관이 판단하는 데 도움이 되는 물리적 증거물로 수집될 수 있다. 이런 종류의 물리적 증거물은 대형부터 소형에 이르기까지 다양할 수 있다.

(5) 증거 보관 용기

물리적 증거물을 수집한 후에는 적절한 증거 보관 용기에 넣어 보관해야 한다. 물리적 증거물 자체를 수집하는 것과 마찬가지로, 적절한 증거 보관 용기의 선택도 물리적 증거물의 물리적 상태, 물리적 특징, 파손성 및 변동성에 따라 결정된다. 증거물 보존

용기는 증거물 본래의 모습을 보존할 수 있어야 하고 증거물의 변화나 오염을 방지할 수 있어야 한다. 증거물은 분쇄 종이와 같은 헐거운 포장 물질에 직접 포장되어서는 안 되고, 먼저 적절한 봉지나 용기에 넣어서 작은 품목이 분실되지 않도록 해야 한다. 다른 방법으로는 포장 재료를 봉지에 넣어서 증거물 주변을 둘러싸도록 할 수 있다. 증거물 보관 용기는 봉투, 종이 가방, 비닐봉지, 유리 보관 용기 또는 금속 캔과 같이 흔한 것일 수도 있고 특정 종류의 물리적 증거물을 위해 특별히 고안된 용기일 수도 있다. 적절한 증거 보관 용기에 대한 조사관의 선택은 물리적 증거물을 검사하거나 테스트할 실험실의 정책 및 절차 또는 증거물이 사용될 용도에 따라 결정되어야 한다. 액체 및 고체 촉진제 증거물 수집에 사용할 보관 용기는 다음의 네 가지 종류에 한정되는 것이 좋다. 이러한 용기에는 금속 캔, 유리 병, 특수 증거물 봉지 및 일반 비닐 증거물 봉지 등이 있다. 화재조사관은 촉진제가 증발하지 않고 오염되지 않도록 주의해야 한다. 따라서 이러한 증발이나 오염을 막기 위해 완전히 밀봉된 보관 용기를 사용하는 것이 중요하다.

(6) 증거물의 인식표지

인식표지 방법으로 물리적 증거물을 수집하는 화재조사관의 이름, 수집 날짜 및 시간, 해당 증거물 이름이나 번호, 사건 번호 및 지정 항목, 해당 증거물에 대한 설명 및 발견된 위치를 기록해야 한다. 이 내용들을 보관 용기에 직접 표시하거나, 미리 인쇄해 둔 태그나 라벨을 보관 용기에 단단히 붙일 수 있다. 화재조사관은 물리적 증거물의 인식표지가 쉽게 손상되거나 잃어버리거나 떨어지거나 바뀌지 않도록 주의해야 한다. 또한 화재조사관은 인식 표지를 부착한 자리가 이후 실험실에서 물리적 증거물의 검사나 테스트에 방해가 되지 않도록 주의한다.

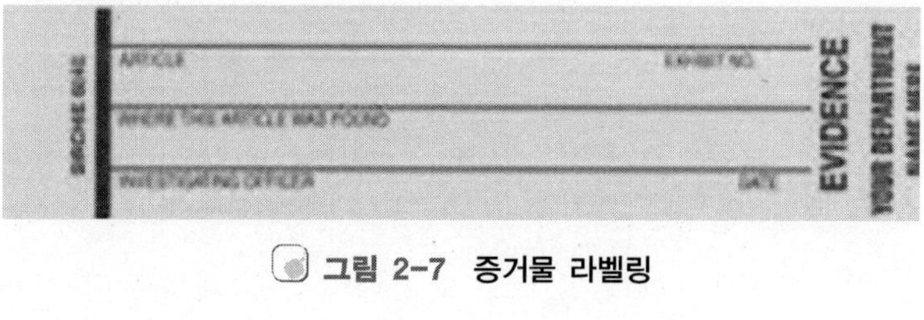

그림 2-7 증거물 라벨링

(7) 증거물의 발송 및 보관

물리적 증거물을 실험실이나 테스트 시설로 운반할 때에는 직접 운반하거나 발송할 수 있다. 검사 및 테스트를 위한 물리적 증거물은 가능하면 직접 운반하는 것이 좋다. 직접 운반하면 물리적 증거물이 손상되거나 잘못 놓이거나 도난당할 확률이 줄어든다. 검사 및 테스트를 위해 물리적 증거물을 실험실이나 테스트 기관에 발송해야 할 경우가 있다. 이러한 증거물을 발송할 때 화재조사관은 해당 증거물의 원래 모습을 보존하도록 모든 노력을 다해야 한다.

1) 전기적 증거물의 발송

조사관은 민감한 전기 기계적 부품이 있는 일부 전기 설비는 발송에 적합하지 않을 수 있다는 사실을 알아야 한다. 이러한 품목에는 특정 회로 차단기, 계전기, 또는 온도조절장치 등이 포함된다. 화재조사관은 실험실이나 테스트 기관의 담당자들에게 이러한 증거물 운송에 관한 조언을 구해야 한다.

그림 2-8 증거물 발송

2) 증거물의 보관

물리적 증거물은 더 이상 필요하지 않을 때까지 가능한 최상의 상태에서 관리되어야 한다. 분실, 오염 및 분해되지 않도록 항상 주의해야 한다. 열, 햇빛 및 습도는 대부분의 증거물을 분해시키는 중요한 원인이 된다. 건조하고 어두운 조건이 더 좋고, 서늘할수록 더 좋다. 촉진제 테스트를 위한 경우를 제외하고는 증거물이 들어 있는 밀봉된 봉지를 열면 수분이 증발하여 금속성 물질을 더 잘 보존할 수 있고 젖은 옷과 같은 유기 품목에 곰팡이가 생기는 것을 방지할 수 있다. 휘발성 증거물은 냉장 보관하는 것이 매우 좋다. 표본이 화재 잔해 분석을 위해 수집되는 경우에는 미생물이나 다른 생물에 의한 분해의 방지를 위해 냉동할 수 있다. 그러나 냉동은 인화점이나 다른 물리적 테스트를 방해할 수 있고 물이 채워진 용기는 터질 수 있다.

(8) 증거물 검사 방법

물리적 증거물은 수집된 이후 실험실이나 기타 테스트 기관에서 검사 및 테스트가 수행된다. 물리적 증거물의 화학 조성을 확인하기 위한 검사 및 테스트가 수행될 수도 있고 물리적 특성을 입증하기 위해서나 특정 법적 기준에 적합한지 여부를 판단하기 위해, 또는 이것의 작동이나 오작동 또는 고장을 판단하기 위해, 설계가 충분한지 여부를 판별하기 위해 또는 화재조사관에게 발화 지점, 화재의 특정 원인, 화재 확산에 기여한 요인들이나 화재에 대한 책임을 판단하고 이해할 수 있는 기회를 주는 다른 문제를 판별하기 위해 검사 및 테스트될 수도 있다. 물리적 증거물에 따라 그리고 검사 및 테스트하려는 문제나 가설에 따라서 여러 가지의 기준화된 테스트 방법이 있다. 이러한 테스트는 일부 인증 단체에 의해 기준화된 절차에 따라 수행함으로써 그러한 결과의 유효성을 더욱 인정받고 다른 실험실이나 테스트 기관의 결과에 상응하는 것으로 받아들여질 수 있다. 다음은 특정 화재 조사에 적용할 수 있는 선별된 분석적 방법 및 테스트에 대한 목록이다. 이러한 테스트를 수행하는 데 있어서 실험실을 활용하는 경우, 조사관은 예상할 수 있는 실험실 결과의 특성을 알고 있어야 한다.

1) 가스 크로마토그래피(Gas Chromatography, GC)

이 테스트 방법은 혼합물을 개별 원소로 분리하고 각 요소 및 상대적 양에 대한 시각적 표현을 나타낸다. 이 방법은 분해되지 않고 기화할 수 있는 기체나 액체 혼합물에 유용하다. 간혹 해당 원소를 특별히 구분해 내기 위한 추가 테스트의 필요성을 나타낼 수 있는 예비 테스트로 사용되기도 한다. 대부분의 석유 제품 촉진제에 대하여 인정된 방법에 따라 GC를 수행하면 적절한 특징을 나타낸다.

2) 질량 분석법(Mass Spectrometry, MS)

보통 가스 크로마토그래피법과 병행하여 사용되는데, 가스 크로마토그래피법을 통해 분리된 각 원소들에 대한 상세한 분석을 수행한다.

3) 적외선 분광 광도법(Infrared Spectrophotometer, IR)

특정 파장 영역에서 적외선을 흡수하는 능력을 통해 일부 화학 물질을 구분할 수 있다.

4) 원자 흡광 분석법(Atomic Absorption Analysis, AA)

금속, 세라믹류 또는 흙과 같은 휘발성이 아닌 물질에 있는 개별 원소들을 구분한다.

5) X선 형광 분석법(X-ray Fluorometry, XRF)

어떤 요소의 엑스레이 광자에 대한 반응을 통해 금속 원소를 분석한다.

특정 화재 조사를 진행하는 동안 화재조사관은 기기, 전기 장비 또는 다른 제품들이 공인 기준에 맞는지 확인하고자 할 것이다. 이러한 기준은 미국재료시험학회 및 기타 기관을 통해 발표된다.

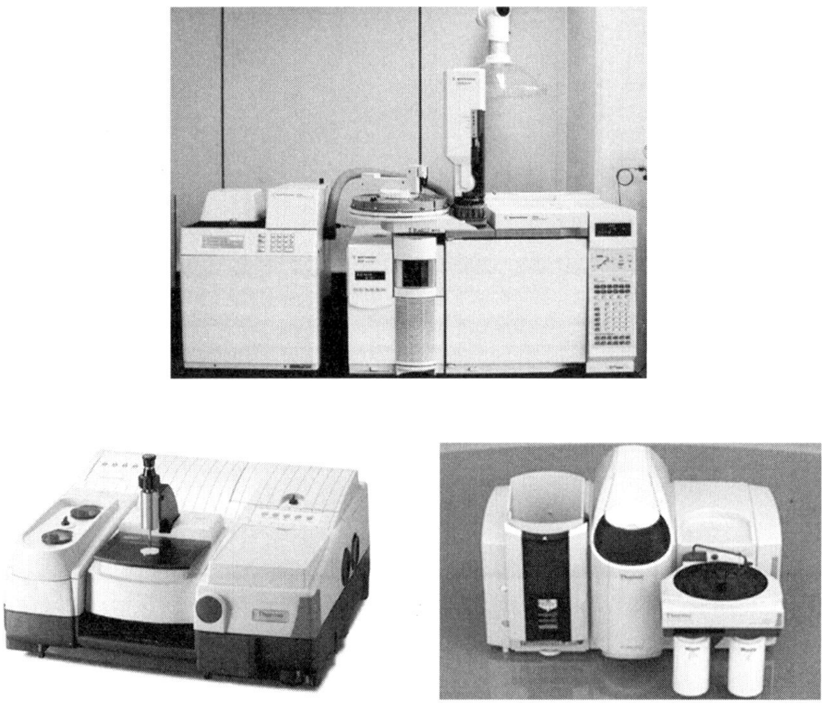

그림 2-9 증거물 분석 장비 예

(9) 증거물의 처리

화재조사관은 종종 조사가 완료된 후에 증거물을 처리하게 된다. 조사관은 정식 허가를 받기 전에는 증거물을 처리하거나 폐기해서는 안 된다. 상황에 따라서는 증거물을 수 년 동안 보관하고 있어야 할 수도 있고 소유자에게 반환해야 할 수도 있다. 방화와 같은 형사 사건의 경우에는 판결이 내려질 때까지 증거물을 보존해야 한다. 소송 중에 보고서, 사진, 도표 및 물리적 증거물로 제출된 증거물은 법원 기록의 일부가 되며 법원에 의해 보존될 것이다. 상고 절차가 모두 완료된 경우, 조사관은 모든 증거물의 적절한 폐기 또는 분배를 법원에 신청할 수 있다.

Chapter 3

전기기구 및 제품

I. 배선기구

1 분전반

전기가 흐르는 주된 선을 간선이라 하는데, 옥내 배선에서의 간선으로부터 각 분기회로로 갈라지는 곳에 설치하여 분기회로의 과전류 차단기를 설치해 한 곳에 모아 놓은 것을 분전반이라고 한다. 분전반은 전선의 손상, 충전부 접촉 등을 방지하기 위하여 다음 각 호의 구조를 갖추어야 한다.

① 분전반 전선 인입출구는 전선피복 손상을 방지하기 위하여 케이블글랜드를 사용할 것
② 분전함 내부 버스바 등 충전부는 절연코팅 처리를 하거나 열수축 튜브 등으로 절연처리를 하고 보호판을 설치할 것
③ 분전함 외함의 사용치 않는 전선인입구는 플러그 등으로 밀봉할 것
④ 분전함의 문은 90도 이상 열릴 수 있는 구조일 것
⑤ 분전함 외부에는 "전기위험" 등의 안전표지를 부착할 것
⑥ 옥외에 설치되는 분전함의 경우는 방수형 구조로 설치할 것
⑦ 분전반의 금속제 함 및 이를 지지하는 금속제 프레임 또는 구조물은 접지를 실시하여야 하며, 접지선은 모든 전기기계·기구와 설비에 연속적으로 연결되어야 한다.

1.1 계량기

계량기는 전원측이나 부하측 모두 수용가의 차단기보다 전원측에 위치한다. 따라서 가옥이나 상가에서 화재가 발생하는 경우 차단기가 다 차단된 이후에도 전원이 살아 있으므로 화염이 계량기에 도달되면 전기합선을 일으킨다. 따라서 계량기의 전원측/부하측 합선흔은 일반 화재 시 매우 자연스러운 현상이며 그 자체가 발화원인으로 작용되는 예는 드물며 계량기 자체 발화는 전원단자의 트래킹이나 불완전 접촉의 경우가 많다. 계량기 배선의 합선흔은 화재 후 2차적으로 나타나는 경우가 많으므로 부하측의 차단기 작동 여부나 차단기 부하측 배선의 합선 유무를 확인해야 한다. 차단기나 차단

기 배선에서 합선흔이 확인되면 계량기 배선은 화재 후 발생된 것으로 본다. 그러나 내부 공간이 완전히 연소되었는데도 차단기가 차단되어 있지 않고 계량기 배선만 합선되고 동 배선에서 절연파괴요인이 발견되는 경우, 합선부위가 발화지점과 일치하는 경우, 합선부위에 가연물 착화가 용이한 경우 등이 만족되면 합선부위 자체가 발화원일 수 있다. 또한, 계량기 단자는 외부에 노출되어 있어 단자간 트래킹 여부나 불완전 접촉에 의한 발열이 발생할 수 있으며 이를 확인하기 위해 단자의 전기적 용융 상태를 검사해야 한다. 부하측 단자의 전기적 발열에는 내부 코일의 과전류를 동반하는 경우도 있다.

그림 3-1 계량기 단자의 발열에 의한 연소흔

1.2 주차단기

주차단기로는 주로 과부하 겸용 누전차단기가 사용되며 화재 후에 식별되는 'OFF', 'ON' 상태는 모두 전기적 특이점은 아니다. 분기차단기와 동시에 떨어지면서 'OFF' 상태를 보일 수 있고, 'ON' 상태의 경우는 분기차단기만 떨어지고 분기차단기와 주차단기 사이 배선보다 주차단기 입력선이 먼저 연소되어 합선되면 나타난다. 또한 주차단기가 누전차단기 전용일 경우에는 합선을 위해서는 차단되지 않는다. 연소 후 차단기의 차단 여부는 차단손잡이의 용융된 위치나 소형의 경우는 내부의 손잡이 축 금속고리의 위치를 비교해 보면 쉽게 알 수 있다. 주차단기는 설치 상 가장 전단에 위치하고 매입분전반의 경우 입력선의 전선관이 직상단으로 연결되어 있어 벽 내부의 결로나 이물질이 차단기 전원측 단자에 접촉되면서 트래킹을 유발할 수 있다. 트래킹에 의한 발화의 경우는 발화 후 전원선을 연소시켜서 합선을 유발한다.

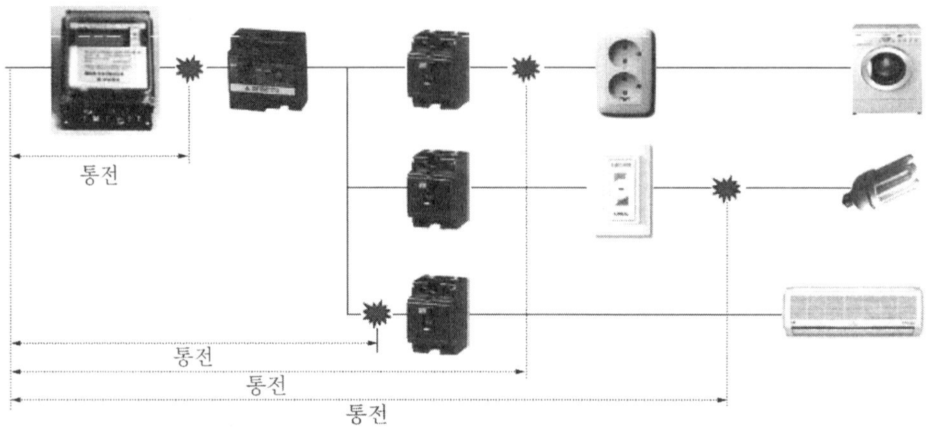

그림 3-2 옥내배선의 전기합선과 통전 범위

1.3 배선용 차단기

배선용 차단기는 주차단기에서 분기되어 용도별로 3~5개의 독립 배선을 이루고 있어 각각의 부하측에 합선이 일어날 경우 차단되게 된다. 따라서 주차단기가 살아 있는 상태에서 분기된 차단기 부하 배선이 연소될 경우에는 각각의 차단기에 연결된 배선에서 전기 합선흔을 남길 수 있음으로 전등이나, 콘센트 배선 어느 한쪽 계통의 전기적 특이점 식별만으로는 초기 발화지점과의 관련성을 논할 수 없다. 배선용 차단기에서도 트래킹이나 단자의 불완전 접촉 등이 자주 일어나므로 금속 단자의 국부적 용융상태가 있는지를 검사한다.

그림 3-3 차단기 전원측 단자 트래킹 발화

표 3-1 배선용 차단기의 작동시간

정격(A)	작동시간(분)	
	1.25배	2배
30 이하	60	2
30～50	60	4
50～100	120	6
100～225	120	8

2 옥내배선

옥내배선은 옥내의 전기 사용 장소에서 고정하여 시설하는 전선을 말한다. 옥내배선은 송배전 계통의 최종 부분으로, 사람이나 가축에 닿기 쉬운 위치에 설치되는 경우가 많으므로 배선 방법이 불량하면 감전 사고나 화재의 원인이 되기도 한다. 옥내배선에서 전기적으로 합선이 일어나는 요인은 대부분 절연이 파괴되는 경우로 이격거리와 절연유 등에 의한 절연도 있지만 우리가 접하는 대부분은 배선에서 절연피복이 손상되는 경우이다. 화재원인과 관련지어 합선원인을 찾는 것은 결국 절연파괴 원인을 찾는 것이다. 여기에는 전선의 껍질(피복)이 외부 힘에 의해 벗겨지거나 전선이 못, 핀 등으로 고정된 경우, 움직일 수 있는 전선 위에 무거운 것을 올려놓아 전선의 두 가닥이 직접 또는 간접 저항으로 접촉되는 경우, 전선이 노후화되어 피복이 경화되면서 갈라지는 경우, 부하기기의 과부하로 전선에 허용전류보다 현저히 큰 전류가 흘러 줄(Joule)열에 의해 피복이 녹으면서 절연이 파괴되는 경우 등이 있다. 그러나 연소 후 상기 경우에 따른 전기적 합선 흔적을 구별하기란 쉽지 않다. 외력의 경우 현미경을 통한 표면 손상이나 소선의 변형 등을 세밀히 관찰하여야 하고 과부하 시에는 부하기기의 운전 이력 파악에서부터 전선의 조직검사까지 그 과정은 매우 전문적이며 폭 넓다. 따라서 현장에서 증거물을 수거 시 이를 판단하기 위한 시험 수행 등을 염두 해 두고 가장 부하측 합선 부분을 먼저 확인한 후 외력 작용이 가능한 구조물이나 고정구 등의 위치를 살펴 관련성 여부를 검토하고 부하기기와의 관계성 등을 필히 검사하는 습관을 가져야 한다. 또한 합선이 일어난 부분은 합선에 의한 발화가 아니더라도 합선을 유발할 때까지 전로가 차단되지 않을 수 있는 반단선이나 트래킹 불완전접촉 등의 발열이 주변에서 선행되었을 개연성이 매우 높으므로 실제로 많이 일어나는 발화개소에 대한 합선 부분을 지표로 찾는 것이 무엇보다 중요하다. 발화 부분과는 별개로 합선에 대하여 1차 단락인지 2차 단락인지를 고민하는 것은 무의미하며 본말이 전도된 경우가 될 수 있다.

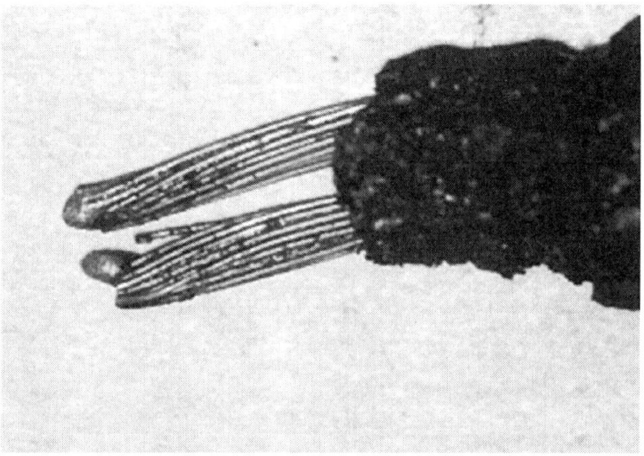

그림 3-4 외부 화염으로 절연 소실된 합선흔

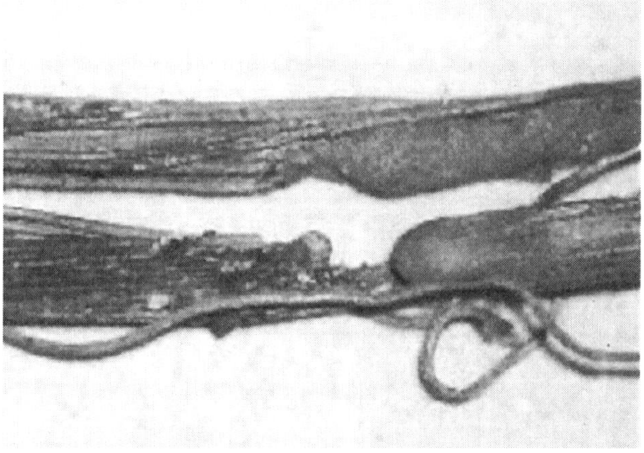

그림 3-5 선간 절열파괴에 의해 발화된 합선흔

표 3-2 전선의 종류 및 구조

구분	명칭	특징	단면 구조	용도
전선의 구조	나전선	강전류를 목적으로 한 도체 재료를 단체 또는 합금으로 사용	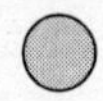	송전선
	절연전선	도체 재료를 절연물로 피복한 것	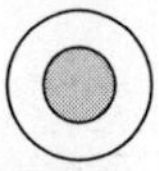	코드 및 동선의 일반 구조
	케이블	도체 재료를 절연물로 피복해 그 위에 보호피복을 한 것		기기 전원선
단선과 연선	단선	단선은 1본의 도체로 이루어진 단심 전선이며 전선의 직경이 작은 경우에 사용	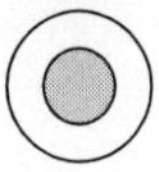	1.6 mm, 2.0 mm 동선 등 옥내배선
	연선	연선은 단선을 다수로 하여 묶은 것으로 유연성이 있어 취급이 편리하며 직경이 커질 경우에 사용	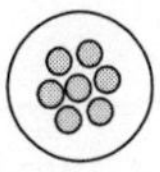	인입선(심선 0.32 mm 이하는 코드라 함)

3 이음부

3.1 전선 간 연결부

주로 동선과 동선, 동선과 코드, 코드와 코드 등을 서로 연결하고 절연테이프로 마무리하는 곳에서 발열이 일어나 화재로 이어진다. 초기의 불완전접촉 과정은 차단기의 보호를 받기 어려워 발열이 지속되며 또한 결선 방식 불량에 의한 지속적인 발열로 인해 절연테이프가 착화되는 것이 가장 일반적 화재의 형태이다. 코드와 동선을 연결하는 경우 구부러지는 정도의 차이로 인하여 결합부가 헐겁게 되어 불완전 접촉이 발생하거나 연결을 위한 피복 제거 후 절연테이프로 견고한 감싸기가 안 되는 경우에 수분이 침투하여 극간에 미세한 도통이 이루어지고 이것이 반복되면서 발열과 절연파괴가 가속화 된다. 정상적인 경우라 하더라도 절연테이프는 햇빛에 장기간 노출되거나 온도가 높은 곳에 방치되면 경화나 연화 등에 의해 원형을 잃게 되면서 절연파괴의 개연성이 매우 높으며 또한 긴 전선 연결부의 경우 장력을 받으면 상대적으로 취약하여 꼬임 부분이 풀리면서 절연이 약화될 수 있다.

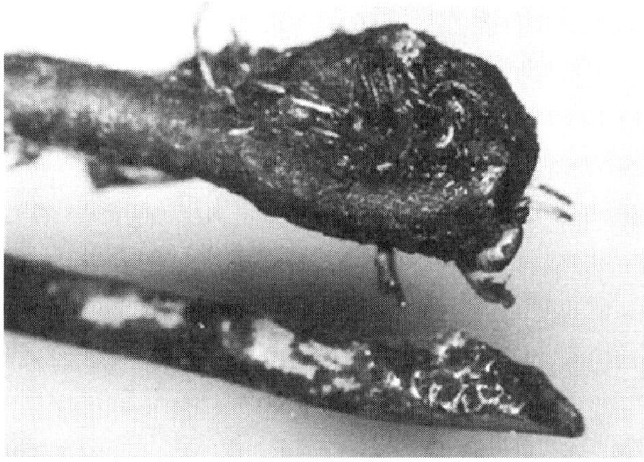

그림 3-6 동선과 코드 이음부 발열

3.2 전선과 단자

전선과 단자 간 이음부는 꺾임이나 장력에 취약한 부분으로 소선이 절단되거나 이탈되면 원래의 적정 도선의 저항보다 많은 저항을 지니게 되어 국부적 발열이 일어난다. 또한 절단되면 불완전 접촉에 의한 발열이 발생하는데 이는 회로 전체에 과전류가 흐르는 것이 아니기 때문에 차단기의 보호를 받지 못해 화재로 이어진다.

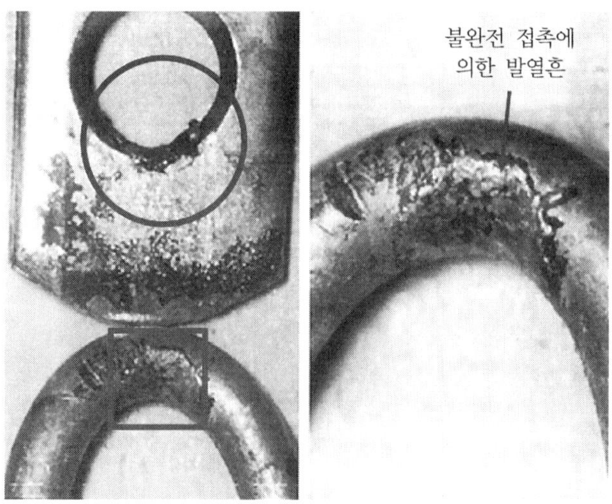

그림 3-7 동선과 플러그단자의 불완전접촉에 의한 발열형태

3.3 기계적 손상

플러그와 코드의 이음부의 경우는 소선이 손상되면 저항의 증대를 가져와 국부적 발열이 발생하는데 이 경우 손상의 원인은 생산과정의 불량이라기보다는 현저하게 외부 취급에서 손상의 원인을 제공하는 경우가 대다수이다. 전선의 취급과정에서 절연이 손상된 것을 그대로 사용하거나 배선 공구를 사용하던 중 손상된 전선을 그대로 방치하는 경우 전류통로의 병목현상으로 발열이 발생하게 된다.

4 꽂음접속기

플러그나 콘센트에서는 주로 불완전 접촉이나 과부하, 트래킹 등에 의해 발열이 일어나고 이로 인해 이웃하는 배선에 합선흔을 남긴다.

4.1 플러그

(1) 단자와 전선 연결부

그림 3-8에서 보듯 플러그 어셈블리의 소선 클립 부분이 과도하게 오므려져 균열이 가거나 절연물이 쉽게 구부러지거나 늘어남으로 인해 선로가 보호를 받지 못하면 연결부가 부실해지면서 발열이 일어나고 이 상태가 지속되어 선로의 단속이 반복됨으로 인해 과도한 발열이 일어나면 화재가 발생된다. 특히 이런 접촉 불량의 경우는 소선이 일부 탈거되어 소선이 원래 개수보다 작아지면 작아진 부분에 저항이 증대되어 그 부분만 발열을 하게 되는 전로의 병목현상으로 인해 발생한다.

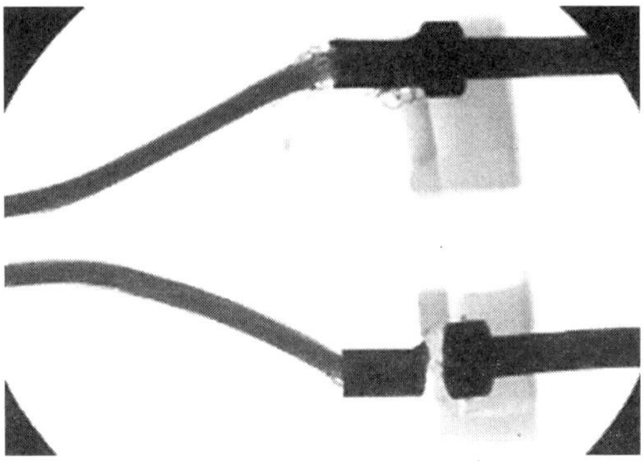

그림 3-8 플러그 단자와 코드 이음부 손상 X선 사진

그림 3-9 플러그 단자와 코드 이음부 손상 부위 확대 사진

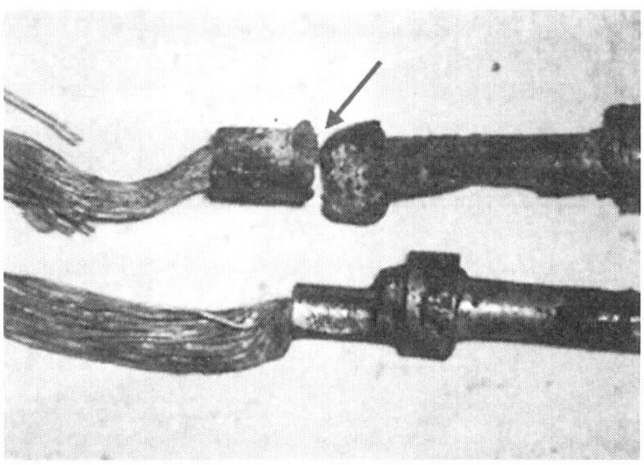

그림 3-10 플러그 단자와 코드 연결부 단절 접촉 발열흔

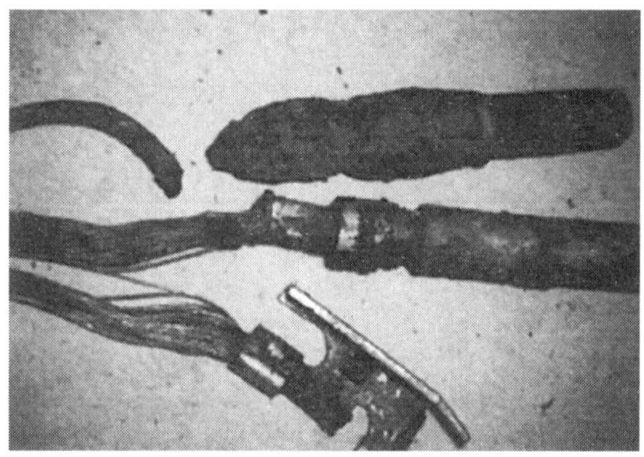

그림 3-11 플러그 단자와 코드 이음부 발열로 인한 부식

(2) 플러그 단자간

플러그 단자간의 발열은 플러그 단자 표면이 오염되거나 플러그 절연체의 재질이 절연약화에 의한 도통이 일어나 트래킹으로 발전되는 경우 등에 주로 나타난다. 상호 접촉되는 콘센트 칼받이에 용융흔을 남기지 않고 플러그 단자 표면에 국부적인 용융흔을 남긴다. 또한 연결된 전선의 가장 가까운 곳에 발화 후 합선을 남긴다.

그림 3-12 플러그 단자간 미세한 발열흔

4.2 콘센트

(1) 콘센트 칼받이와 플러그 단자

합선흔 주변을 정밀검사 하면서 볼 수 있는 대표적 사례로는 콘센트 칼받이와 플러그 단자간 결합력 약화에 따른 접촉저항 증대로 국부적으로 발화되는 경우가 있다. 이는 반복적인 삽입에 의해 칼받이의 재질이 탄성을 잃거나 이물질이 개입되어 전로를 방해하면서 나타날 수 있다.

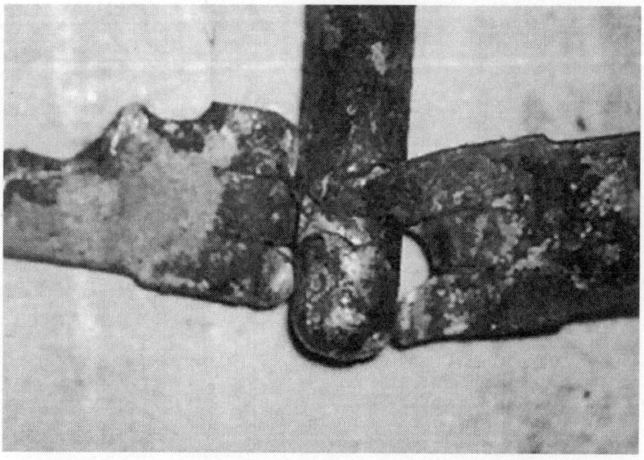

그림 3-13 콘센트날과 플러그단자의 불완전접촉 용융흔

(2) 콘센트 자체

콘센트가 특히 습한 곳이나 구석에 장시간 방치되어 사용하다 양극의 칼받이가 녹아 없어지는 경우에는 단자간에 트래킹 등으로 절연이 파괴되면서 아크 불꽃이 발생하여 외부 화염으로는 나타나기 어려운 발화현상이 발생한다.

그림 3-14 콘센트 전극간 트래킹 발열

(3) 멀티 탭

멀티 탭의 스위치 부분에는 전류, 전압, 전력량이 표시되어 있고 이 표시용량까지의 사용이 권장된다. 표시된 정격치 이상으로 가전제품을 사용하면 멀티 탭과 코드는 열이 발생하여 위험하고 사용하는 가전제품은 100% 제 성능을 발휘 못한다. 멀티 탭은 용도가 전원을 여러 개로 분기하기 위해 사용되기 때문에 많은 부하가 연결된 위험을 안고 있으며 벽면 매입형과는 달리 바닥 구석 등에 방치되는 경우가 많아 먼지 등 이물질 개입이 용이하고 습기 등에 노출되어 과부하나 습기에 의한 트래킹 등의 발열 위험을 안고 있다. 또한 제품의 성능에 따라 접점부가 취약하여 불완전 접촉이 되는 경우 장시간 발열되면서 절연을 파괴시키고 차단성능을 무력화하여 발화에 이르는 경우가 많다. 멀티 탭이 화재와 관련이 있는지를 논하기 위해 다음과 같은 특이점을 확인하여야 하며 멀티 탭 내부에서 어떤 원인에 의해서든 발화되면 전원측 코드 및 부하 플러그 배선에서 전기 합선 흔적이 남게 된다.

① 멀티 탭의 스위치 부분 접점과 칼받이와 전원코드의 접점부에서 불완전 접촉에 의한 발열로 변색이나 국부적 용융 상태가 식별되는지를 확인한다.

② 일반 콘센트와 마찬가지로 칼받이 부분에 플러그와 삽입부 안쪽에서 불완전 접촉에 의한 흔적이 식별되는지를 확인하고 확인된다면 대상 플러그와 부하기기를 검사한다.

③ 삽입구에 여러 개의 플러그가 결합되어 있는 경우 총 부하를 계산하여 멀티 탭 총 표시부의 정격을 초과하는지를 판단한다.

④ 칼받이 단자 중 서로 마주보는 상대 단자가 모두 국부적으로 용융되어 있는 경우는 상호 절연파괴에 의한 것으로 트래킹을 유발할 만한 습기 전도성 분말, 먼지 등의 이물질이 침투할 수 있는지에 대한 설치 공간에 대한 검사를 철저히 한다.

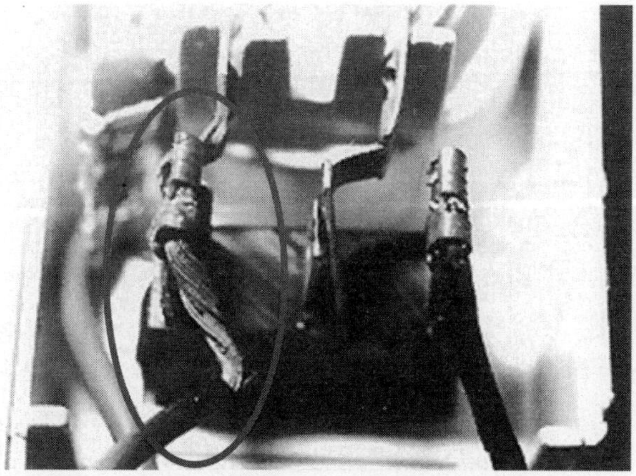

그림 3-15 전원과 칼받이 단자 이음부간 절연파괴

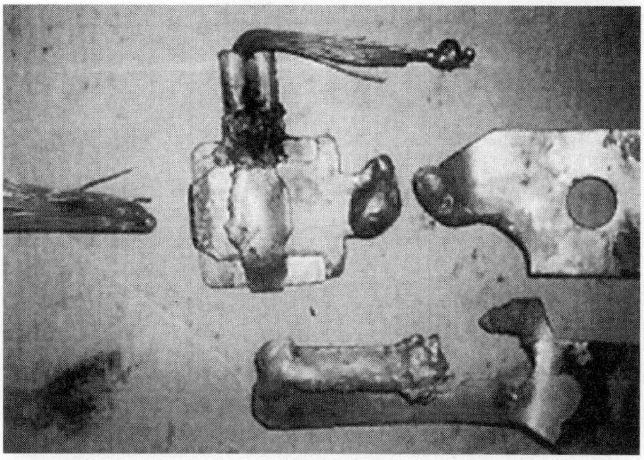

그림 3-16 단자와 전원코드의 단락 발열

5 스위치

전로의 스위치 검사에는 여러 가지가 있으나 화재조사 시 확인해야 할 사항은 화재 당시 스위치 개폐 상태를 확인하는 것과 스위치 자체가 발화원인에 관련되어 있는가를 확인하는 것이다.

5.1 스위치 개폐

가정집의 전등이나 선풍기 등의 스위치는 화재 후 용융물의 변형 상태를 세밀히 관찰함으로서 그 개폐 상태를 판별할 수 있다. 즉 개폐 시 이동되는 단자나 손잡이 등이 한쪽 방향을 점유함으로 인해 평상시의 오염이나 화재 시 그을음이 방지되는 흔적을 관찰함으로서 그 개폐 상태를 판별할 수 있다. 외부 용융물에서 식별이 되지 않는 경우는 내부 접점 금속의 위치를 살피거나 접점부 오염상태를 통해 판별할 수 있다. 그러나 접점이 스프링에 의한 반발력이 작용되는 스위치에서는 화염에 노출되면서 복원되는 경우도 있으니 그 판별에 유의해야 한다. 특히 스탠드형의 기계식 스위치의 경우는 모터과열에 의한 발화의 경우도 모터가 연소되면서 연소 초기에 OFF상태로 복원하기도 한다. 이런 경우는 모터에 단락흔이 있거나 전원선에 단락흔이 있고 전원을 연결시킬만한 특이점이 없다면 연소 시 스위치가 켜져 있었다고 보아야 할 것이다.

5.2 스위치 발열

스위치 접촉부 발열은 한마디로 접촉저항의 증대에서 비롯되는 경우가 많다. 이는 접촉 불량의 전기적 열화에 의해 기인되는데 반복적 작동에 의한 스파크나 과전류, 이물질 개입, 불완전 접촉 등에서 발생한다. 특히 접촉부 발열은 비교적 큰 전류를 수용하면서 작동이 빈번한 전자 접촉기와 같은 스위치에서 발생되기 쉽다. 스위치는 기본적으로 접점의 저항을 줄이기 위해 은 등의 저저항 금속으로 막을 씌우고 있으나 이 부분이 상기 이유로 손상되면 아산화동이 형성되면서 이로 인해 접촉저항이 급속히 증가하여 발열이 일어나고 급기야는 융착으로 이어져 스위치 고유의 기능을 상실하게 된다. 스위치의 스파크나 저항 발열 등은 보호계전기의 보호가 어려워 화재로 이어지는 경우가 많다. 다른 경우로는 스위치 그 자체가 접점 개폐 시 스파크를 일으켜 잠재적 불씨를 가지고 있는 상태에서 가연성 가스에 노출되면 점화원으로 작용하여 화재가 발생될 수 있다.

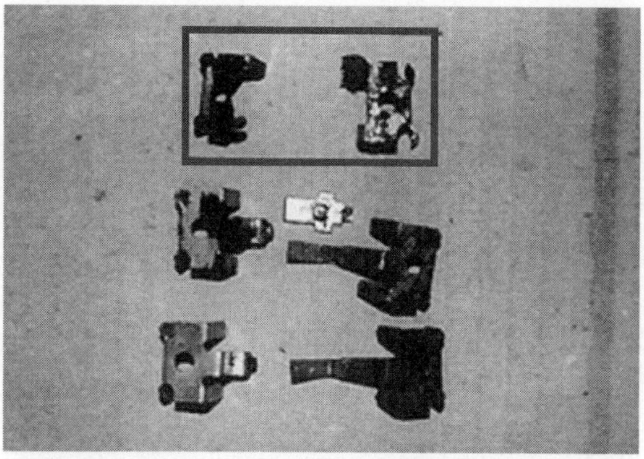

그림 3-17 스위치 내부 단자와 접촉부간 발열흔

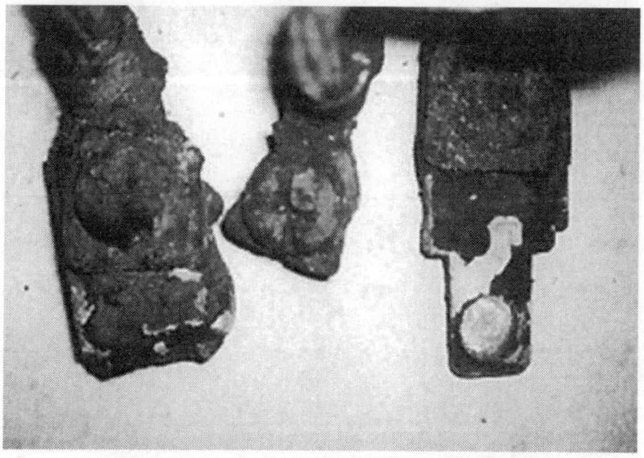

그림 3-18 전자접촉기 단자 발열흔

그림 3-19 저압스위치 단자 용융흔

II. 전기제품

1 텔레비전

1.1 개요

방송국이 수집한 영상과 음성을 전파나 전용선을 통해 원거리에서 수신·재현하는 전자제품으로서, 일반가정에서 범용으로 사용되고 있는 영상매체이다. 그러나 전선의 결함이나 기판 불량 및 승압전용변압기의 단락 등 출화 사례가 빈번히 발생하고 있다. 그리고 TV 내부는 약한 전류가 흐르고 있지만 구입 후 장기간 사용 시 내부에 먼지 등의 이연성 물질의 퇴적됨에 따라 미세한 스파크나 결함 등으로 인해 착화되는 경우가 많다. 일반적으로 기판이나 배선 등에 의한 발화의 경우 단락이나 기판의 천공 등 발화 관련 흔적이 남는 경우가 있으나 고전압 누설 등 스파크에 의한 발화의 경우 전기적 특이점을 남기지 않고 발화되는 경우가 대부분이다.

1.2 종류 및 구조

(1) CRT(브라운관) 텔레비전

CRT(Cathode Ray Tube)라고도 하는 브라운관은 음극선관이라고도 불리는데, 바로 이 브라운관에 음극선이 사용되기 때문이다. 브라운관의 전자총은 실제 음극선 발생 장치로 브라운관의 핵심적 부분에 해당하는 것이다. 열전자가 만들어지는 필라멘트, 중심에 구멍이 뚫린 양극판, 초점용 전극으로 구성되어 있다. 전자총에서 전자가 나오면 전자빔은 진공관을 가로질러 형광물질이 칠해진 브라운관의 표면 유리에 충돌하여 밝은 점을 만든다. 이때 전자총 앞에는 전자석인 편향 코일이 상하좌우에 있어서 전자빔을 화면의 여러 부분에 도달할 수 있도록 방향을 틀어 주는 역할을 한다. 하지만 이 음극선으로 인해 브라운관 텔레비전에 먼지가 잘 달라붙는 악영향을 끼친다. 텔레비전 브라운관에 정전기가 발생하기 때문인데, 이 정전기는 바로 음극선 때문에 나타난다. 음극선은 말 그대로 (−)전기를 띠고 있는데, 브라운관 표면 유리에 이 음극선이 충돌하게 되면 브라운관은 (−)로 대전이 되어 정전기가 발생하는 것이다.

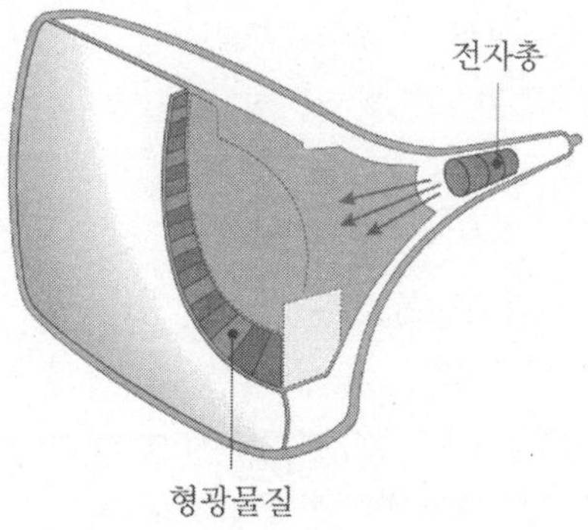

그림 3-20 CRT 텔레비전의 구조

(2) LCD(액정) 텔레비전

LCD(Liquid Crystal Display)는 2장의 유리기판, 액정 분자, 백라이트, 편광판으로 이루어져 있다. 액정 분자를 유리판 사이에 끼워 넣는 구조를 가져 얇은 형태로 구현이 가능하다. 액정은 액체와 고체의 중간에 해당하는 물질의 상태이다. 가늘고 기다란 막대모양을 띠고 있으며, 액체이면서도 규칙적으로 늘어서는 고체의 성질을 지닌다. 액정 분자는 규칙적으로 늘어서 있지만, 전압을 가할 경우 방향을 바꾸는 성질을 지니고 있어 광원으로부터 빛을 통과시키거나 차단하는 셔터의 역할을 한다. 액정의 이러한 성질을 바탕으로 액정 텔레비전은 빛의 강도를 조절해 빨강·초록·파랑의 컬러필터를 통과시킴으로써 여러 가지 색을 표현한다. 단, 액정은 자기 스스로 빛을 낼 수 없으므로 백라이트가 필요하다.

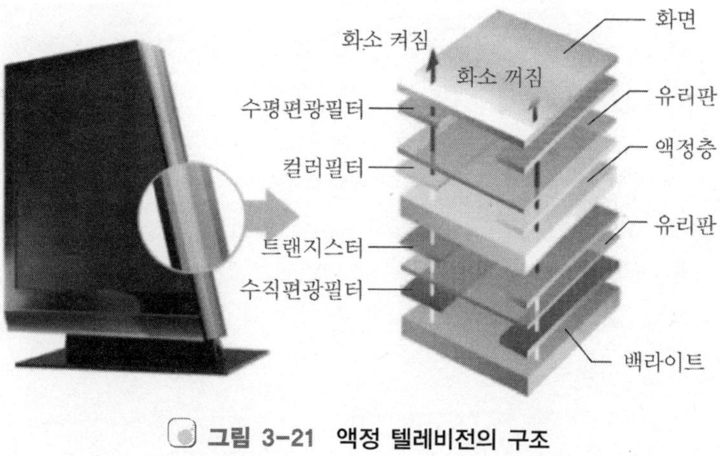

그림 3-21 액정 텔레비전의 구조

(3) 플라즈마 텔레비전

플라즈마 판넬(Plasma Display Panel)은 전극이 붙어 있는 2장의 유리기판, 셀, 제논(Xe) 또는 네온(Ne) 가스로 이루어져 있다. 플라즈마는 고체, 액체, 기체도 아닌 제4의 물질상태이다. 물질의 상태는 분자에너지가 높아지면서 변화하는데, 플라즈마는 분자를 이루고 있는 원자가 이온화를 거쳐 이온과 전자로 나뉘어 날아다니는 상태를 말한다. 플라즈마 텔레비전은 전극이 붙어 있는 두 장의 유리판이 셀을 포개어 놓은 형태를 띠고 각 셀에는 빨강·초록·파랑의 형광물질이 발라져 있다. 빨강·초록·파랑의 3원색 셀의 1세트가 1화소로 봉입된 제논·네온 등의 가스가 전압을 받아 셀 안이 플라즈마 상태가 되면 자외선이 발생하고 이 자외선이 형광물질에 닿아 빛을 내는 원리로 작동하며 형광등과 같은 방법으로 발광한다.

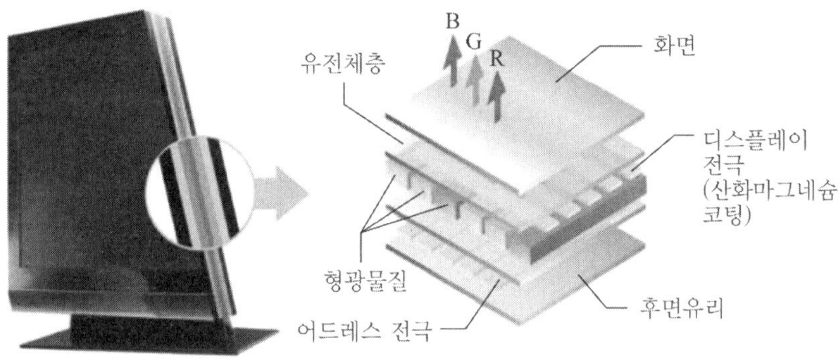

그림 3-22 플라즈마 텔레비전의 구조

(4) OLED 텔레비전

유리나 플라스틱 판, 투명 전극, 유기층으로 구성된다. OLED(Organic Light Emitting Diodes)는 전류를 흘려주면 자체 발광을 하는 것이 특징이다. 유기물질에 전류를 흘려주면 자기 고유의 색으로 발광한다. 음극(Cathode)에서 주입된 전자가 양극(Anode)에서 주입된 홀을 만나 엑시톤(Exciton)을 형성하고 재결합할 때 빛이 생성된다. 홀(Hole)과 전자 사이의 거리(Band gap)가 빛의 색을 결정한다. 백색 유기 LED(Organic Luminescence Electro Display)와 컬러필터를 사용해 색을 나타내기도 한다. 자체 발광하는 구조라 두께를 얇게 만들 수 있으며 시야각의 제한이 없다는 장점이 있다.

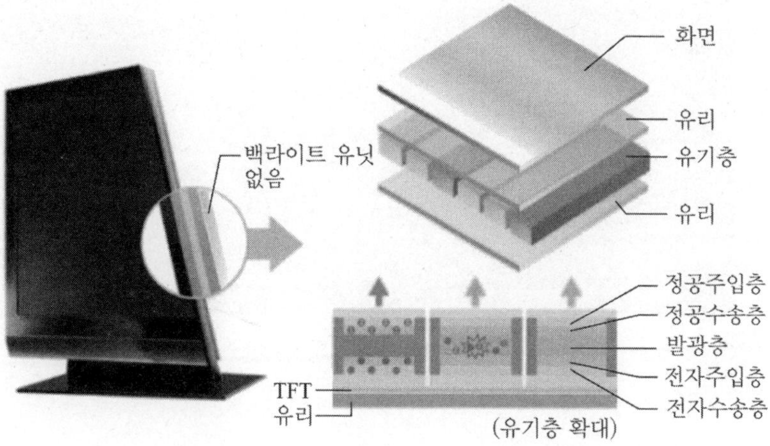

그림 3-23 OLED 텔레비전의 구조

1.3 증거물 검사 및 촬영

(1) 증거물 검사

TV 내부 배선이나 전원코드 단락 등을 검사하고 브라운관의 에노드캡 주변에서 아크 현상이나 브라운관 표면으로 아크 방전 현상 및 FBT(플라이백 트랜스) 주변의 발열 현상에 대한 검사를 주의해야 한다.

1) 에노드캡 주변 아크 발열 현상 검사

① 에노드캡을 중심으로 연소 및 소훼 특성 확인
② 에노드캡 주변 이물질(습기)에 유입에 따른 아크 현상 검사
③ 에노드캡 주변 환경(이연성 물질 퇴적) 등 결함 요인 검사

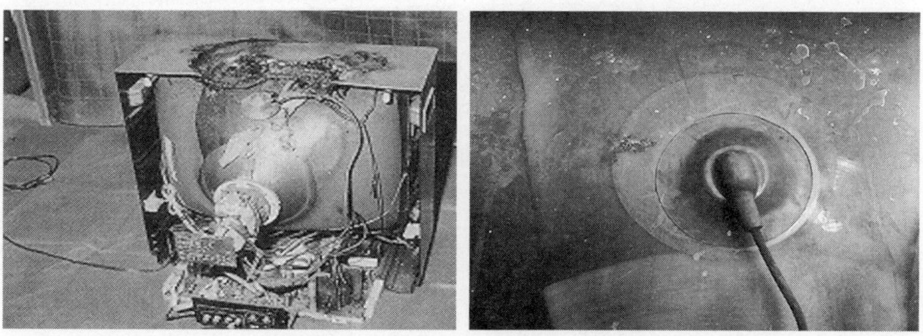

그림 3-24 에노드캡을 중심 발화 검사

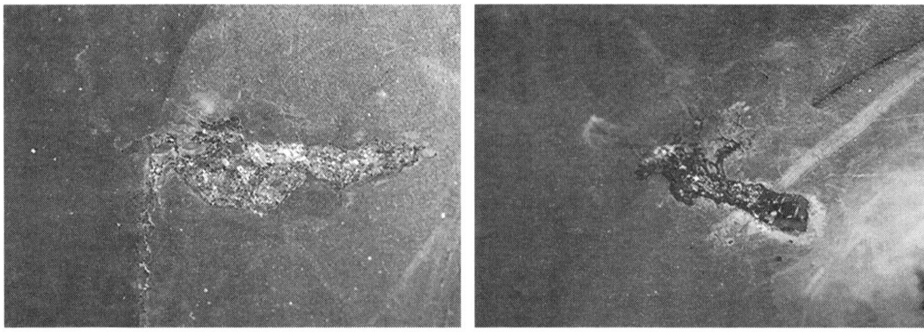

그림 3-25 에노드캡 아크 현상 검사

2) FBT 발화 검사

① FBT 외부 출화 검사

② FBT 권선의 절연 열화 검사

③ 소자 자체 결함 검사

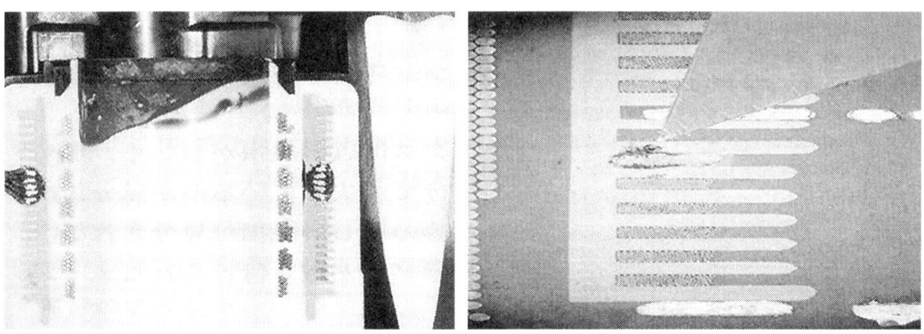

그림 3-26 FBT 층간단락 검사

3) 에노드캡 주변 연면 방전의 발화 검사

① 에노드캡 주변 아크 누설 검사

② 이물질 유입에 따른 아크 발생 검사

③ 기능저하에 따른 자체 결함 검사

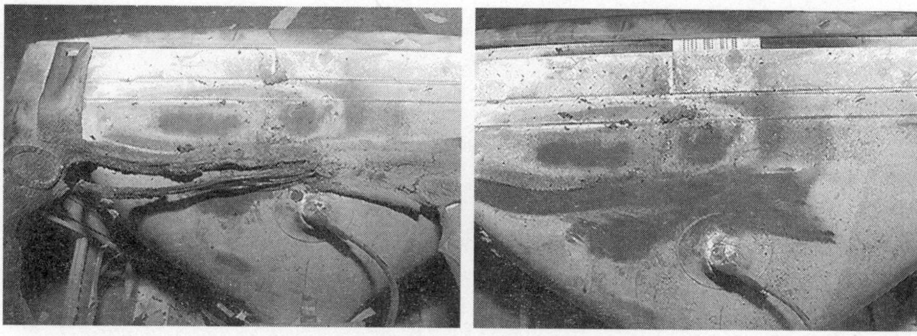

그림 3-27 에노드캡 중심 아크 현상 검사

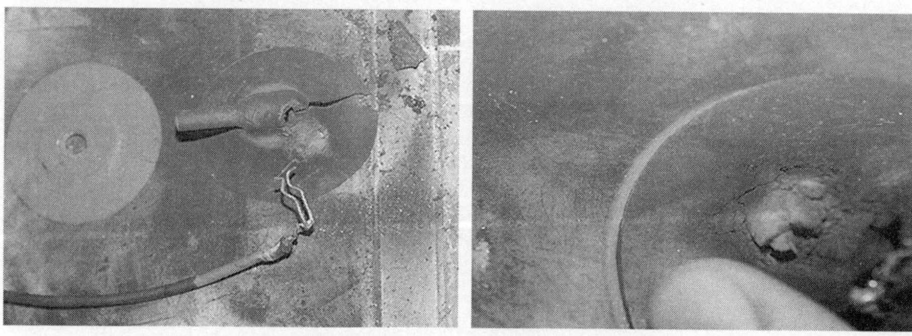

그림 3-28 에노드캡 탄화 현상 검사

(2) 증거물 사진촬영

1) 전원코드에서 단락흔이 식별되는 경우

TV 전원코드는 배선 구조상 꺾임에 의한 손상이 용이한 부분에서 주로 절연파괴 등으로 인한 단락흔이 식별되며 이 부분을 원거리에서 근접해 가며 사진촬영이 필요하다.

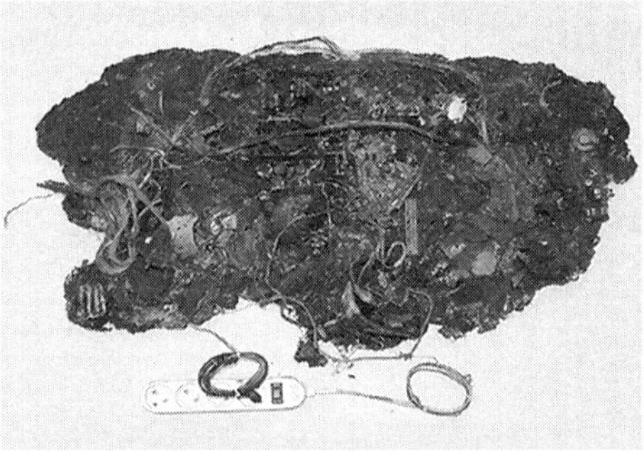

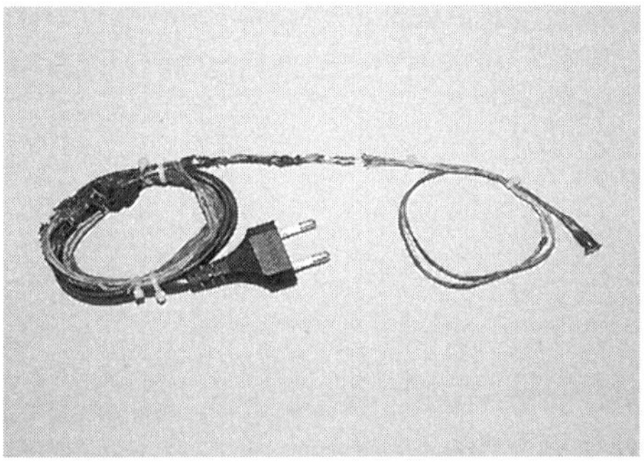

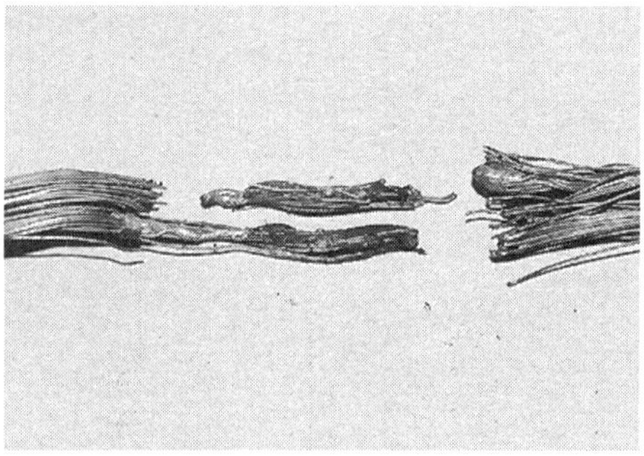

그림 3-29 TV 전원코드 설치 부분 연소 사진

2) 퓨즈의 상태 검사

TV 퓨즈의 검사는 TV 내부에서 화재가 발생하였는가 혹은 외부에서 화재가 발생하였는가를 판단하는 근거로 사용될 수 있는 매우 중요한 검사 항목 중의 하나이다. 따라서 현미경 및 엑스레이를 이용하여 비파괴 검사함을 기본으로 한다.

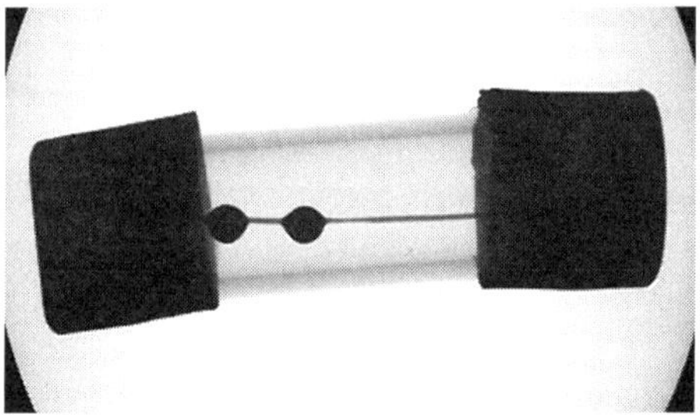

그림 3-30 X-ray를 통한 퓨즈 검사 사진

3) 전원코드가 연결되는 기판 단자 부분

전원코드가 연결되는 기판 단자 부분은 배선구조상, 불완전 접촉, 꺾임에 의한 손상 및 그 외의 절연파괴 가능성이 많은 바, 국부적인 연소형태 및 전기적인 특이점의 현출로 발화 가능성을 한정할 필요가 있다.

그림 3-31 기판 단자 부분 검사 사진

4) 전원 및 신호용 처리용 기판 부분

기판 자체의 절연손상에 의해 발화되는 경우, 기판에 인접한 텔레비전 밑면이 연소되어 천공될 수밖에 없으므로, 프린트 배선이나 소자의 절연손상이나 파괴에 의한 발화 가능성을 판단하기 위해서는 밑면의 연소 형상이 필수적인 검사 항목 중의 하나이다.

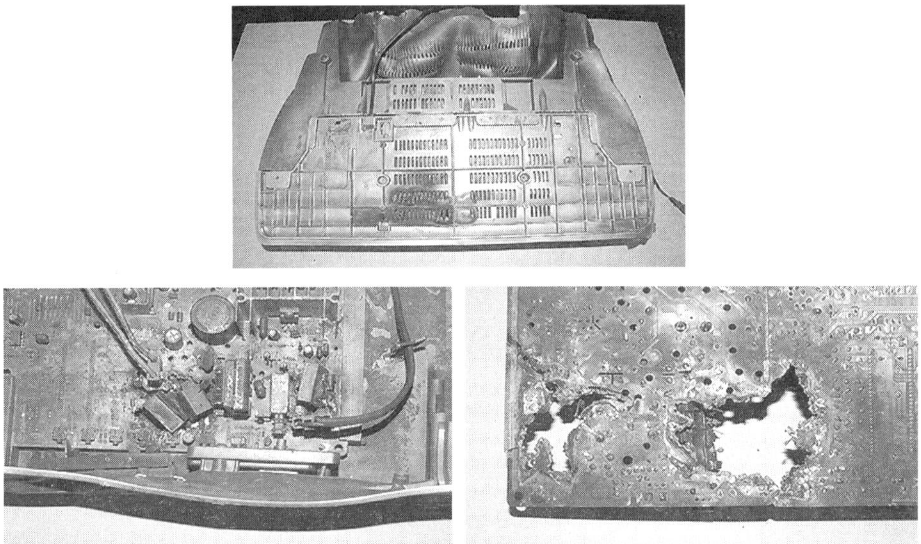

그림 3-32 TV 밑면의 연소 현상 검사 사진

5) 플라이백 트랜스

플라이백 트랜스는 특성상 고압을 발생시키므로, 고압에 의한 정전유도나 고압누설의 특이점을 파악하기 위하여 플라이백 트랜스 부근의 연소형태나 X-ray를 통한 권선의 검사가 필요하다.

그림 3-33 플라이백 트랜스 부근 권선 검사

6) 내부 배선의 검사

내부 배선과 고압 배선에서 발화되었을 가능성이 있는 경우, 내부 배선이나 고압 배선에서의 단락흔 형성 유무를 확인하고 연소 형상 및 배선 구조를 종합적으로 검토하여 발화 여부에 대한 가능성을 조사한다.

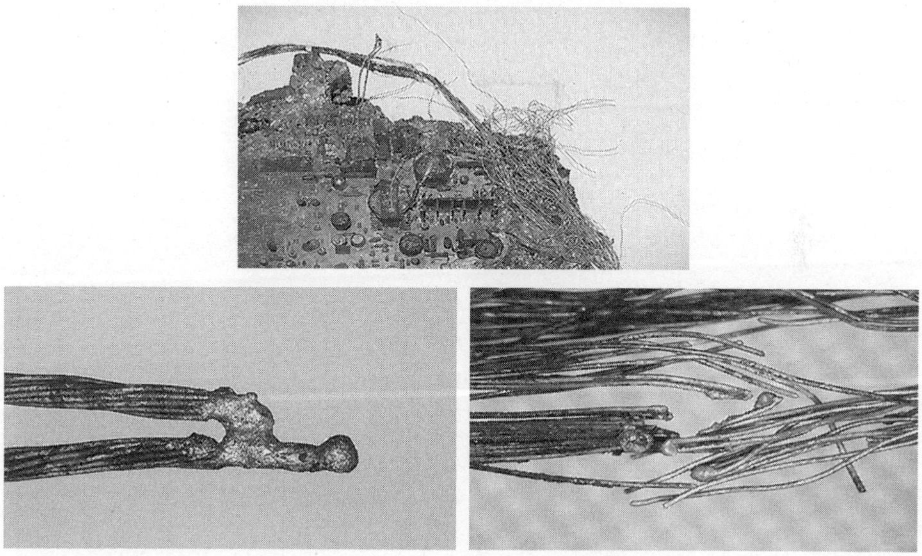

그림 3-34 내부 배선에서 식별되는 단락흔

2 세탁기

2.1 개요

세탁기는 오염된 의복 등을 넣고 물과 세제의 작용을 통해 빨래하는 기계로서, 주로 전동기를 주동력으로 하여 세탁과 헹굼, 탈수의 과정을 진행하는 전자기계제품이다. 구성요소로는 동력장치인 전동기와 빨래에 에너지를 전달하는 기계부, 세탁과정을 조정하는 제어부, 그리고 물을 넣고 빼는 급수장치와 배수장치들로 이루어져 있다.

2.2 종류 및 구조

(1) 수류에 의한 분류

1) 교반식 세탁기

애지테이터가 수직축을 중심으로 좌우 왕복운동하여 물의 흐름을 만드는 구조이며 대용량 세탁조에 사용되고 옷감 손상이 없는 장점이 있으나 세탁시간이 오래 걸리고 기구가 복잡한 단점이 있다.

2) 소용돌이식 세탁기

펄세이터가 세탁조 밑부분에 있어 회전 및 반전함으로서 강한 물의 흐름을 만들어 세탁시간이 단축되고 기구가 간단하나 수류가 강해 의류 손상이 심한 단점이 있다.

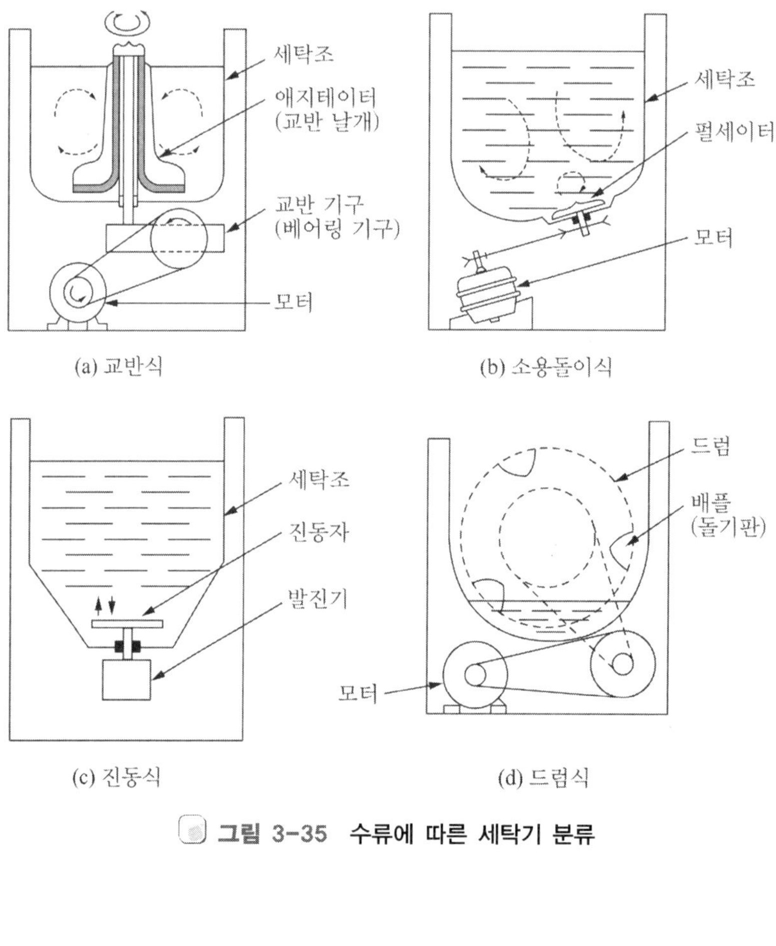

그림 3-35 수류에 따른 세탁기 분류

3) 진동식 세탁기

세탁조 밑부분의 진동판을 진동시켜 세탁하는 방식으로 세탁 시간이 단축되나 세정 과정에서 얼룩 등의 문제가 있어 가정용으로 부적합하다.

4) 드럼식 세탁기

다수의 작은 구멍이 뚫린 드럼(Drum)이 수평축을 중심으로 회전하고 드럼 내부의 배플(Baffle)로 세탁물을 들어 올려 수면에 낙하하는 방식이다. 의류 손상이 적고 세탁용 물과 세제가 적어도 되는 장점이 있으나 비교적 대용량이고 저발포 세제를 필요로 하며 재 오염의 염려와 세탁 시간이 긴 단점이 있다.

(2) 구조에 의한 분류

1) 2조식 세탁기

2조식 세탁기는 세탁조와 탈수조가 독립된 기능을 가지며 세탁 부분은 세탁조와 펄세이터, 펄세이터를 설치하는 베어링부와 펄세이터를 회전시키는 모터 등이 있다. 그리고 타임스위치와 수류전환 스위치 및 배수변과 탈수기구 등이 부착되어 있다.

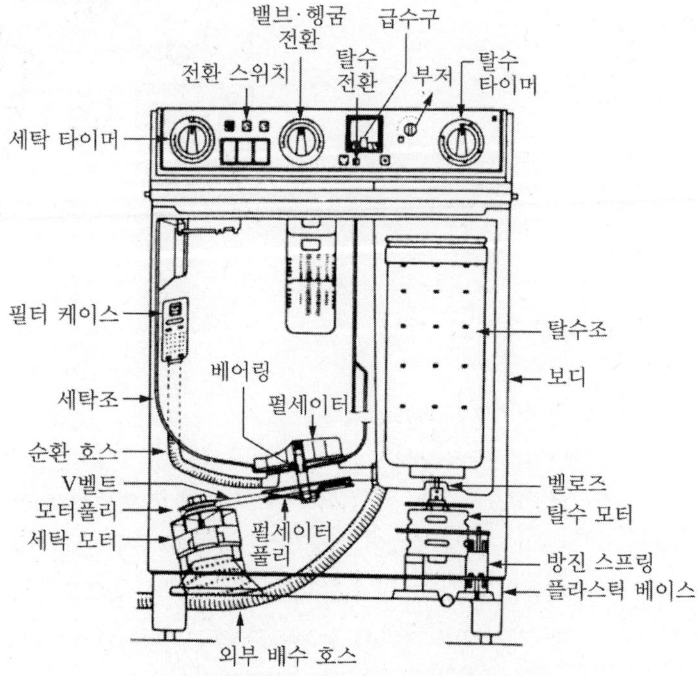

그림 3-36 2조식 세탁기의 구조

2) 전자동 세탁기

전자동 세탁기는 급수 - 세탁 - 배수 - 중간탈수 - 탈수 - 정지 등 모든 과정이 자동이며 프로그램 타이머와 마이컴으로 컨트롤한다. 탈수 시 세탁물이 몰린 상태에서도 회전 및 기동되도록 밸런스(Balance)가 설치되어 있고 밸런스는 유체(액체) 자동 밸런스나 모르타르(Mortar)재 또는 주철재의 것이 있으며 진동 방지를 위한 구조 시설도 있다.

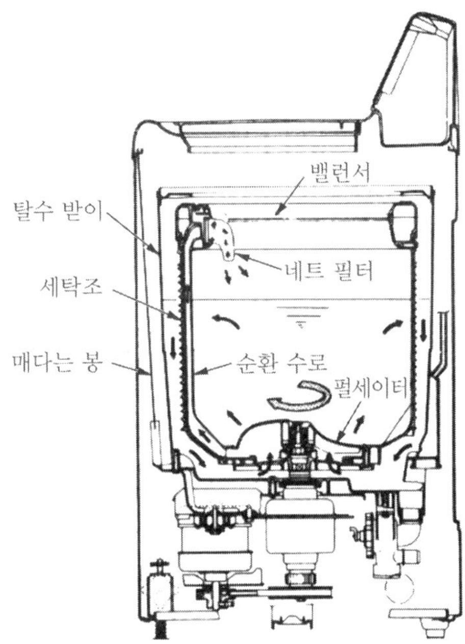

그림 3-37 전자동 세탁기 구조

(3) 세부장치의 기능

1) 타임스위치

타임스위치는 시간 제어 접점과 반전 수류를 만들기 위한 회로 전환 접점을 내장하고 있다. 이 접점은 캠에 의해 개폐되며 캠을 회전시키는 동력원은 태엽이나 소형 모터가 사용된다. 타이머 자동 반전식의 기본회로는 S_1측이 접속되었을 때 모터가 왼쪽으로 회전하고 S_2측으로 전환되면 오른쪽으로 회전한다. 세탁물에 따라서 강, 약 물 흐름의 전환이 가능한 세탁기에는 이 S_1, S_2의 접속 시간의 장단을 변화시켜 간헐적으로 운전을 하는 기종도 있다.

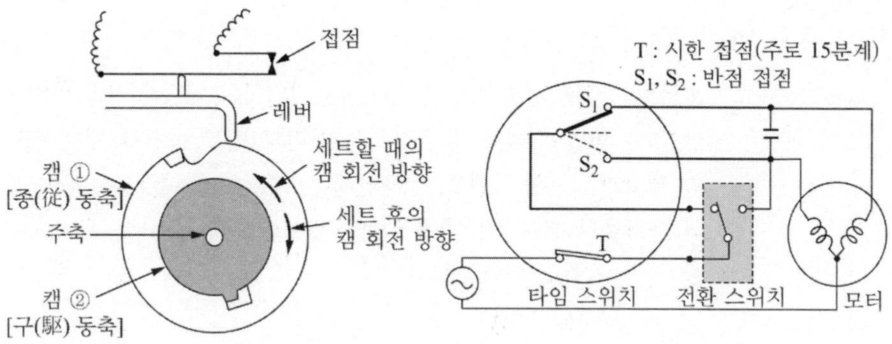

그림 3-38 타이머 작동 원리

2) 펄세이터

펄세이터는 모터에 의해 구동되어 물 흐름을 만들어 세탁물의 때를 빼는 작용을 한다. 세정효과는 세탁조의 형상과 펄세이터 형상, 설치위치, 회전수 등의 상호 관계에 따라 결정된다. 펄세이터는 회전하면서 수압변화를 만드는데 펄세이터 외주부의 흐름은 정압, 중심부는 부압으로 되어 세탁물을 끌어당기고 회전하면서 누르고 밀어내는 순환수류를 만들어 세탁물을 반전시켜 때를 뺀다.

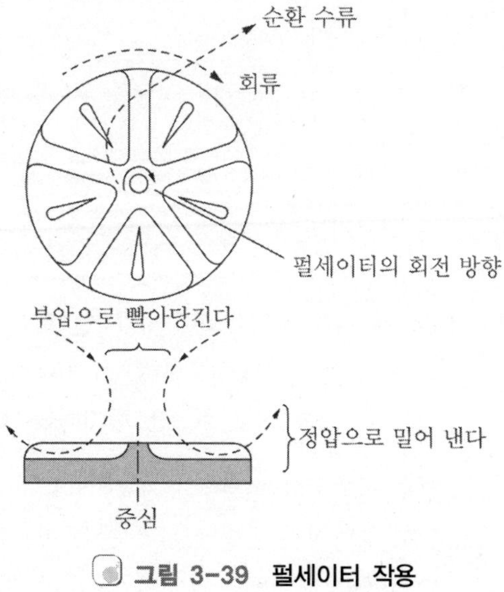

그림 3-39 펄세이터 작용

3) V벨트

모터의 회전을 감속하여 펄세이터에 전달하는 방법은 유성기어와 풀리와 벨트에 의한 방법이 있다. 일반적으로 풀리와 벨트 방법을 채택하고 있으며 대용량 세탁기는 A형 V벨트, 소용량에는 M형 V벨트를 사용한다. 그리고 세탁조와 세탁물의 정전기 방지를 위해 V벨트에 도전성 화합물을 가하여 대전 방지를 하는 기종도 있다.

4) 모터

모터는 세탁기의 원동력이며 세탁기 모터는 4극 콘덴서 모터가 사용되며, 일부 극수변환이 가능한 모터도 사용된다.

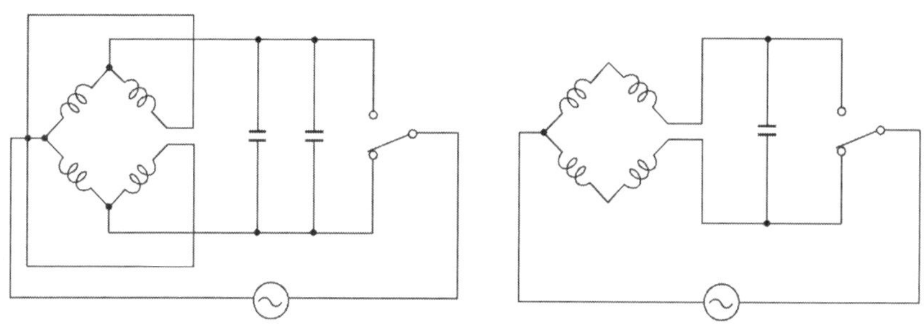

(a) 4극 결선의 경우 (b) 8극 결선의 경우

그림 3-40 모터의 극수 변환 기본회로

① 탈수 모터

탈수 모터는 탈수조를 고속 회전하기 위해 모터와 탈수조가 샤프트에 직결되어 있다. 그러나 모터를 고정시키면 시동, 회전, 정지 시 진동이 발생함으로 방진구조로 되어 있다. 방진기구가 완전해도 세탁물의 부하가 밸런스 되지 않는 상태에서 시동 시 진동이 커져 탈수조와 물받이 접촉으로 이상음이 발생하므로 회전을 중지하여 밸런스를 취하도록 한다.

② 탈수 물받이와 벨로우즈

탈수 물받이는 탈수된 물을 받는 용기로서 탈수조 전체를 둘러싸고 있으며 밑부분에는 배수구와 벨로우즈가 있다. 벨로우즈는 샤프트로부터 누수 방지와 베어링 기구를 겸비한 구조이다.

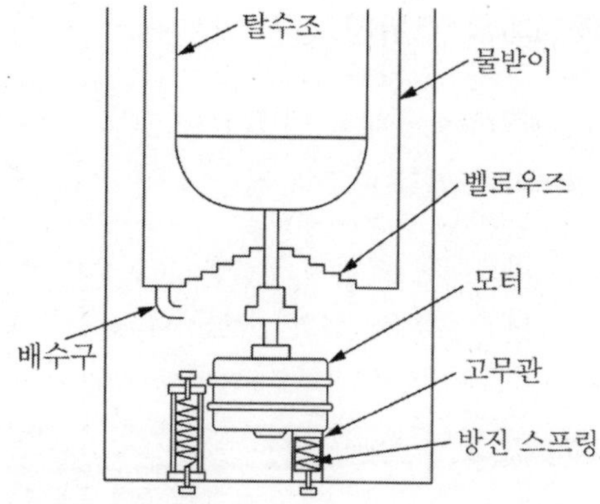

그림 3-41 탈수기구의 방진 구조

5) 탈수 브레이크

탈수 브레이크는 고속으로 회전하는 탈수조를 급정지 시키는 것으로 안전도가 높은 구조로 되어 있으며 밴드식과 암(Arm)식의 브레이크 기구를 사용한다.

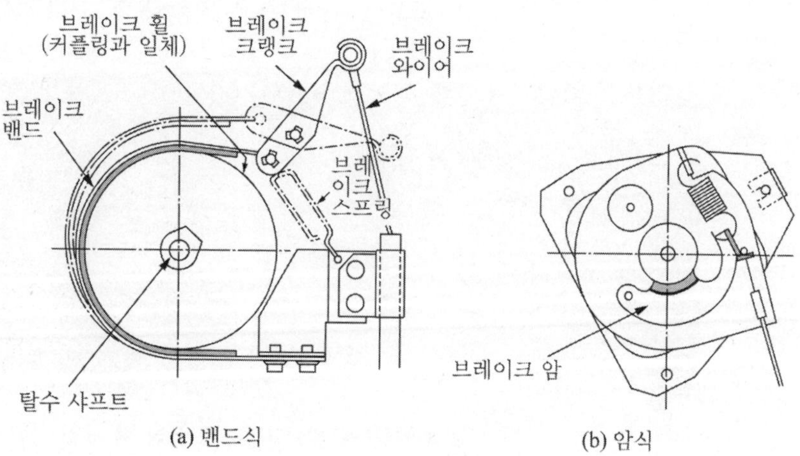

그림 3-42 탈수 브레이크

2.3 증거물 검사 및 촬영

세탁기는 설치 장소가 대부분 욕실이나 다용도실 등 고온 다습한 장소에서 사용됨으로 단자 부분의 부식이나 습기 유입에 따른 발열 등이 용이하고 세탁기의 특성 상 모터 진동에 의한 소자나 배선 등의 손상에 따른 발열 특성이 있다.

(1) 마그네틱 스위치 검사

전자동 세탁기는 급배수 밸브가 마그네틱 스위치에 의해 작동하므로 스위치 접점 부분의 발열이나 코일 부분의 단락 등이 고려될 수 있다.

① 마그네틱 스위치 부분을 중심으로 연소·소훼 특성 확인
② 단자 부분의 접촉·발열이나 코일의 단락 확인

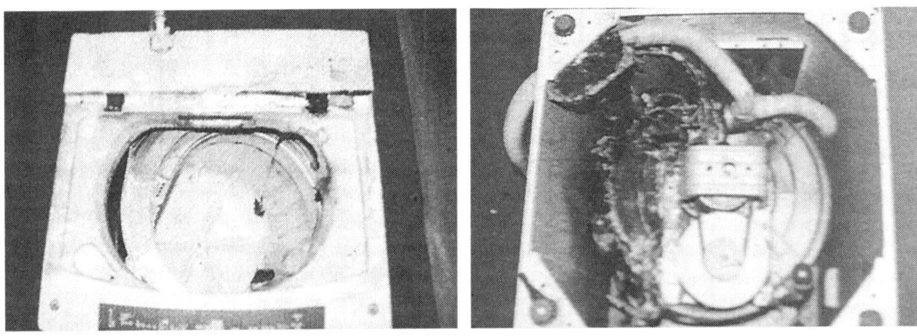

그림 3-43 세탁기 윗, 아래면 연소부위 검사

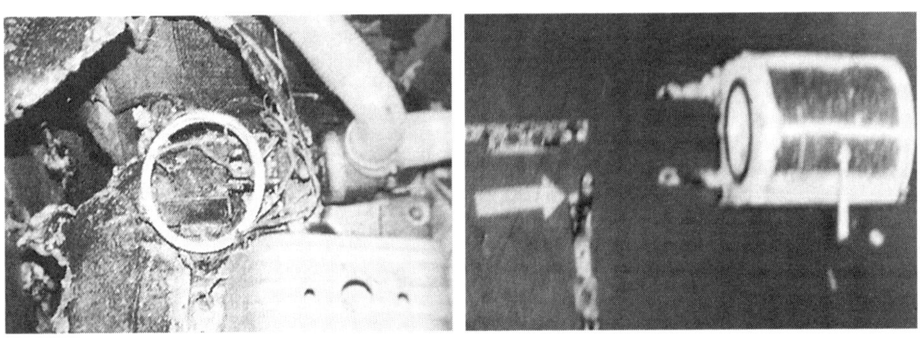

그림 3-44 세탁기 마그네트 접점 및 코일 단락 검사

(2) 콘덴서 검사

① 시동용 콘덴서와 잡음방지용 콘덴서 부근에서 출화흔적 검사
② 단자부의 부식이나 산화물 검사
③ 산화물이나 결로 등에 의한 누설 전류에 의한 발열 검사
④ 단자부의 절연불량 검사
⑤ 콘덴서 층간 단락 검사

그림 3-45 작동 패널과 저항 소손 검사

그림 3-46 모터 시동용 콘덴서 소손 형상

(3) 내부 배선과 단자 검사

① 단락 부분의 배선 경로 상 구조적 결함(절연손상) 요인 확인

② 진동에 의한 배선의 인접 구조물과의 접촉, 발열 검사

③ 단자부의 진동에 의한 불완전접촉이나 이탈되어 구조물과의 발열 등 검사

그림 3-47 진동에 의한 배선 발화 형상

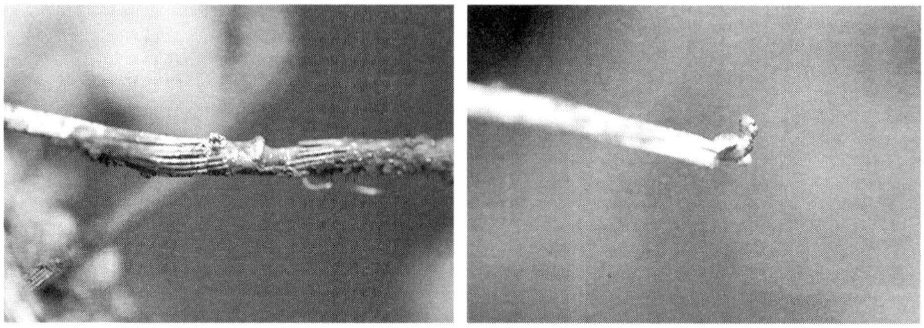

그림 3-48 배선의 단락 형상

3 선풍기

3.1 개요

전동기를 이용하여 회전날개를 회전시켜 바람을 일으키는 도구로 주로 더운 여름에 시원함을 느끼기 위하여 사용되며 공기가 탁한 곳에서 공기순환용으로 사용되기도 한다.

3.2 종류

(1) 탁상용 선풍기

주로 탁상에서 사용하는 것으로 높이 조절 기구 등이 없고 날개 회전용 전동기부가 상하 각도 조절 기구 또는 바탕대에 직접 부착되어 있는 것을 말한다.

(2) 좌석용 선풍기

주로 바닥 위에서 사용하는 것으로 높이 조절 기구를 가지며 최대 높이(목의 상하 각도 조절은 수평 상태)가 1.3 m가 되지 않는 것을 말한다.

(3) 스탠드용 선풍기

주로 바닥에서 사용하는 것으로 최대 높이가 1.3 m 이상인 것을 말한다.

(4) 벽걸이용 선풍기

벽에 부착하여 사용하는 것을 말한다.

(5) 천장용 선회형 선풍기

천장에 부착하여 사용하는 것으로 날개 회전용 전동기부가 자동으로 선회 궤적을 그리며 돌아가는 것을 말한다.

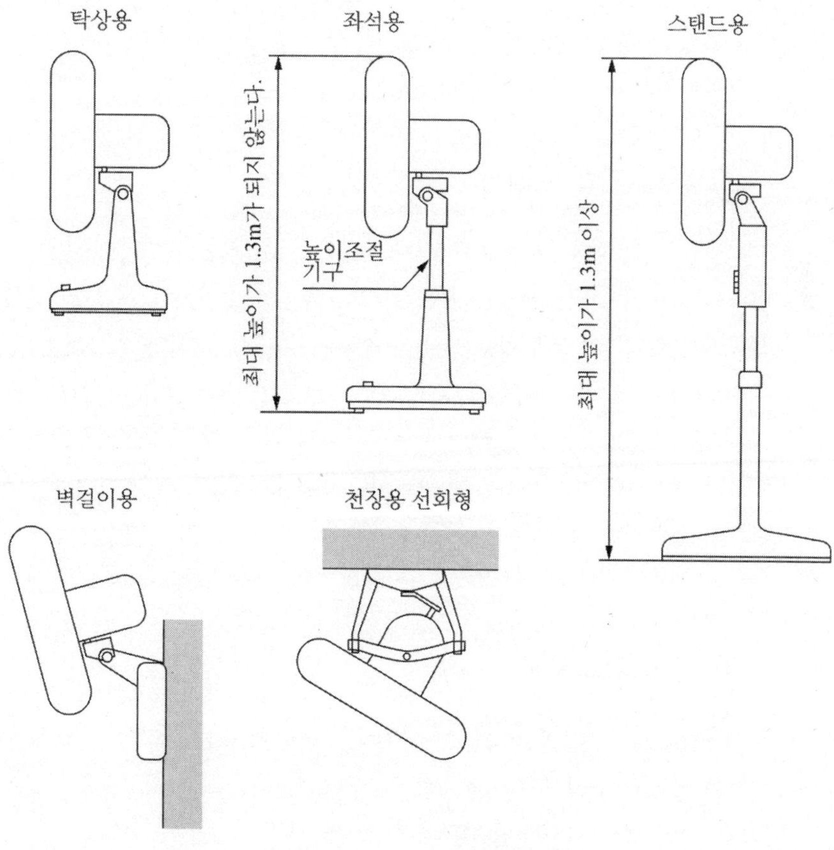

그림 3-49 선풍기의 종류

3.3 구조 및 역할

(1) 모터

선풍기의 날개(Fan)를 회전시켜서 바람을 일으키게 하는 원동력으로 전기의 힘으로 회전을 한다. 1단, 2단, 3단 또는 미풍, 약풍, 강풍 등으로 바람의 세기, 즉 모터의 회전수를 변화시키는 원리는 모터에 코일을 감는데 이 코일을 많이 감느냐 적게 감느냐 따라서 모터의 회전수가 달라진다. 이렇게 각각 1단, 2단, 3단으로 감은 모터의 코일에 풍속 조절용 스위치로 원하는 버튼을 눌러서 각각의 모터코일에 전기를 공급받아 회전하게 되어 있다.

(2) Fan(날개)

모터의 축에 연결되어 모터의 회전력을 전달받아 직접적으로 바람을 생성하는 역할을 한다.

(3) 풍속 조절 스위치

보통은 누름 버튼 스위치가 4개가 있다. 정지, 1단, 2단, 3단 스위치를 각각 원하는 버튼을 누르면 전기회로가 구성이 되어 모터코일에 전기가 전달되도록 하는 구조로 제작되어져 있다. 이 스위치는 단순히 선풍기 모터에 전기만 공급하거나 끊어주는 역할을 한다. 단, 이 스위치를 1단이나 2단, 3단으로 눌러놓았다 하더라도 타이머 스위치가 꺼져 있는 상태라면 모터에 전기를 공급하지 않는 상태라서 선풍기가 동작을 하지 않는다. 반드시 타이머 스위치가 연속이나 원하는 시간으로 조절이 된 상태에서만 선풍기가 동작을 하도록 전기회로가 구성이 되어 있다. 이 스위치에는 전기선이 4가닥이 각각의 버튼위치에 연결되어 전기회로가 구성되도록 되어 있다.

(4) 타이머 스위치

이 스위치는 태엽과 여러 개의 기어로 제작되어져 있어 원하는 시간에 맞추어두면 감았던 태엽이 풀리면서 기계적으로 내부의 기어를 회전시켜서 태엽을 감았던 반대방향으로 타이머 스위치가 회전하도록 구성되어 있다. 이 타이머도 위의 풍속 조절용 스위치와 마찬가지로 전기선이 연결되어 있는데 이 스위치에는 2가닥이 연결되어 있으며 선풍기 모터에 전기를 직접적으로 전달하거나 끊어주는 역할을 한다.

(5) 풍향 조절 스위치

이 스위치에는 전기선은 연결되어 있지 않고 스위치에 가는 철사를 여러 가닥 꼬아서 강한 탄성과 복원력을 가진 와이어와 선풍기 모터에 장치된 캠박스와 연결이 되어 있다. 이 스위치를 명판에 인쇄되어 있는 정지와 회전을 반복적으로 동작을 하게 되면 모터의 뒷부분에 장치된 캠박스 내부의 캠기어를 와이어가 들어 올렸다 내렸다 하는 동작을 한다. 모터 뒷부분에 장치된 캠박스 내부의 캠기어를 내려주게 되면 이 캠기어가 모터축의 뒷부분의 워엄기어와 맞물려 회전되도록 되어 있어 이 캠기어가 회전하면 이 캠기어의 회전력이 선풍기 모터를 지지하고 있는 기둥과 캠에 전달되어 일반적으로 선풍기 목이라 불리는 네크를 축으로 하여 선풍기의 윗부분이 일정한 각도로 왕복운동을 하는 구조로 되어 있다.

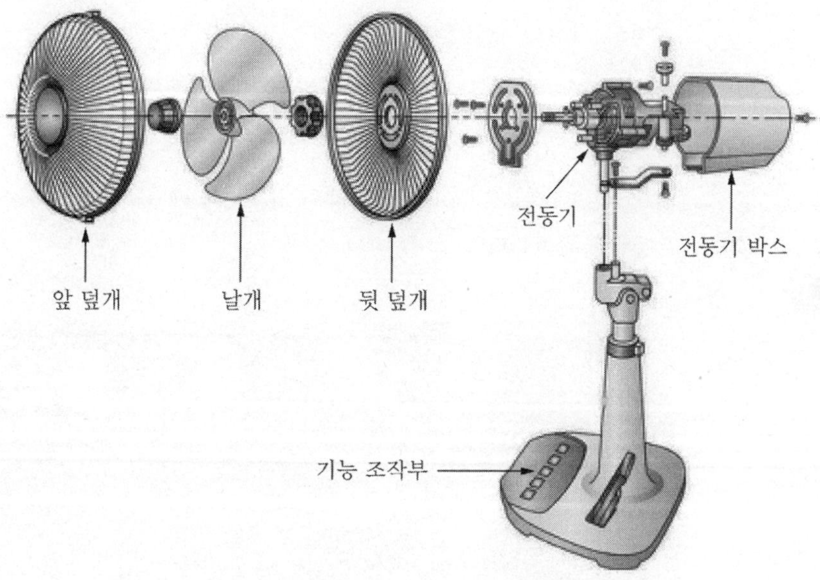

그림 3-50 선풍기의 구조

3.4 증거물 검사 및 촬영

일반적인 증거물 수거 절차에 의하여 수거된 선풍기는 다음과 같은 절차에 의하여 분해 검사를 실시한다.

(1) 선풍기의 전원코드의 규격을 측정하여 기록하고 코드의 단락 여부를 확인하며 선풍기의 안전망에 융착된 이물질의 특이점을 파악하여 특이점이 잘 표현될 수 있도록 증거물의 전체 사진을 촬영한다.
(2) 선풍기 내부의 스위치, 퓨즈 및 기판 상태를 검사하여 사진 촬영을 한다.
(3) 선풍기의 전동기로 이어지는 배선의 단락 여부를 검사한 후 안전망, 회전날개, 전동기 등을 분리하여 사진을 촬영한다. 단, 분리 시 주요 부분을 불가피하게 파괴해야 할 경우 X-ray를 통하여 투시 검사를 한다.
(4) 전동기를 분해하여 외함 및 내부 배선의 전기적 용융흔을 검사하여 사진을 촬영한다.
(5) 회전자 마찰 부분의 변색흔, 권선의 층간단락흔 및 기타 전기적 특이점에 대하여 검사하여 사진을 촬영한다.
(6) 각 검사 과정에서 식별되는 단락흔, 층간단락흔 등 전기적 용융흔은 현미경으로 확대하여 사진을 촬영한다.

(7) 선풍기 풍량 조절 스위치의 검사

① 스위치 스탠드가 연소되지 않은 경우, 하단부를 분해하여 스위치의 돌출상태를 확인한다.

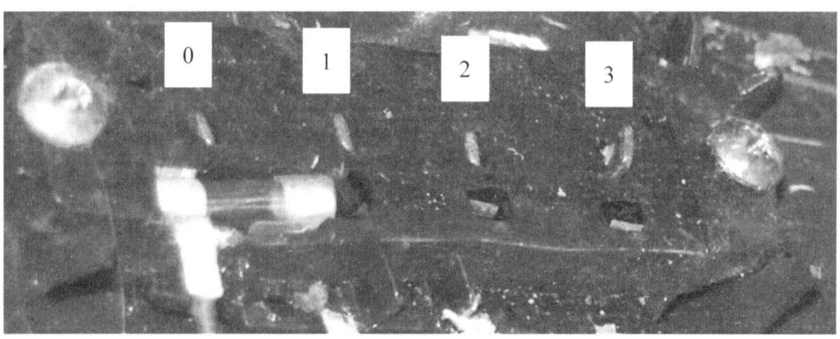

그림 3-51 스위치 돌출상태 확인

② 스탠드 및 스위치가 연소된 경우, 스위치 복원용인 스프링 가의 변형 상태를 확인하고 스프링 나에 의하여 복원되어 스위치 자동 절환 역할을 하는 판 다의 상태를 고려한다.

그림 3-52 연소된 선풍기 스위치 검사

③ 회전형 스위치의 경우 스위치 내부를 분해하여 접점의 위치를 파악함으로써 켜짐 여부를 판별한다.

그림 3-53 회전형 스위치의 접점 위치에 따른 상태

④ 소훼되지 않은 스위치의 경우 플라스틱 외함의 변형 등으로 화재 후 변형이 가능할 경우에는 스위치에서의 그을음 등 이물질의 부착 상태를 검토한다. 스위치가 '켜짐'일 경우라도 타이머가 '정지'일 경우 작동하지 않으며 화재 시 소화물에 의하여 변형될 개연성이 있으므로 타이머의 위치 및 내부 배선의 단락흔 등을 종합적으로 고려하여 화재 시 작동 중이었음을 판별한다.

(8) 선풍기에서 식별되는 전기적 특이점 유형

① 선풍기 전원코드 단락흔

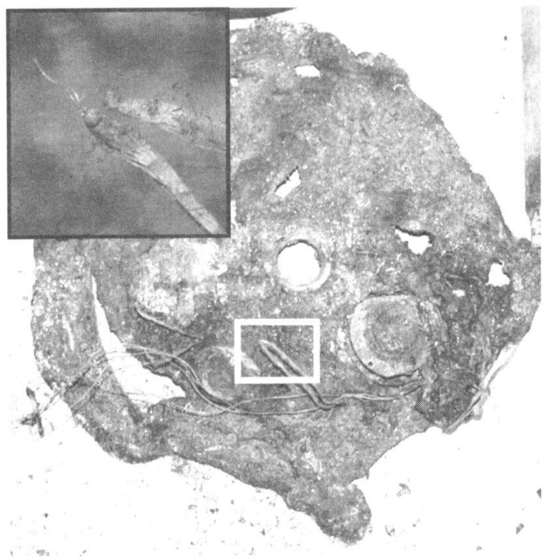

그림 3-54 선풍기 전원코드 단락흔

② 선풍기 모터의 권선 층간 단락흔

그림 3-55 선풍기 모터의 권선 층간 단락흔

③ 선풍기 내부 배선 단락흔

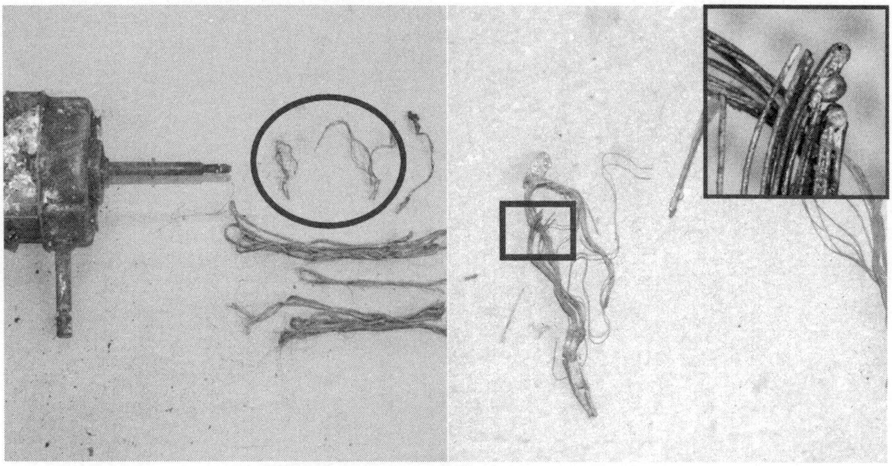

그림 3-56 선풍기 내부 배선 단락흔

4 전기밥솥

4.1 개요

전기에너지를 열에너지로 변환시켜 자동으로 밥을 짓는 자동밥솥으로, 일반적인 구조는 밑면에 시즈히터의 열판을 장착하고 측면과 뚜껑에 보온용 열선을 장착하여 온도 조절장치에 의해 밑면 열판으로 취사 후 보온히터의 작동으로 보온을 유지하게 되어 있다. 그리고 온도기능에 이상이 있을 때는 온도 퓨즈가 작동되어 과열을 방지해 주며 모든 동작이 자동화되거나 예약 프로그램으로 작동된다.

4.2 구조 및 종류

밥솥은 전기밥솥과 일반밥솥으로 구분되고 전기밥솥은 가열 방법에 따라 직접 가열식과 간접 가열식으로 분류할 수 있다.

(1) 직접 가열식

솥의 밑면이나 주위를 직접 가열하는 방식이며, 발열체(열판)에서 직접 가열하므로 열전도가 좋고 빠르게 밥을 지을 수 있는 특징이 있다.

(2) 간접 가열식

간접 가열식은 2중 솥(바깥 솥, 안쪽 솥) 구조이며 안쪽 솥에 내용물을 넣고 바깥 솥에는 물을 넣은 상태에서 바깥 솥 밑면을 가열하면 바깥 솥의 물이 증기로 되어 안쪽 솥 주위를 가열하는 방식이다. 마이컴 내장형 밥솥은 전기 회로와 단열 효과를 좋게 하기 위한 보온재가 추가된 구조로 되어 있다.

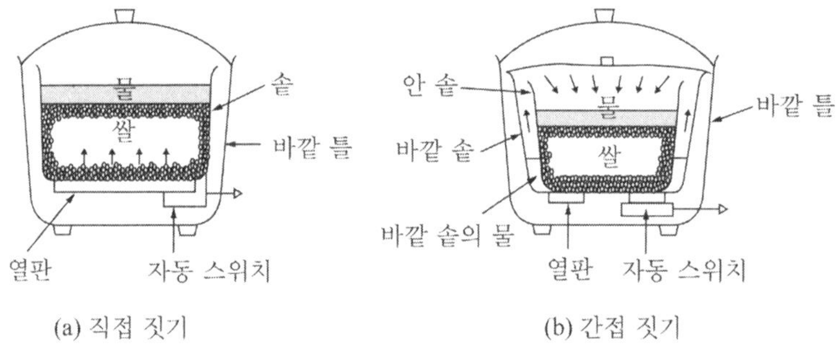

그림 3-57 직접 가열식과 간접 가열식

(3) 일반 압력밥솥

일반 압력밥솥의 구조는 솥뚜껑과 솥 사이에 고무를 끼우고 나사를 조여서 증기가 새지 않게 한다. 뚜껑 위쪽에는 작은 구멍이 있으며 압력추가 구멍을 막고 있다. 이 때 솥 속의 증기압이 압력추가 누르는 힘보다 크면 구멍은 열려서 증기가 방출하게 되어 위험을 피하게 된다. 압력추는 일정한 압력 이상이 되면 증기가 배출되어 안전을 유지하도록 만들어져 있고 더욱 안전도를 높이기 위해 보조 안전장치도 부착되어 있다.

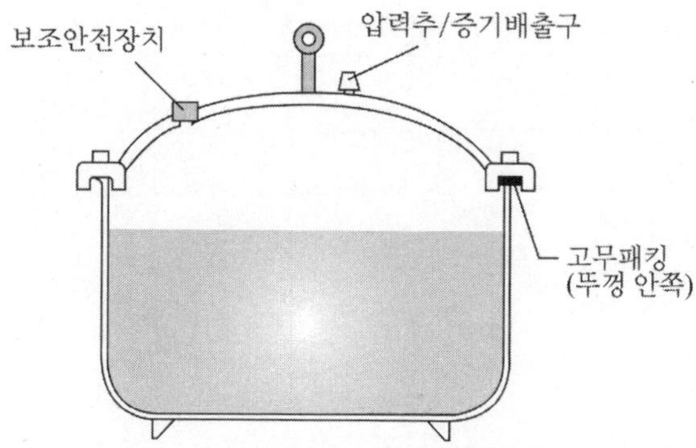

그림 3-58 일반 압력밥솥 구조

4.3 전기회로 및 세부장치

(1) 일반 전기밥솥의 전기회로

예전에는 보온 기능이 없는 밥솥을 사용하였으며 지금은 전원 인가 시 밥이 완성될 경우 수분이 없어져 솥 밑의 온도가 상승하므로 서모스탯(Thermostat)이 동작하여 전원을 차단한다.

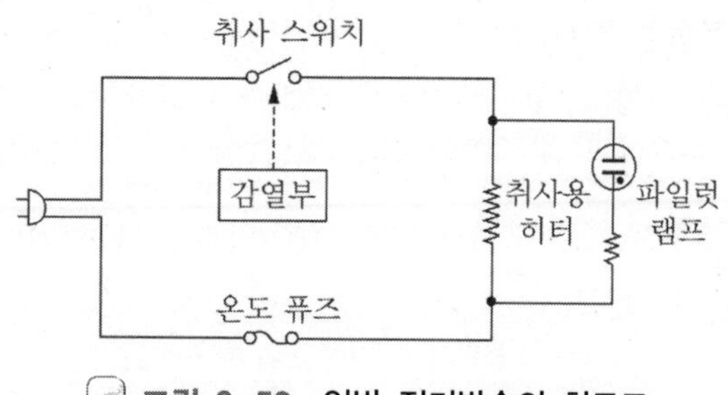

그림 3-59 일반 전기밥솥의 회로도

(2) 마이컴 내장형 전기밥솥의 전기회로

밥 지을 때 취사 스위치로 보온 히터 회로를 단락하며 보온 효과를 유지하기 위해 몸통이나 뚜껑에 보온용 히터를 장치하고 솥 주위를 글라스 울 등 보온재로 단열한다. 보온 중에는 서멀 리드 스위치(TRS)에 의해 솥의 표면 온도를 감지하여 보온용 회로를 통전한다. 일반적으로 제어회로는 사이리스터(Thyristor) 등의 소자를 이용한다.

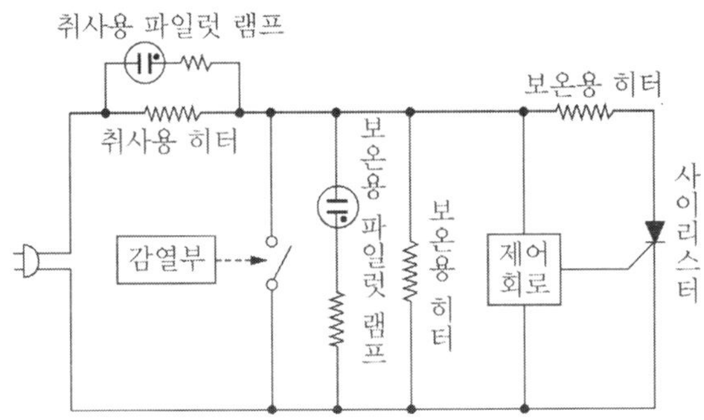

그림 3-60 마이컴 내장형 전기밥솥 회로

(3) 발열체

발열체는 취사용 히터와 보온용 히터가 사용된다. 보온용 히터는 통 히터와 뚜껑 히터로 분류된다.

1) 취사용 히터

시즈히터가 일반적으로 사용되며 히터 자체를 사용하는 경우와 다이캐스트를 주입한 열판을 조립하여 사용하는 경우가 있으며 전기밥솥의 일반적인 전력량은 약 500~600 W이다.

2) 보온용 히터

솥 밑에 스페이스 히터를 장착하여 약한 열로 보온한다. 마이컴 내장형 솥은 솥 몸통에 코드식 히터를 감아 사용하며 중앙부에 반도체 히터를 장착하여 사용한다.

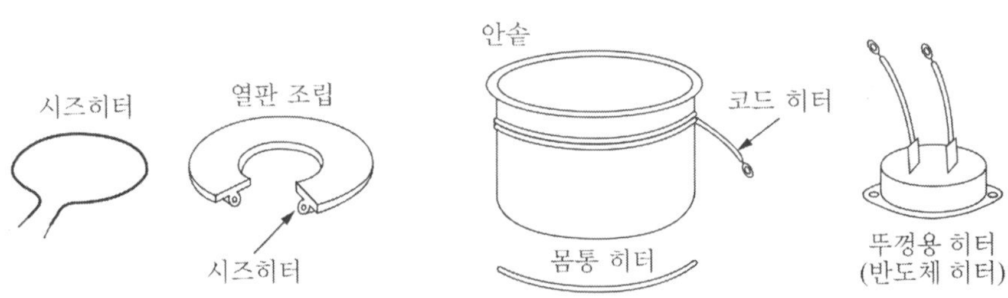

그림 3-61 취사용과 보온용 히터 종류

(4) 취사용 스위치

일반적으로 마그네트식 서모스탯을 사용하며 동작온도는 약 150℃이다.

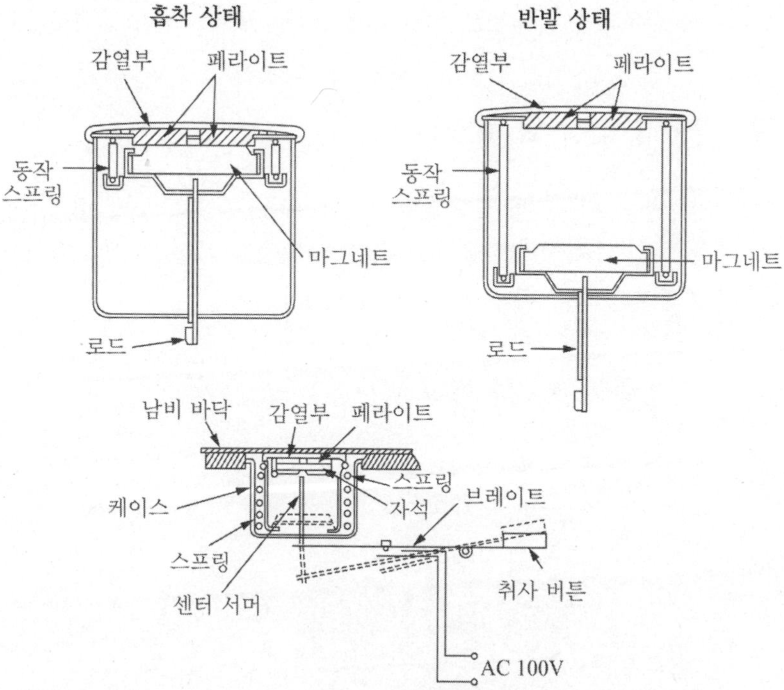

그림 3-62 마그네트식 스위치

(5) 서멀 리드 스위치(TRS, Thermal Read Switch)

보온 시 밥의 온도를 감지하는 기능으로 자석, 페라이트, 리드 스위치로 구성되어 있으며 주위 온도를 감지하여 전기 신호의 ON/OFF로 변환하는 기능을 가진다.

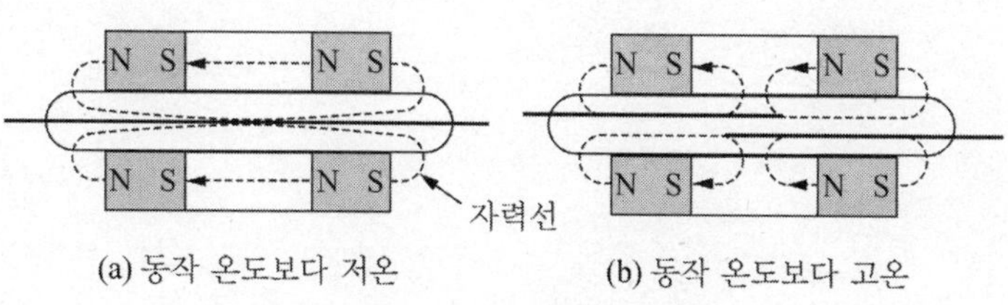

그림 3-63 TRS 동작원리

(6) 안전장치

취사/보온 스위치의 고장에 의해 솥이 가열될 경우 안전을 위해 온도/전류 퓨즈를 전원 회로에 직렬로 연결하여 이상 과열이나 단락 시 전류를 끊어 보호한다. 또한 취급 상 부주의시 취사/보온 히터가 동작하지 않도록 하는 안전장치도 내장되어 있다.

4.4 증거물 검사 및 촬영

전기밥솥을 비롯한 전열 기구는 온도제어장치(서모스탯, 바이메탈)의 리드선 처리 등에 따른 기계적 작동에 대한 배선 처리를 주의해야 하고, 온도퓨즈나 서모스탯 등 감열 부품은 설치 위치 관계에 주의하여야 한다.

(1) 밥솥의 코드나 배선 검사

배선의 단락 부분을 중심으로 연소 및 소훼 특성 확인하고 배선의 사용상황, 설치환경, 경로 상 결함 요인, 사용연수 등을 고려한 단락을 확인한다.

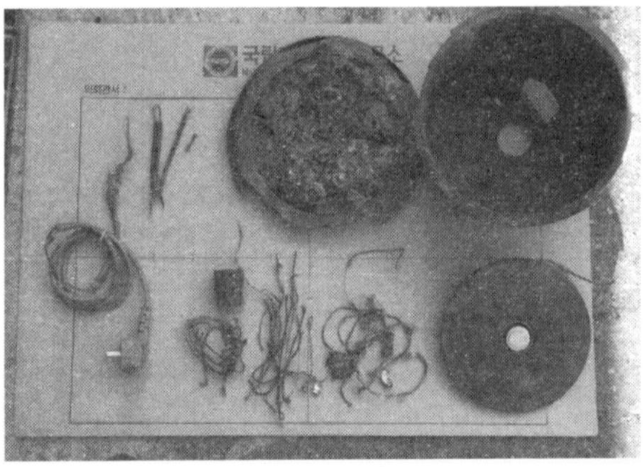
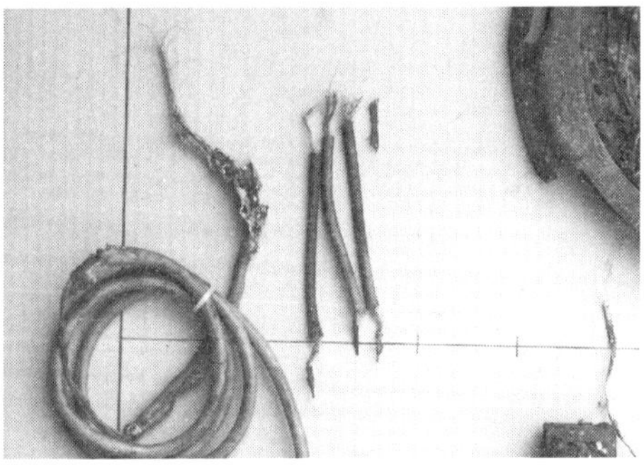

그림 3-64 밥솥 연소부위 분해 검사

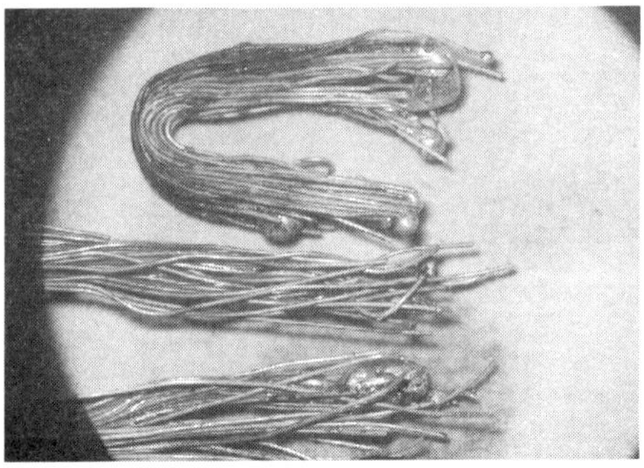

그림 3-65 배선의 단락 검사

(2) 히터 과열 검사

히터 과열 검사로는 밥솥 내용물 탄화 정도 검사, 히터 과열 등 용융 검사, 내부 배선 단락 및 퓨즈 용단 검사 등이 있다.

그림 3-66 내용물 및 밑면 열판 상태 검사

그림 3-67 분해 시 내부 배선 단락 검사

(3) 기판 검사

기판 검사로는 기판으로 수증기 등 외부 요인 침투에 대한 검사(트래킹 등), 단자 접속부(소자, 단자 등)의 이물질 유입이나 불완전 접촉·발열 검사, 기판 접속부의 경년열화 검사 등이 있다.

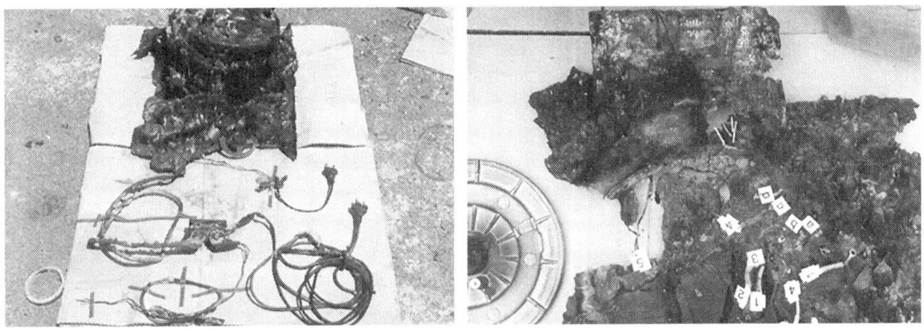

그림 3-68 기판 주변 발화 검사와 배선 단락 검사

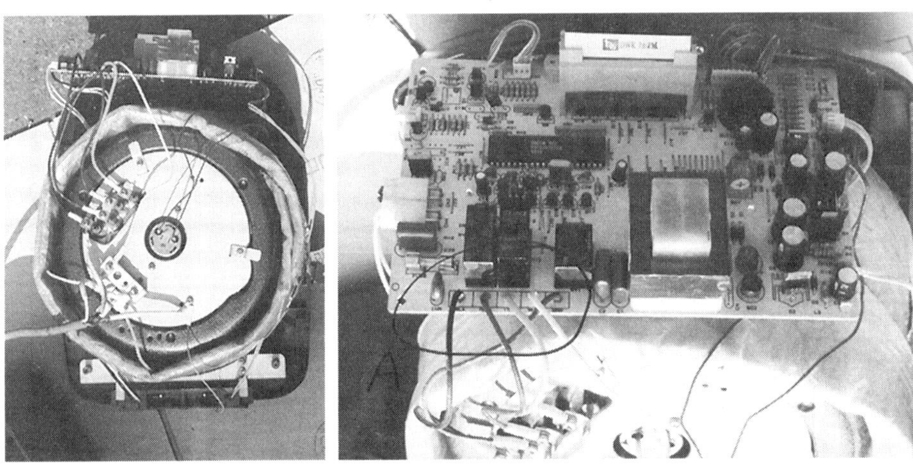

그림 3-69 제품 비교와 시설물 배치 검사

5 형광등

5.1 개요

형광등은 수은 가스의 방전으로 발생하는 자외선을 형광물질에 의해 가시광선으로 바꾸어 빛을 내는 조명장치로 실내조명으로 널리 사용되고 있다. 형광등 내에는 길쭉한 관 양쪽에 필라멘트 전극을 연결하고 관 속에는 아르곤 가스와 수은 증기를 집어넣으며 전극의 내부 표면에는 형광물질을 발라 놓는데 전원을 넣으면 필라멘트 전극에서 방전되어 생긴 열전자가 수은 원자에 충돌하여 자외선이 생기고 형광물질에 자외선이 닿으면 가시광선이 발생한다. 형광등은 오랜 기간 동안 켜놓을 경우 과열로 인해 화재 발생 가능성이 있음으로 방범을 위해 형광등을 켜놓고 집을 나서는 경우가 많은데 형광등이 가열되면 화재가 발생하는 경우가 많으므로 자제해야 한다.

5.2 원리 및 구조

형광등(螢光燈, Fluorescent lamp)은 기체 발광 등으로서, 유리관의 내벽에 형광물질이 발려져 있고 유리관 내에는 수mmHg의 낮은 압력 하의 아르곤과 소량의 수은 증기가 들어 있다. 양 끝의 금속 부분에는 전극 필라멘트가 달려 있는데 이 필라멘트를 예열하여 양극 간에 방전(放電)이 일어나면, 수은 분자는 격렬하게 충돌하여 자외선을 방출한다. 이 자외선이 관 내부 벽의 형광물질에 의해 가시광선이 됨으로서 우리가 원하는 빛을 얻게 된다. 형광등에 사용되는 형광체에는 텅스텐산칼슘(청), 텅스텐산마그네슘(청백), 규산아연(녹), 규산아연베릴륨(황), 염화인산카드뮴(오렌지색), 규산카드뮴(담홍색) 등 여러 가지 색조가 있으나 실제로는 이를 조합하여 사용한다. 형광등은 백열등과 달리 일정한 전력을 흐르게 해줄 안정기(Ballast)가 필요하다. 보통의 관 모양의 등에는 안정기가 전등 틀의 접점 부분에 들어 있다. 전구 모양의 형광등은 틀의 접점에 안정기가 들어 있거나, 전구 안에 들어 있어서 일반 전구 소켓에 그냥 삽입할 수 있게 되어 있다. 전자식 안정기가 등장하면서 안정기의 수명이 일반 안정기에 비해 길어졌다. 등만 교체하고 보통은 5～10년, 길게는 20년까지 사용하기도 한다. 형광등의 종류는 다음과 같으며 그림 3-72에 이를 나타내었다.

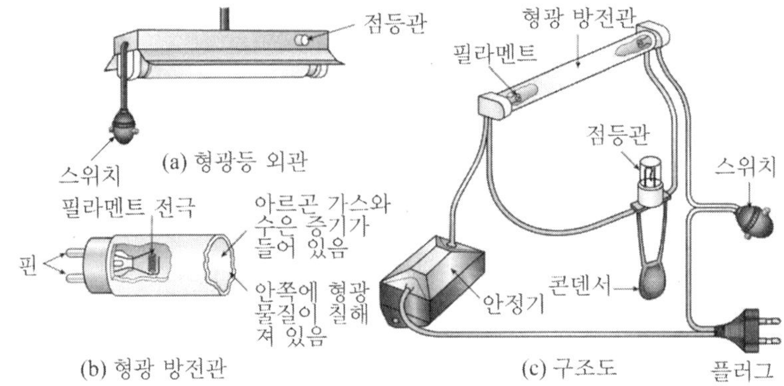

그림 3-70 형광등 외관 및 기본구조

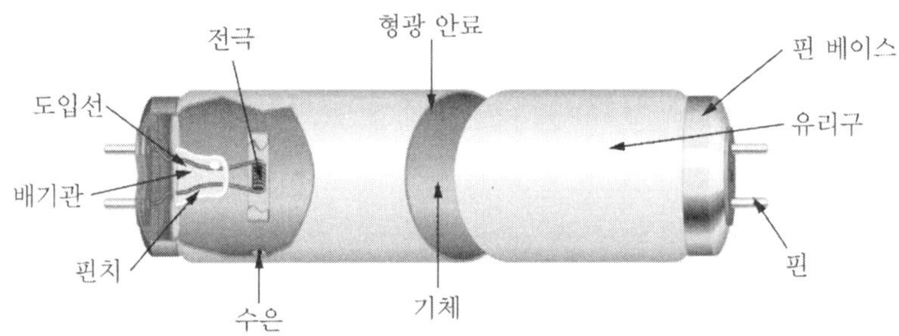

그림 3-71 형광등 내부 확대 형태

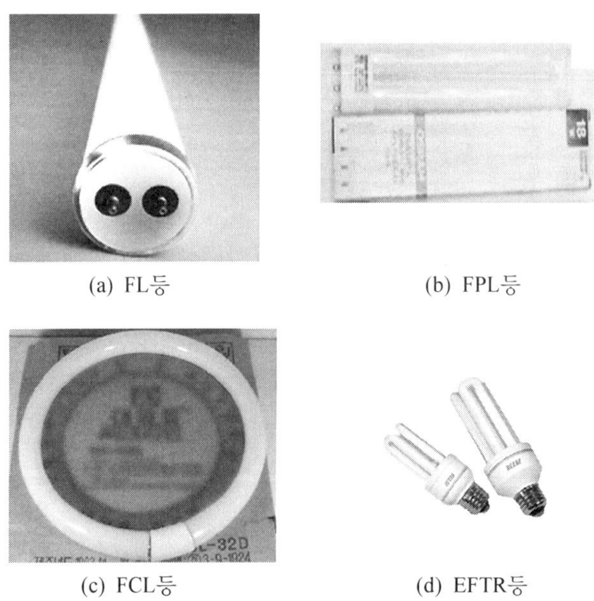

그림 3-72 형광램프의 종류

(1) **FL등(직관형광램프)** : 일반적인 형광램프
(2) **FPL등(삼파장램프)** : 삼파장램프가 대부분
(3) **FCL(환형램프)** : FL등을 원형으로 제작
(4) **EFTR(전구식 형광램프)** : 백열전구를 대체하기 위하여 전구식으로 제작

5.3 증거물 검사 및 촬영

일반적인 증거물 수거 절차에 의하여 수거된 형광등 기구는 다음과 같은 절차에 의하여 분해 검사를 실시한다.

(1) 형광등 기구의 전원코드의 규격을 측정하여 기록하고 코드의 단락 여부를 확인하며 형광등 기구의 외함의 단락 여부를 확인하여 특이점이 잘 표현될 수 있도록 증거물의 전체 사진을 촬영한다.
(2) 형광등 기구의 안정기를 분해 검사하여 내부 권선의 층간 단락흔 형성 여부를 검사하며 글로우 스타터의 상태를 검사하여 사진 촬영을 한다.
(3) 각 검사 과정에서 식별되는 단락흔, 층간 단락흔 등 전기적 용융흔은 현미경으로 확대하여 사진을 촬영한다.

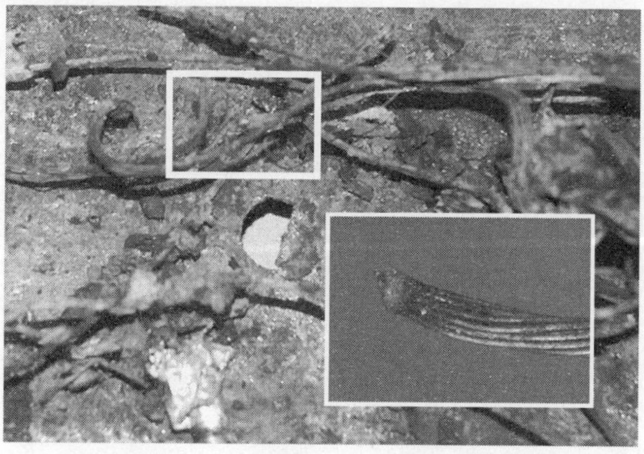

그림 3-73 형광등 기구 전원코드 단락흔

그림 3-74 형광등 기구 외함 단락흔

그림 3-75 형광등 기구 안정기 층간 단락흔

6 백열등

6.1 개요

백열등(白熱燈) 또는 백열전구(白熱電球)는 높은 온도를 이용해서 빛을 내는 전기적인 조명장치이다. 1879년에 토머스 에디슨이 발명하였는데 그는 전구에 쓰일 필라멘트의 재료를 찾기 위해 수많은 실험을 하였으며 현재는 필라멘트로 텅스텐이 사용되고 있다. 백열등은 세상에 나온 지 100년이 넘었지만 값이 싸기 때문에 아직도 널리 사용되고 있다. 백열등이 빛을 내는 기본 원리는 온도복사라는 물리현상 때문이다. 모든 물질은 온도가 높아지면 빛을 발생시킨다. 이런 원리를 이용하여 백열등에 사용되는 필라멘트는 텅스텐을 사용한다. 텅스텐은 금속 중에서 가장 높은 녹는점(3,400℃)을 가지고 있다. 일반적으로 백열등의 온도는 상온에서 120~241℃에 이른다. 작동 중에 만지면 화상의 위험이 있으며 작동 중에 물이 닿으면 열충격으로 인해 파손되어 유리 파편이 날아오는 위험도 있다. 꺼져도 열이 일정기간 남아 있으니 주의해야 하며 종이나 의류에 쌓인다든지 작업 중 톱밥이나 가연 자재 등에 덮일 경우 축열에 이어 탄화 연소 후 발화에 이를 수 있는 위험이 있다. 또한 백열등은 전력의 약 10%만을 빛으로 전환하므로 형광등, LED등과 같은 다른 대체재에 비해 에너지 낭비가 제일 심하기에 많은 환경단체들이나 국가들에서 사용을 지양하고 있다. 몇몇 국가에서는 백열등의 사용을 줄이기 위한 법안이나 조례를 제정하였고 정부는 2014년 1월부터 국내의 백열전구 생산 및 수입을 전면 금지하였다. 이에 반해 LED등이 특정파장영역대의 빛만을 발생시켜 눈에 피로가 빨리 오고 눈 건강에 나쁜 반면, 여러 파장대가 골고루 분포하여 자연광 태양광에 가까운 백열등의 경우는 효율은 좋지 못해도 눈 건강에 좋다는 연구 결과가 있다.

그림 3-76 백열등의 기본 형태

6.2 종류

(1) **주광색전구** : 필라멘트에 방사하는 빛 중에서 붉은색 부분을 흡수시켜서 주광색에 가까운 빛을 내는 것이다. 유리구도 청색유리를 사용하였으며 투과율은 70% 정도이다.

(2) **전광전구(全光電球)** : 투명 유리구의 내면에 규산의 백색 미분말을 도포한 것으로 유리구 전체가 균일하게 저휘도(低輝度: 2~3 Cd/cm^2)로 발광한다.

(3) **착색전구(着色電球)** : 장식용의 것으로 유리구를 빨강·초록·파랑·노랑 등으로 착색하여 사용하는 전구이다.

(4) **자동차전구** : 전조등·후미등·실내등 및 계기표시등 등이 있으며 6 V·12 V·24 V의 축전지로 점등하고 수명을 짧게 효율을 좋게 한 가스들이 전구이다.

(5) **적외선전구** : 전구의 필라멘트 온도를 저하시키고 유리구는 적외선을 잘 통과시키는 유리를 사용하여 필라멘트에서 발생하는 방사선 중에서 적외선을 많이 얻을 수 있도록 만든 전구이다.

(6) **내진전구** : 필라멘트·베이스 등을 내진적(耐振的)으로 한 것이다. 선박용 전구에는 110 V 및 220 V, 10～500 W의 일반조명용·투광기용·계기조명용 표시등이 있다. 그 밖에 집어등용 전구, 영사용 전구, 관형(管形)전구, 변탁(變濁)전구, 섬광전구, 사진용 전구, 광산용 안전전구, 의료용 전구, 측광용 표준전구 등이 있다.

6.3 장치 및 구조

백열전구는 필라멘트, 도입선, 앵커, 베이스, 유리구 등으로 구성되어 있으며 각 장치와 장치별 역할을 정리하면 다음과 같다.

(1) **필라멘트** : 필라멘트의 재료로는 텅스텐이 사용된다. 텅스텐은 용융점이 높고(약 3,400℃) 증발 속도가 느리며 가는 선으로 용이하게 가공할 수 있기 때문에 전구용 필라멘트에 널리 사용되고 있다. 가스들이 전구의 필라멘트로부터 상실되는 열량은 필라멘트와 유통하는 가스와의 접촉 면적이 작을수록 적어지므로, 2중 코일 모양으로 감아서 코일의 표면적을 작게 하면 가스의 대류에 의한 열 손실이 줄어들어 효율을 높일 수 있다.

(2) **도입선** : 도입선에 전류가 흐르면 가열되어 팽창하고 전류가 흐르지 않으면 수축한다. 따라서 유리와의 밀착 부분인 봉합부 도입선은 팽창계수가 유리와 거의 같은 재료가 필요하다. 이를 위해 니켈강에 구리를 피복한 듀밋(Dumet)선을 사용한다.

(3) **앵커** : 스템에 고정되어 있으며 필라멘트를 유리구 안의 바른 위치에 고정시키는 역할을 한다. 앵커는 가늘고 탄력성이 좋으며 녹는점이 높고 열전도가 낮아야 하므로 주로 텅스텐선이나 몰리브덴선을 사용한다.

(4) **베이스** : 전구를 소켓에 끼우는 부분으로, 먼지 등의 이물질이 침투하는 것을 막기 위해 나사식으로 만들어져 있으며 재료로는 황동이나 알루미늄 합금을 사용한다.

(5) **배기관** : 전구 안에 근소한 공기나 수증기가 있으면 가열된 필라멘트가 산화하여 단선되기 쉽다. 따라서 전구 안의 진공도를 될 수 있는 대로 높여 주어야 한다. 전구를 만들 때 유리구 내의 공기를 뽑아내거나 가스를 넣고 밀폐시킨 자리를 배기관이라 한다.

(6) **봉입가스** : 필라멘트는 높은 온도에서 증발하기 쉬우므로, 이를 방지하기 위하여 유리구 안에 다른 물질과 잘 반응하지 않는 아르곤(Ar)과 질소(N) 가스를 혼합하여 넣는다. 최근에는 열전도가 낮은 크립톤 가스를 봉입한 램프도 등장하였다.

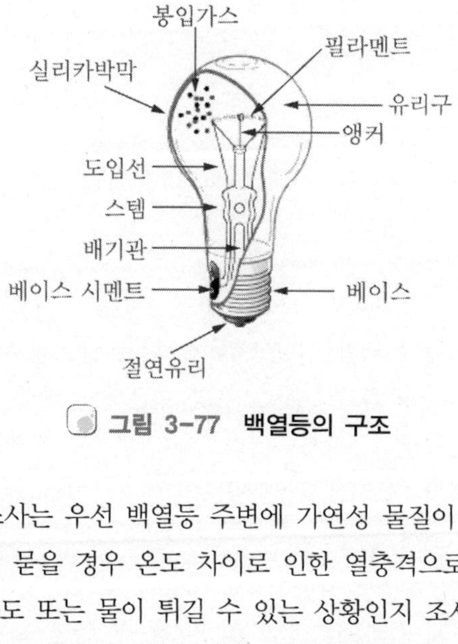

그림 3-77 백열등의 구조

백열등의 화재사고조사는 우선 백열등 주변에 가연성 물질이 있었는지 확인하고 작동 중인 백열등에 물이 묻을 경우 온도 차이로 인한 열충격으로 백열등이 깨질 수 있으므로 주변 환경의 습도 또는 물이 튀길 수 있는 상황인지 조사한다. 화재 현장의 백열등은 대부분 착화 또는 화재 후 열로 인해 깨진 상태로 수거되는데 필라멘트 산화 여부 등을 검사함으로써 화재 당시 켜짐 여부 등은 일부 판단이 가능하나 자체 이상 여부 및 발화 여부에 관한 판단은 쉽지 않다.

그림 3-78 백열등에 의한 착화 형태

7 전기다리미

7.1 개요

전기다리미는 운모판에 니크롬선을 감은 발열체 부분을 바닥쇠와 중추쇠 사이에 끼워 열을 전하는 방식으로 옷감에 맞는 온도를 조절하기 위한 스위치가 달려 있다. 이 전기다리미는 기존의 숯불다리미보다 안전하고 편리하지만 화재사고의 우려 또한 높아 전기다리미는 안전을 위해 별도의 안전장치를 달고 있다. 전기다리미에 스팀 기능을 추가한 스팀다리미는 수증기를 분출하는 다리미로, 물을 넣어야 작동이 가능하다. 스팀의 분출은 대부분 자동이지만 필요할 때만 스팀이 나오기를 원하는 소비자를 위해서 스위치를 눌러야 작동되는 제품도 있다. 다만 온도가 높기 때문에 피부에 오랜 시간 동안 스팀을 분출할 경우 화상을 입을 수 있으니 각별한 주의가 필요하다.

그림 3-79 일반 전기다리미

7.2 원리 및 구조

전기다리미는 발열체(시즈히터)의 발생 열을 밑면에 전하는 기구로서 조금만 취급을 소홀히 하여도 화재의 위험이 크다. 모든 다리미는 표시눈금을 두어 대상 의류에 따라 80~200℃ 정도로 제어가 되게 되어 있다. 이 제어기능은 온도에 따른 열팽창을 이용한 바이메탈스위치를 많이 이용하고 있지만 오래 사용하여 스위치 간극의 변화나 접점부 부식 등으로 인하여 밑면이 발열 온도가 표시 눈금에 일치하지 않을 수도 있다. 전기다리미는 운모판(雲母板)에 니크롬선을 감은 발열체(發熱體)를 바닥쇠와 중추쇠 사이에 끼워 열을 밑면에 전하는 것으로, 발열체나 재료금속의 개발로 가볍고 열효율이 좋은 품종이 개발되고 있다. 가정용으로 250~1200 W가 사용되며 상업용으로는 와트(W)수에 덧붙여 중량이 많을수록 다소 효과가 좋다. 작은 것은 가볍고 다루기 쉬우나 빨리 식으며 온도변화가 있어서 다림질이 고르지 않다. 자동온도조절기가 붙은 자동다리미는 내부에 바이메탈에 의한 전류의 단속장치(斷續裝置)가 있어 온도를 일정하게 유지할 수 있으며 다이얼을 돌려서 바이메탈의 접점거리를 조절하면 온도가 조절된다. 주로 섬유에 대한 적정온도를 각 섬유명으로 표시하고 있는 것이 보통이며 화학섬유 등 내열성이 낮은 섬유의 다림질에 편리하다.

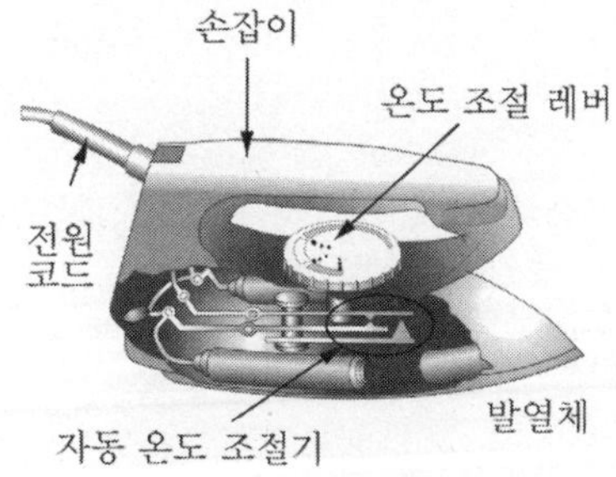

그림 3-80 전기다리미의 구조

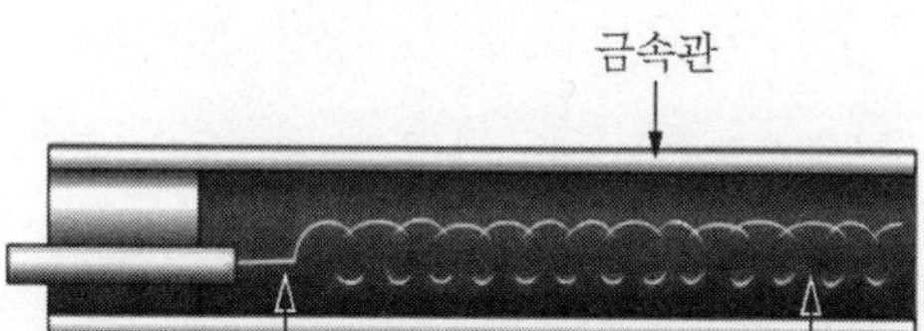

그림 3-81 전기다리미의 발열원리

7.3 증거물 검사

(1) 전로의 합선 부분이 확인되면 통전이 입증되고, 굽힘이나 눌림에 의한 절연파괴 여부를 검사하여 합선 부분과의 관련성을 검토한다.
(2) 바이메탈의 경우 접점부가 용접한 것처럼 융착되어 있으면 원하는 온도에서 온도제어가 되지 않고 지속적으로 과열된 것으로 볼 수 있다.

(3) 연소 형태

의류 종류에 따라 열판 밑면에 의류가 녹아 붙거나 열판 테두리를 따라 안쪽으로 탄화형태를 갖는 특징이 있다면 밑면 방치 과열을 의심할 수 있다.

8 전기스토브

8.1 개요

전기난로 또는 전기히터라고 불리는 전기스토브는 스위치 하나로 간단히 조작될 뿐만 아니라 전기를 사용하기 때문에 연료공급이 쉽다. 또한 냄새나 연기·가스도 나오지 않아 편리하고 청결한 난로라고 말할 수 있다. 전기스토브는 전기에너지를 열에너지로 바꾸어 주변을 가열하는 기기로서, 전열선으로부터 나오는 열을 난방 등에 이용한다. 전열선 배후에 반사판을 붙이는 경우가 일반적이다. 전기난로의 발열체로는 보빈에 니크롬선을 감은 것과 석영관 안에 코일과 같은 니크롬선을 봉입한 것, 도자기로 된 가는 심에 감은 니크롬선을 봉입한 것이 있다. 후자는 적외선을 특히 많이 방사하기 때문에 적외선 히터라고도 한다. 이와 같은 발열체의 후면에는 포물면형의 반사판을 달아 열선을 전면으로 집중시키도록 설계된 반사형이 많다. 또한, 코일 모양의 니크롬선을 평면상으로 달고 그 배후에 팬모터를 설치하여 더운 바람을 방출하는 형식의 히터도 있으며 온풍기·팬히터 등으로도 부른다. 패널식 히터는 벽이나 마루에 스페이스 히터라는 특수한 히터를 장치한 것으로서 저온으로 적외선을 방출하기 때문에 손을 접촉하여도 위험이 없고 난방효과도 크다. 전기난로는 계절형 가전기기로 자체 결함, 가연물의 근접 또는 접촉 및 사용자 부주의 등으로 화재가 발생하며 특히 전기난로 사용이 급증하는 겨울철을 중심으로 화재사고가 많이 발생하여 전기화재의 많은 부분을 차지한다. 전기스토브는 빠른 난방 효과라는 장점이 있지만 실내 공기를 빠르게 건조시킨다는 점은 신경을 써야 할 것이다. 또한 비정상적으로 과열될 경우의 대비책은 있는지, 히터가 넘어졌을 경우 어떤 차단장치가 설치되어 있는지 등은 반드시 검토해야 할 사안이다.

8.2 종류 및 구조

(1) 석영관 히터

석영관 램프 안에 니켈-크롬 열선을 발열체로 사용해서 난방하는 전기히터이다. 석영관이란 무수규산의 순도를 높인 제품으로, 고온에서 내구성이 강하고 열팽창성이 작으며 적외선의 투과성이 높다. 다른 히터에 비해 물체의 표면 온도가 높아 열효율이 좋으며 화재의 위험도 비교적 낮은 편이다. 열이 금속 반사판에 반사되는 복사열에 의해 난방을 해주기 때문에 가열되는 시간이 오래 걸린다.

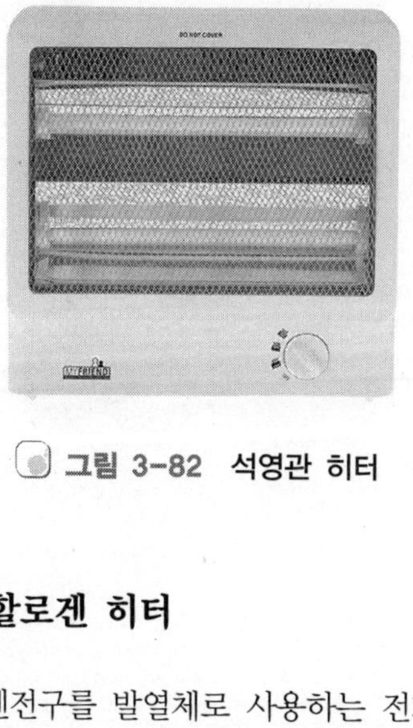

그림 3-82 석영관 히터

그림 3-83 석영관 히터의 구조

(2) 할로겐 히터

할로겐전구를 발열체로 사용하는 전기히터이다. 발열 및 식는 속도가 빠르고 수명이 길지만, 충격에 의해 램프가 깨지기 쉬우며 반사판에 반사된 복사열을 이용하기 때문에 화재의 위험이 낮다. 할로겐 히터는 전원을 넣고 열이 나오기까지 걸리는 시간이 짧으며 전력 소모가 상대적으로 적은 편이다.

그림 3-84 할로겐 히터

(3) 카본 히터

탄소섬유(Carbon)를 발열체로 사용하는 전기히터이다. 불꽃이 나지 않아 냄새와 연기가 없으며 열효율이 좋아서 일반 주택이나 소규모 사업장에서 사용하기 좋다. 순도 99.9% 이상의 카본을 사용한 복사열 방식의 난방 기구이다. 전원을 켜면 열이 바로 들어오며 열효율이 높다. 냄새나 연기가 적고 소음이 발생하지 않아 가정 및 사무실 등에 적합하다.

(4) 근적외선 히터

공기를 데우지 않고 물체에만 열을 전달하는 방식으로 피부 침투력이 뛰어나다. 먼 거리까지 열전달이 가능하여 개방적인 공간에서 사용하기 효율적이다. 물체에는 난방 효과가 크지만 공기를 데우지 않기 때문에 실내온도 상승에는 효과가 크지 않다.

그림 3-85 카본 히터

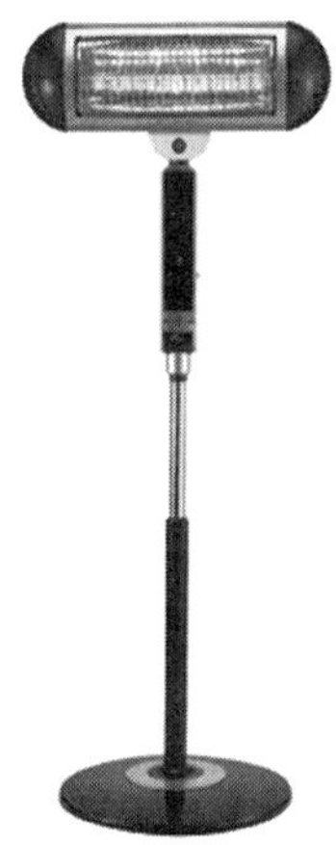

그림 3-86 근적외선 히터

8.3 증거물 검사 및 촬영

(1) 통전상태의 확인

전기난로의 통전상태 확인을 위해서는 전도 스위치 및 온도조절 스위치 등에 대한 확인이 선행되어야 하며, 전기난로의 스위치 종류는 로타리식 스위치, 누름 버튼식 스위치 및 전자 접점 스위치 등으로 구분할 수 있다. 로타리식 및 누름 버튼식 스위치는 기계구조의 접점이 접속되는 형태로서 스위치의 위치 또는 스프링의 상태 및 접점 접속 여부 등을 통해 통전상태를 확인할 수 있다. 그러나 리모컨으로 제어가 가능한 전자 접점 스위치의 경우에서 스위치 자체의 검사만으로 On/Off 여부를 구분할 수 없다.

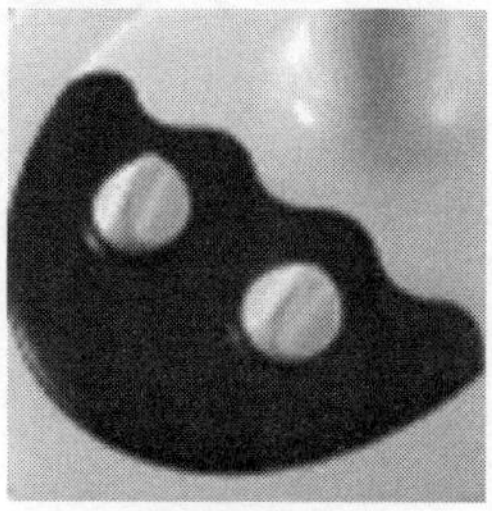

그림 3-87 로타리식 스위치

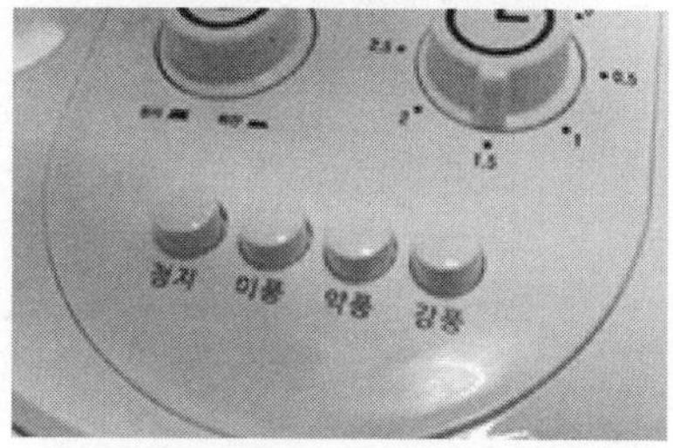

그림 3-88 누름 버튼식 스위치

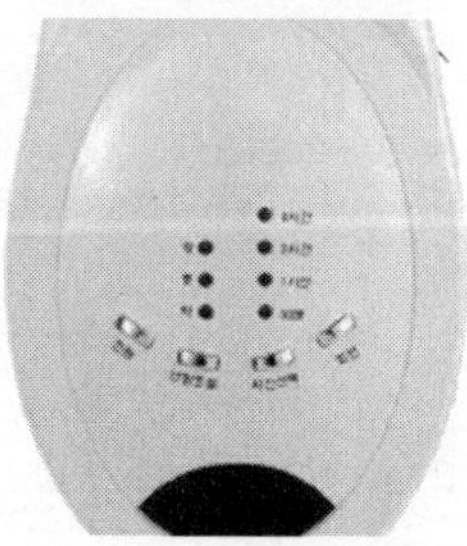

그림 3-89 전자 접점 스위치

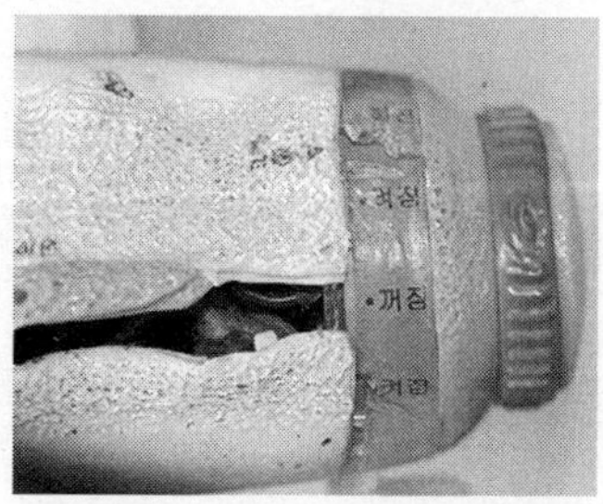

그림 3-90 다이얼식 스위치

그림 3-91, 그림 3-92, 그림 3-93에서는 각종 온도조절 스위치에 대한 통전상태를 확인하는 방법을 나타낸 것으로 스위치의 위치, 스프링의 상태 및 내부 접점의 위치 등을 육안 및 X-ray 장치를 이용하여 확인할 수 있다.

그림 3-91 다이얼식 스위치의 접점 상태 확인(1단 켜짐)

그림 3-92 누름 버튼식 스위치의 접점 상태 확인(1단 켜짐)

그림 3-93 누름 버튼식 스위치의 스프링 상태 확인(1단 켜짐)

(2) 전기적 특이점 검사

전기난로의 배선은 전원코드, 전도스위치, 온도조절스위치를 통해 열선으로 연결되는 구조로 전원코드 및 내부 배선 등으로 구성된다. 발화원인으로 작용 가능한 특이점이 형성되는 부분은 주로 내부 배선에서 나타나며 내부 배선에서 형성되는 단락흔은 꺾임이나 눌림의 영향으로 절연피복이 손상되고 최종적으로 절연파괴되는 과정에서 나타난다. 절연파괴 과정에서는 전기적 발열 및 불꽃이 수반되고 동 발열 및 불꽃은 주변가연물이나 절연피복을 착화시키는 발화원인으로 작용 가능하다. 또한 회전기능이 포함되는 선풍기형 전기난로의 경우에는 회전용 모터의 전원배선에서 발화원인으로 작용 가능한 단락흔이 형성되는 경우도 있다. 그림 3-94는 전기난로의 전기 계통에서 나타나는 전기적인 특이점의 예를 나타낸 것이다.

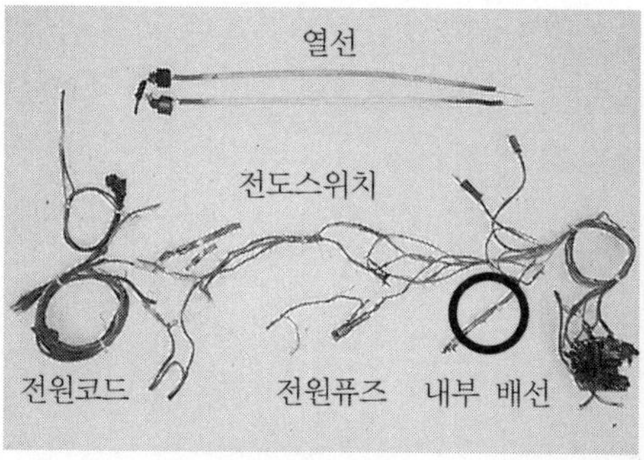

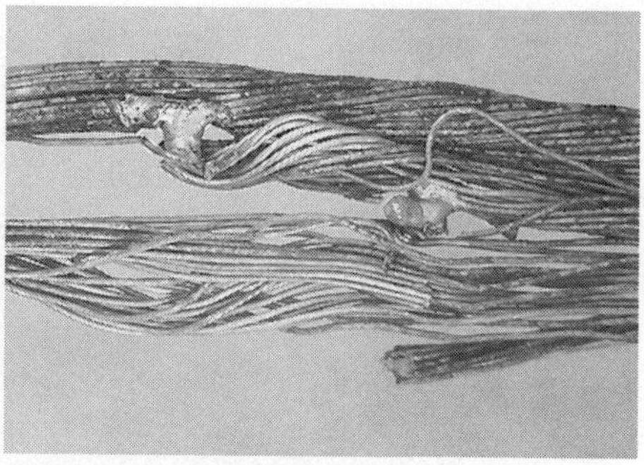

그림 3-94 전기난로 내부 배선에서 식별되는 단락흔

전기난로는 이동이 가능한 전기제품으로 지속적인 이동 및 전원플러그의 반복적인 접속과 분리 등에 의해 전원코드에서 반단선이 발생하거나 금속 외함과 마찰 등에 의해 발화될 가능성이 있다. 그림 3-95에서는 전기난로 전원코드와 금속 외함이 접촉되어 단락되는 과정에서 화재가 발생된 사례를 나타내었다.

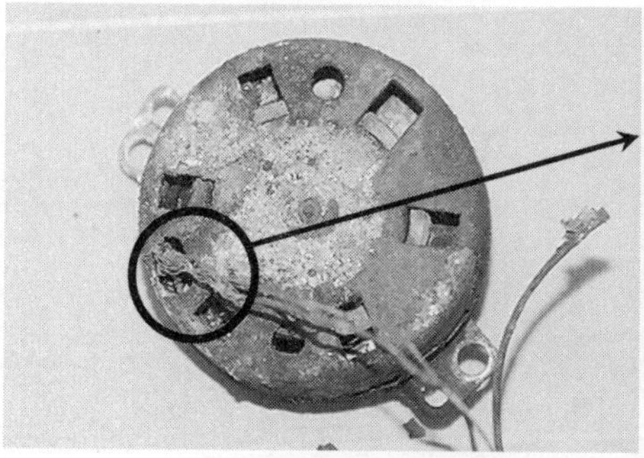

그림 3-95 회전용 모터 외함과 전원배선 사이에서의 단락흔

(3) 가연물 근접 접촉에 의한 발화 가능성 검토

전기난로는 난방목적용으로 사용되는 것으로 열풍식을 제외하면 대부분 강한 복사열을 사용하는 것이 일반적이다. 또한 대부분의 전기난로에서는 서모스탯과 같은 별도의 온도조절장치를 설치하지 않는 경우가 많다. 따라서 가연물이 근접 또는 접촉되는 경우, 전기난로의 복사열에 의해 근접 또는 접촉된 가연물을 착화시키는 과정에서 발화될 가능성이 있다. 그림 3-96에서는 선풍기형 전기난로의 반사판 주변에 의류의 잔해가 식별되는 것으로 가연물의 근접 또는 접촉에 의한 발화 가능성이 높은 예를 나타내었다. 가연물이 근접 또는 접촉되는 과정에서 발화되는 경우, 연소 확대 과정에서 전

원코드 등에서 전기적 특이점이 종속적으로 형성되기도 하지만 어떠한 경우에는 전기적 특이점이 식별되지 않는 사례도 있다. 특히 전기난로의 잔해 중, 전원코드에서만 전기적 특이점이 형성되는 경우, 직접적으로 전기 요인에 의해 발화되었을 가능성과 가연물이 근접 또는 접촉되는 과정에서 전기난로의 복사열에 의해 발화되었을 가능성이 모두 존재한다.

그림 3-96 가연물 근접 접촉에 의한 발화 가능성 흔적

9 모니터

9.1 개요

TV나 컴퓨터 등에서 영상 정보를 재현할 때 쓰는 장치로 타 가전기기에 비하여 가연물의 비율이 상대적으로 높고 외함 재질의 특성으로 인하여 발열량이 높으며 컴퓨터 등 주변에 타 기기의 설치로 인하여 다수의 전원코드가 존재하는 특성이 있다. 외부 화염에 용이하게 노출되고 연소의 용이성 및 주변에 강한 연소흔적을 남기고 또한 모니터 연소 시 발생한 강열한 폭발음은 이를 인지한 사람의 진술 등에서 모니터를 발화원으로 착각할 수 있도록 유도하는 바, 발화지점 및 발화지점으로 오류를 범하는 수가 많다.

9.2 종류 및 구조

(1) CRT(Cathode Ray Tube) 모니터

가장 오래된 디스플레이 장치로 음극선관, 혹은 브라운관이라고도 한다. 잔고장이 적고 응답시간이 빨라 세밀한 작업을 할 때 편리하며 글자 뭉개짐 없이 다양한 해상도 변경이 가능하다. 보는 각도에 상관없이 상, 하, 좌, 우의 선명도가 일정하고 명암, 암부(어두운 부분) 등 색상 표현력이 좋은 편이다. 현재는 LCD 모니터보다 전력소비량과 전자파방출량이 많고 부피도 크고 무거워 거의 단종된 상태이다. 브라운관은 크게 전자총, 편향계, 형광면으로 이루어져 있다. 맨 먼저 기관총 모양을 하고 있는 전자총은 전기를 통하면 열을 발생하는 장치에 의해 용수철 모양의 음극이 가열되어서 전자들이 튀어 나오도록 하고 이 전자들은 음극의 성질을 가지고 있어 양극쪽으로 나아가려고 한다. 이것은 자석에서 같은 극끼리는 밀어내지만 음극과 양극은 서로 달라붙는 원리와 같은 것이다. 전자총의 끝 부분에는 양극이 있어 이러한 전자들의 방향을 잡아 전자선을 만들게 되고 형광면 역시 양극의 성질을 가지고 있어 전자들은 당연히 화면쪽으로 향하게 된다. 이러한 전자들을 모아서 전자선이 형성되면 다음에는 편향계로 넘어간다. 편향계에서는 이 전자선의 방향을 바꾸어 전자들이 형광면의 여러 부분에 도달하게 하는 역할을 한다. 그리고 이 전자들을 받은 형광면은 빛을 내는 형광물질이 칠해져 있어서 전자선의 강도에 따라 형광면은 밝기가 달라지는 것이다. 그리고 이 형광면에서 보이는 그림은 1초에 25～50개까지 보인다.

그림 3-97 CRT 모니터

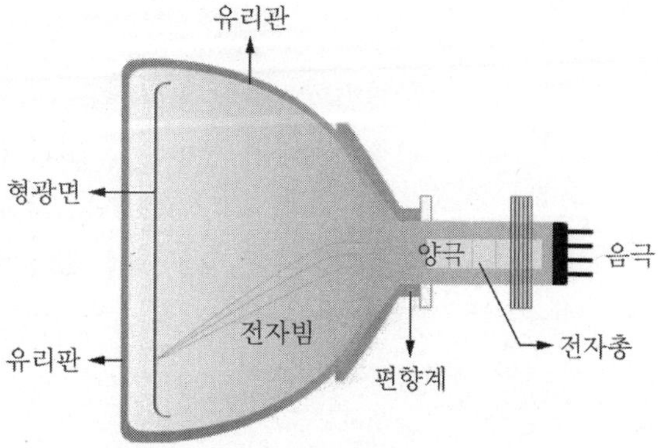

그림 3-98 CRT 모니터 구조도

1) CRT(음극선관) (Cathode Ray Tube)

CRT는 모니터의 핵심적인 구성요소로 전자총 셰도우 마스크 자기 편향코일 등으로 이루어져 있다. CRT는 음극선관에 설치된 전자총에서 전자를 방출하여 형광체가 코팅되어 있는 형광면을 자극해서 빛을 내어 색상을 표시한다. 메인보드(main board)를 거친 아날로그 데이터는 CRT 후면에 있는 3개의 전자총에 전달된다.

2) 전자총

아날로그 데이터 신호는 기본색인 R, G, B에 직접 대응하는 3개의 전자총을 통해 전자빔을 CRT 전면의 스크린 글라스에 주사하게 된다. 전자빔은 한 곳만이 아니라 스크린의 좌측 상단부터 우측 하단까지 연속적으로 주사하게 된다. 우측 하단까지 주사를 맞히면 다시 좌측 상단을 주사하고 같은 동작을 반복해 화면을 갱신하게 된다. 보통 초당 60~100회 정도 갱신을 하며 초당 갱신 횟수를 수직 주파수라 한다.

3) 자기 편향코일(수직 수평 편향코일)

CRT의 목 부분에 감싸져 있는 코일 뭉치는 전자기장을 이용 전자빔의 경로를 변경시킨다. 전자빔은 먼저 최상단의 화면 좌측에서 우측까지 일직선의 수평으로 주사를 맞힌다. 이 때 자기 편향코일은 경로를 조금 더 하단으로 이동시켜 바로 아랫줄의 좌측부터 우측까지를 주사할 수 있도록 만들어준다. 이러한 작업을 반복해 좌측 상단부터 우측 하단까지 전자빔이 주사되는 것이다.

4) 셰도우 마스크

전자빔은 스크린 글라스에 도착하기 전에 셰도우 마스크를 거치게 된다. 얇은 금속판에 작은 구멍이 수 없이 뚫려 있는 셰도우 마스크는 전자빔이 목적하는 위치에 정확히 정열하게 끔 하는 역할을 하며 구멍의 간격이 작을수록 더 세밀한 이미지를 표현할 수 있다. 같은 종류의 전자빔이 통과하는 구멍 간의 최근접 거리를 DOT 피치라 하며 트리니트론(Trinitron) 방식의 모니터는 개구율을 높이기 위해 셰도우 마스크 대신 가는 선으로 이루어진 애피쳐 그릴을 사용한다.

5) 스크린 글라스

셰도우 마스크를 통과한 전자빔은 스크린 글라스 내부에 코팅되어 있는 녹색, 청색의 형광물질에 부딪쳐 빛을 내게 된다. 이 형광물질의 빛이 글라스를 통과해 사용자의 눈에 보여지게 되는 것이다. 또한 전자빔의 강도가 강할수록 형광체는 많은 빛을 발하게 되므로 각 픽셀마다 삼원색의 전자빔의 세기를 조절하여 다양한 색상 표현이 가능하게 된다.

6) 메인보드(Main Board)

D-SUB 커넥터를 통해 들어온 아날로그 신호는 메인보드를 통해 CRT에 맞게 신호가 변경되어 CRT에 보내진다. 메인보드는 전원부와 수직, 수평 컨트롤회로, OSD(On Screen Display)를 통한 화면 조절기능 등을 제어한다.

7) 비디오보드(Video Board)

컴퓨터를 통해 들어온 컬러신호(R, G, B)를 CRT에 맞게 변경시켜 주는 곳이며 영상구동 증폭, 영상출력증폭, 컷오프(Cut-Off) 회로로 구성되어 있다.

8) D-SUB 커넥터

컴퓨터에서 보내진 Video신호를 받는 곳으로 RGB신호, 싱크신호 등을 공급받는다. 커넥터 형태는 BNC, D-SUB 9 pin과 15 pin 형태로 구성되어 있다.

(2) LCD(Liquid Crystal Display) 모니터

화면이 선명하며 얇고 가볍기 때문에 TV, 모니터, 복합기 등 전자 제품의 화면으로 사용된다. 복합기, 프린터에 적용된 LCD 화면은 제품의 설정이나 출력물의 미리 보기가 가능하여 사용의 편리를 도와주며 TV, 모니터는 같은 인치 대의 PDP보다 전력소비가 낮은 장점이 있으나 시야각이 좁은 단점이 있다. 현재는 LCD 터치스크린 방식을 사용하여 화면을 통해 데이터를 입력하거나 설정을 변경할 수 있다. LCD는 화면 크기와 상관없이 두께가 얇고 가벼우며 전력 소모가 적기 때문에 노트북과 같은 소형 경량, 저전력 소모가 요구되는 분야에서 먼저 적용되었다. LCD 방식은 같은 화면 크기의 CRT와 비교해 1/3 정도에 불과한 전력 소비를 장점으로 하며 무게도 비교할 수 없을 수준이다.

그림 3-99 LCD 모니터

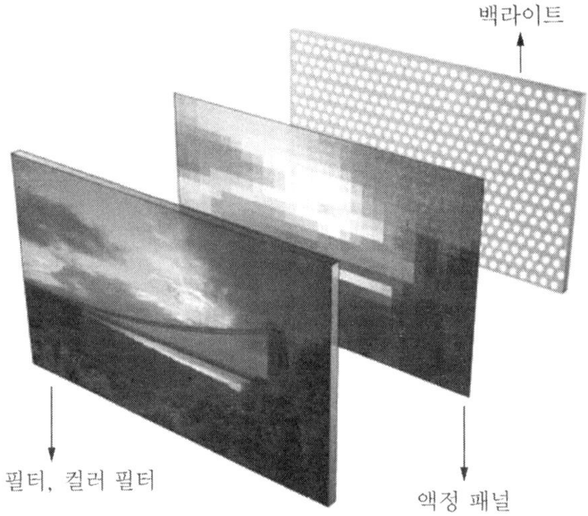

그림 3-100 LCD 모니터 구조도

LCD의 동작 원리는 CRT와는 전혀 다르다. CRT가 하나의 점에서 전자빔을 쏘아 RGB 형광체를 발광시키는 것과 달리, LCD는 LCD 셀에 의해 On/Off되는 백라이트(Back Light) 광원의 빛을 이용한다. 빛은 일정한 방향으로 파동을 가지고 있으며 이 파동이 수직으로 필터에 도달하면 빛이 통과하지 못하고 수평으로 도달할 경우에만 빛이 통과한다. LCD는 전계에 의해 일정한 방향으로 액정 소자 배열이 이루어지고 이 경우 일정한 방향의 파동을 가진 빛을 선택적으로 통과시킨다. 즉, 분자구조 특성상 액정은 전계에 의해 선형으로 배열되고 기계적인 특성으로 인해 다시 레이어간에 90도 단위로 회전이 가능하다. 이러한 90도 단위 회전배열을 TN(Twisted Nematic)이라고 하고 270도 단위 회전배열은 STN(Super Twisted Nematic)이라고 한다. 레이어 2장을 사이에 놓고 이러한 막대 모양의 액정에 전기장이 걸리면 전기장의 방향에 따라 이러한 액정이 재배열되면서 통과하는 광량이 변한다. 색상을 표현하기 위해서는 컬러필터라는 것을 사용하고 필터의 픽셀 단위는 RGB의 3개 서브픽셀로 구성되며 통상 LCD에서 RGB는 바둑판 구조를 취하고 있다.

9.3 증거물 검사 및 촬영

(1) 모니터에 형성된 전기적인 특이점 검사

1) 전원코드에서 단락흔이 식별되는 경우

단락흔이 식별되는 전원코드를 중심으로 연소확대된 형상인가를 판단하고 모니터를 분해 검사하여 모니터 내부에서 전기적인 특이점이 식별되지 않음을 촬영하며 또한 퓨즈의 상태를 확인한다.

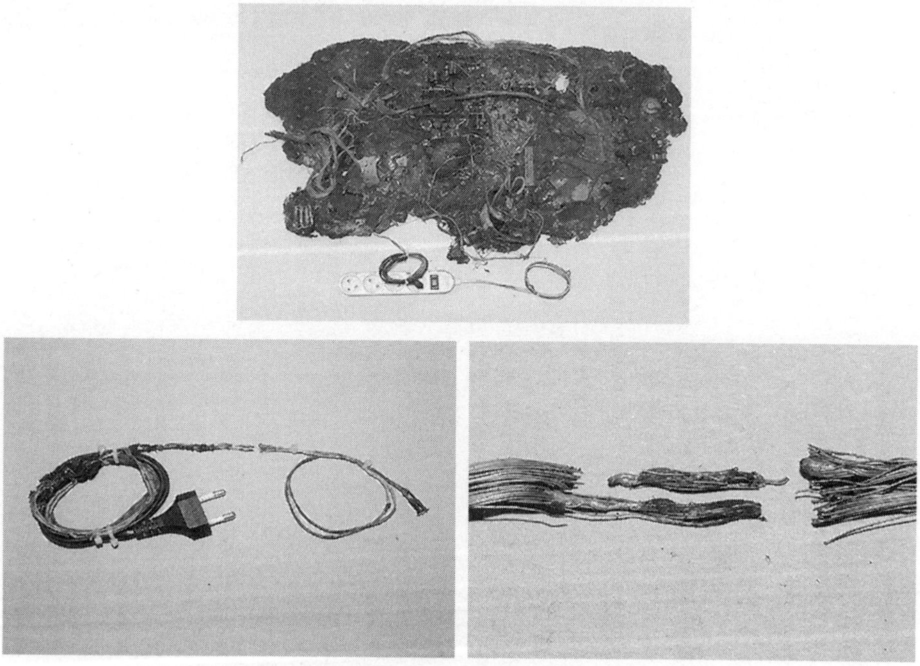

그림 3-101 모니터 전원선 꺾임에 의한 손상

2) 퓨즈 상태 검사

퓨즈 상태 검사는 모니터 내부에서 화재가 발생하였는가 혹은 외부에서 화재가 발생하였는가를 판단하는 근거로 사용될 수 있는 매우 중요한 검사 항목 중의 하나이다. 따라서 광학적인 현미경 및 X-ray를 통하여 비파괴 검사함을 기본으로 한다. 퓨즈는 광학현미경이나 X-ray를 사용하여 용단 여부를 확인할 수 있으며 퓨즈가 용단되지 않은 상태에서 전원코드에서 단락흔이 식별된다면, 연소형상, 주변의 구조물 및 절연피복에 손상을 줄만한 요인을 선정하여 전원코드의 절연손상에 의한 발화 가능성을 검토해야 한다. 퓨즈가 용단된 상태에서 전원코드에서 단락흔이 식별된다면, 모니터 내부를 세심하게 분해 검사하여 각각의 부분에서 전기적인 특이점을 찾아 촬영 후, 이의 발화가능성을 검토한다. 또한, 일부 신호처리용 기판의 저전압부에서 발화되는 경우, 퓨즈가 용단되지 않는 수도 있는 바, 동 특성을 고려하여 검사에 임할 필요가 있다.

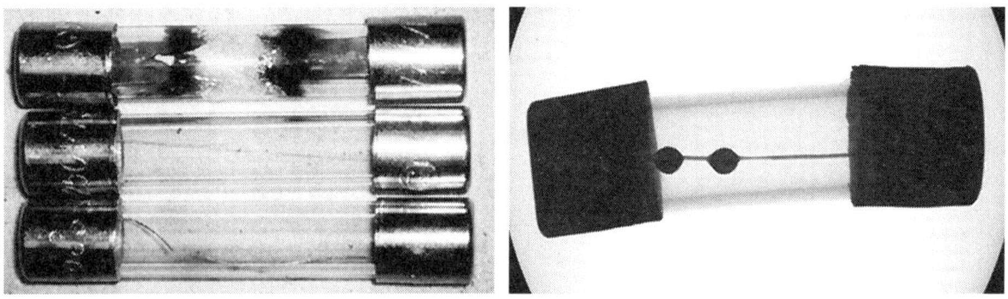

그림 3-102 퓨즈 비파괴 검사

3) 전원코드가 연결되는 기판 단자 부분

전원코드가 연결되는 기판의 단자 부분은 배선 구조상 불완전 접촉에 의한 발열 가능성, 꺾임에 의한 절연피복의 손상 가능성 및 기판의 절연손상에 의한 발화 가능성 등 다양한 발화 메커니즘이 존재하는 바, 동 부분의 연소형태를 신중히 검사하여 전기적인 특이점이 식별되는지, 국부적인 연소형상 및 연소천공형태가 식별되는지를 확인하여, 동 부분에서의 발화가능성을 검토한다.

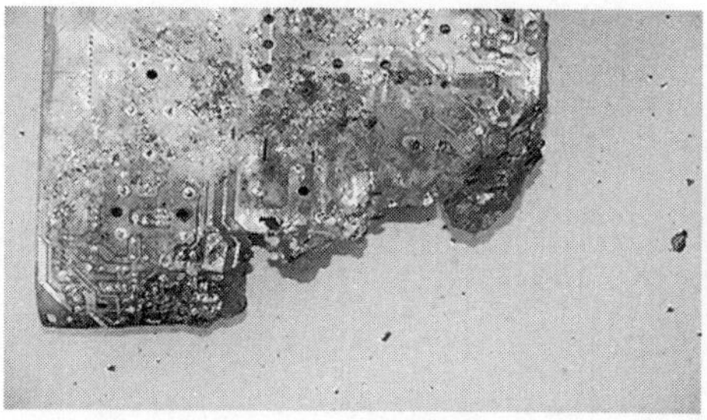

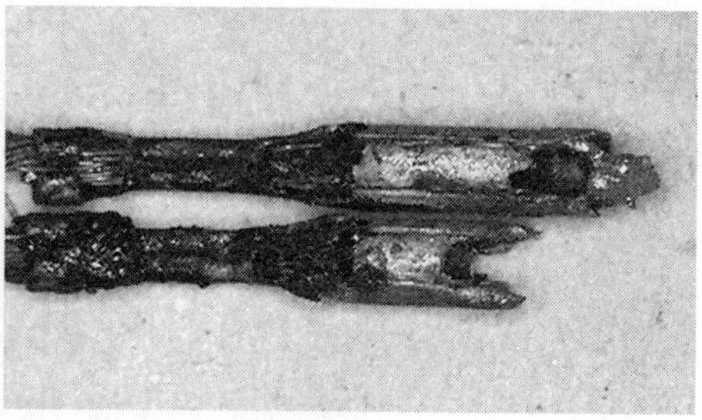

그림 3-103 기판 단자의 손상 및 절연파괴

4) 전원 및 신호처리용 기판 부분

기판 자체의 절연손상에 의한 전기적인 발열로 발화되는 경우, 필수적으로 기판에 인접한 모니터 밑면이 종속적으로 연소 천공됨으로, 기판의 프린트 배선이나 소자의 절연손상이나 파괴에 의한 발화의 검사를 위해서는 밑면의 연소형상이 필수적인 검사 항목 중의 하나이다. 연소형상과 함께 동 소에 설치된 프린트 배선, 소자의 정격 및 주변에서 기판에 오염을 유발할 수 있는 조건 등을 종합적으로 검토하여 발화 가능성을 한정할 필요가 있다.

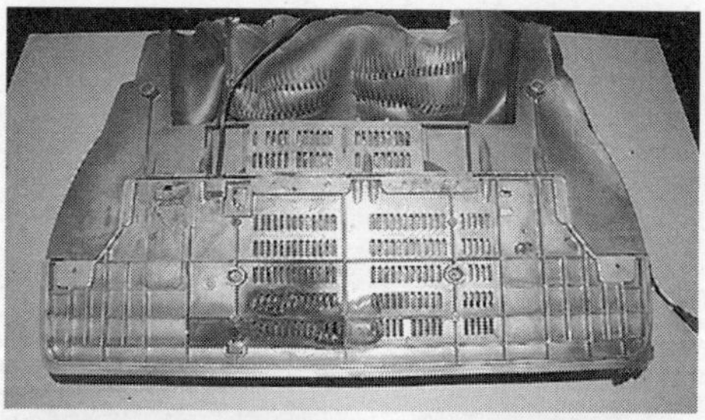

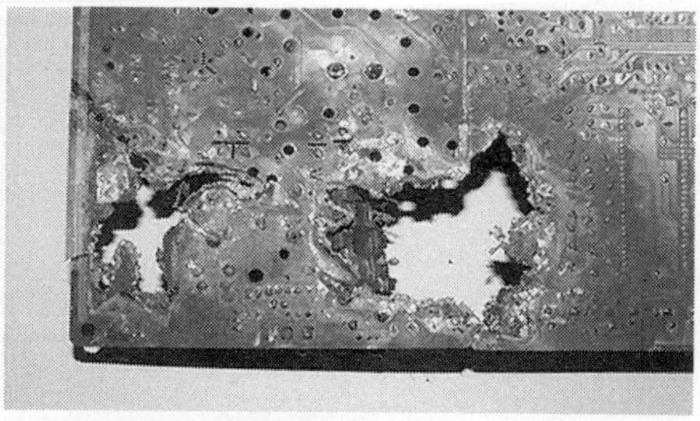

그림 3-104 기판의 절연손상에 의한 발화

5) 플라이백 트랜스

영상장치의 부품 중, 고압(7~12 kV)을 출력하는 부품인 플라이백 트랜스는 고압 부품이 관계로 인하여 절연성이 높은 실리콘 피복과 몰딩 구조 내에 설치되어 있으나, 기판에 부착된 단자 부분은 정전유도에 의해 먼지 및 습기가 흡착될 수 있고 이에 의해 절연이 파괴되면서 발화될 수 있다. 또한 절연파괴 의한 고압 누설 및 플라이백 트랜스 2차측 코일의 층간 단락 등에 의한 전기적인 발열로 발화될 수 있으므로 플라이백 트랜스 설치 부분의 연소형상 및 X-ray 검사를 통하여 발화 가능성을 검사할 수 있다.

그림 3-105 플라이백 트랜스 부근의 연소

6) 그 외 내부 배선의 검사

모니터 내부에는 기판 부분이나 특정 부품 이외에도 다수의 내부 배선과 고압 배선이 설치되어 있으므로 상호간의 접촉이나 기계적인 손상에 의한 전기적 발열로 발화되는 경우가 있다. 이러한 경우 내부 배선이나 고압 배선에서의 단락흔 형성 유무를 확인하고 그 외의 부분에 대한 발화 가능성을 배제하며 연소 형상 및 배선 구조를 종합적으로 검토하여 발화 여부에 대한 가능성을 판단한다.

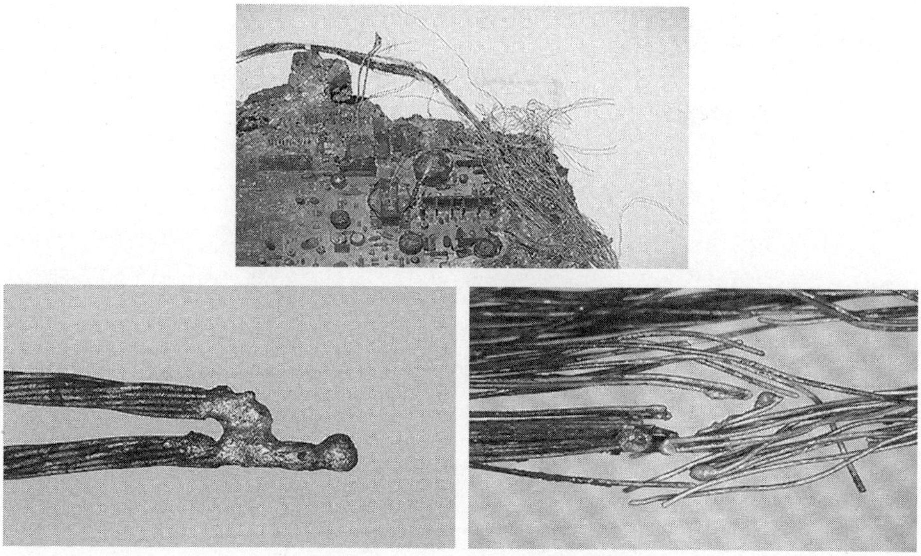

그림 3-106 내부 배선의 단락흔

10 가정용 비데

10.1 개요

비데는 용변 후에 생식기와 항문 주변을 닦는 데 사용하는 장치로 사용되고 있고 의료용으로도 쓰인다. 외국에서는 흔히 욕실 안에 설치되어 있다. 손을 사용하지 않고도 기구 중앙부에서 적당한 온도를 지닌 온수가 분출되어 부드럽게 국부를 세척해주는 장치로 치질, 방광염, 질염, 설사로 인한 쓰라림 등을 제거하는 데 사용되고 여성의 월경과 산후조리 시에도 사용된다. 비데는 전자식과 기계식으로 구분되며 현재 일반가정에서 사용하는 비데는 전자식 비데가 대부분이다. 전자식 비데는 여러 가지 센서와 모터, 온풍기 장치 등이 복잡하게 연결되어 있으나 습기에 약하다는 단점이 있다. 그러나 온수와 노즐위치조절, 마사지기능, 난방 변좌 등의 다양한 기능을 가지고 있어 현재 보편화되는 추세이고 외관을 슬림화하거나 벽 속에 내장시키는 신공법이 속속 등장하고 있어 몇 년 후는 콤팩트한 제품들로 대체될 전망이다.

10.2 구조 및 기능

(1) 비데의 구조

전자식 비데는 본체와 변좌로 구분되며, 본체의 조작부는 세정, 온풍, 난방, 건조 등 다양한 기능을 제어한다. 그리고 변좌에는 히터와 착좌 스위치가 장착되어 있다. 온수를 분출하는 노즐 주변 분출구의 위치를 결정하는 슬라이드식(Slide type) 또는 측면에서 좌, 우측으로 움직이는 스윙식(Swing type)이 있으며 온수온도는 약 30～40℃, 건조 온풍은 약 40～60℃, 좌변기 표면온도는 약 30～40℃이다.

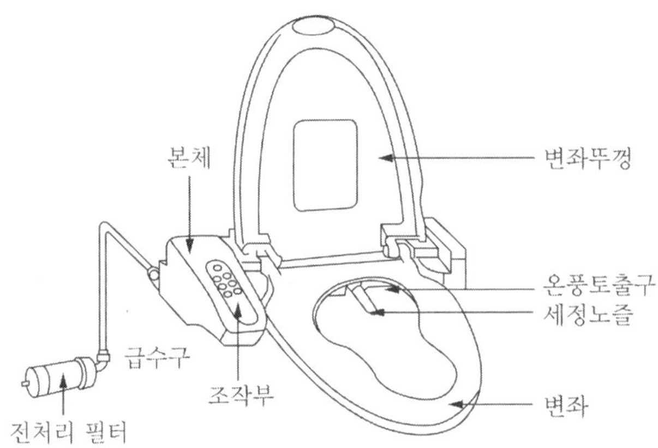

그림 3-107 비데의 구조도

(2) 비데의 기능

1) 변좌 난방기능

좌변기에 튜브형으로 히터를 내장하며 온도센서는 서미스터(Thermistor)를 사용하고 있다. 그리고 설정온도 등 제어는 조작부의 컴퓨터프로세스에 의해 조절된다.

2) 세정기능

변좌에 앉아 있지 않을 때 세정스위치를 ON하여도 물이 분출하지 않도록 변좌에 앉으면 착좌스위치가 ON으로 되어 세정스위치가 사용가능 상태가 된다. 원하는 기능 스위치를 누르면 노즐이 바뀌어 전자밸브가 열린다. 그리고 설정한 물의 압력이 되도록 펌프의 전동기가 작동하며 온수탱크의 물은 온수히터로 따뜻하게 되고 변환밸브에 의해 노즐로 분사된다. 정지스위치를 누르면 전동기가 정지하고 노즐이 변환되며 전자밸브가 닫히고 정지스위치를 누른 후 변좌를 떠나면 착좌스위치가 정지한다.

3) **건조기능**

착좌스위치가 동작하고 건조스위치를 누르면 송풍용 모터와 건조히터가 기능을 하며 변좌 후방의 온도센서에 의해 설정한 온도로 조정된 온풍이 나온다.

(3) 주요부품의 기능

1) **에어펌프**

에어펌프(정격전압 및 구동 주파수 : DC 12 V)는 모터를 회전시켜 대기 중의 공기를 흡입 압축하여 펌프로 이송하며 일반 상수도의 수압(0.5 ~ 7.5 kg_f/cm^2)을 0.8 kg_f/cm^2로 감압하여 비데로 공급하며 비데로 들어오는 상수도를 전자식으로 ON/OFF 한다.

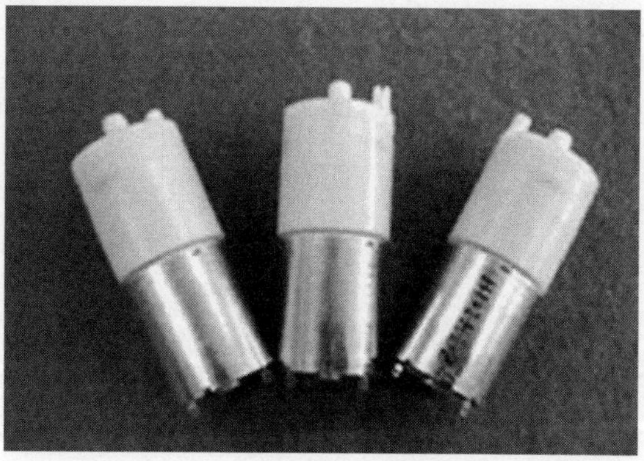

그림 3-108 에어펌프

2) **솔레노이드밸브**

전자코일에 전류를 통과시키면 전자력이 발생하여 철심을 흡인하고 전류를 멈추면 용수철의 힘으로 철심이 원래 상태로 돌아가는 원리를 이용한 것으로 비데용은 일반 상수도의 수압(0.5 ~ 7.5 kg_f/cm^2)을 0.8 kg_f/cm^2로 감압하여 비데로 공급한다.

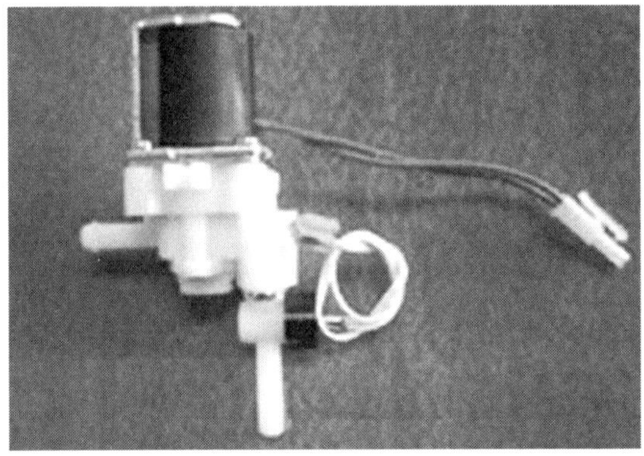

⊙ 솔레노이드 ON

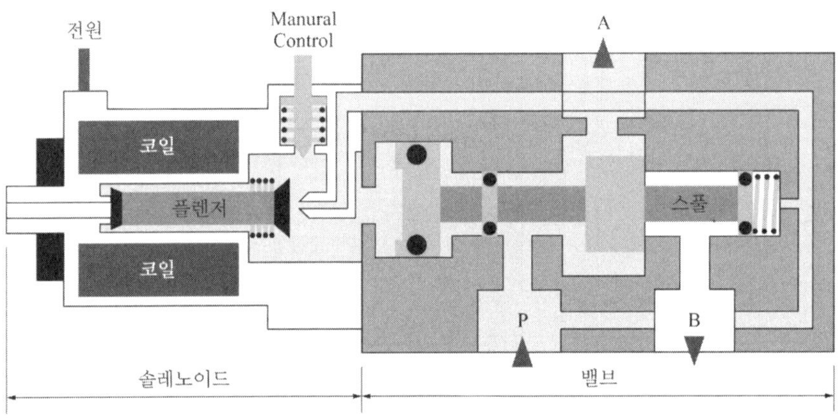

⊙ 솔레노이드 OFF

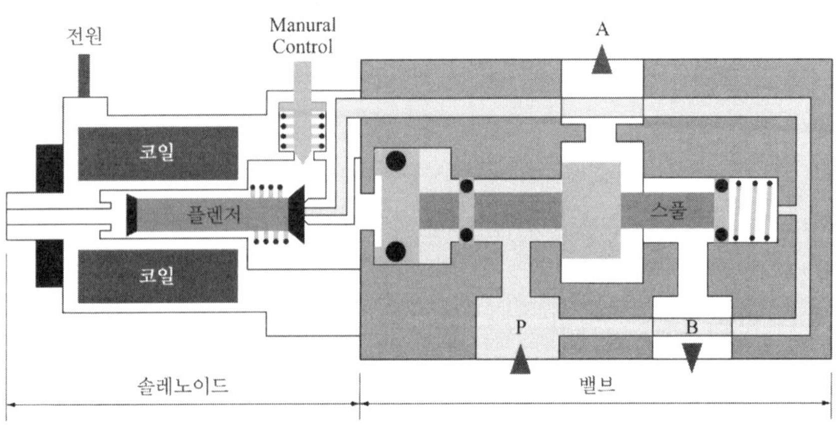

그림 3-109 솔레노이드 밸브

3) 유로전환밸브와 유량계

유로전환밸브는 가열된 세정수를 받아 노즐의 비데, 세정, 노즐세척으로 분배해주는 기능을 하며 세정수의 압력을 강, 중, 약으로 조절해 주는 기능을 한다. 그리고 밸브 세정수에 에어펌프의 공기를 세정수에 비례하게 섞어준다. 유량계는 비데 내부로 유입되는 물의 양을 감지하며 감지된 유량을 이용하여 순간온수기의 가열량을 결정한다.

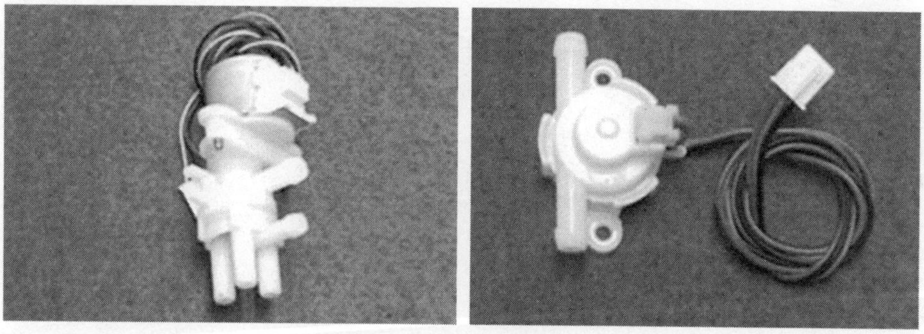

그림 3-110 유로전환밸브와 유량계

4) 순간온수히터와 노즐

히터는 저온의 상수도를 순간적으로 원하는 목표 온도로 가열하여 온수를 공급하며 출수온도를 측정하여 원하는 온도로 지속적으로 물을 공급한다. 그리고 노즐은 물을 분출하여 세척이나 노즐에 묻은 오물을 자동으로 세척하는 기능을 한다.

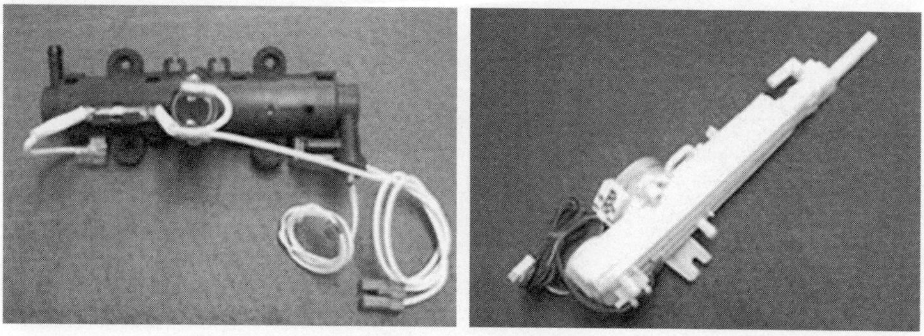

그림 3-111 순간온수히터와 노즐

10.3 증거물 검사 및 촬영

비데는 물을 사용하고 설치 장소 또한 습기가 많은 공간에서 사용하기 때문에 전기장치의 방수에 안전을 기하여야 한다. 대부분 전기장치는 다습한 곳에 사용 시 열화나 트래킹 같은 전기적 결함을 유발할 가능성이 높다. 그리고 좌변기회로나 송풍용 모터 등 전열장치에 대한 검사와 온수장치 내 온도제어장치(서모스탯, 바이메탈)의 접점이나 리드선 처리 등에 따른 기계적 작동에 대한 배선 처리를 주의해야 한다.

(1) 비데의 코드나 배선 검사

① 배선의 단락 부분을 중심으로 연소·소훼 특성 확인

② 배선의 사용상황, 설치환경, 경로 상 결함 요인, 사용연수 등을 고려한 단락 확인

(2) 비데 제어기판 검사

① 기판으로 수증기 등 외부 요인 침투에 대한 검사(트래킹 등)

② 단자 접속부(소자, 단자 등)의 이물질 유입이나 불완전 접촉, 발열 검사

③ 기판 접속부의 경년열화 검사

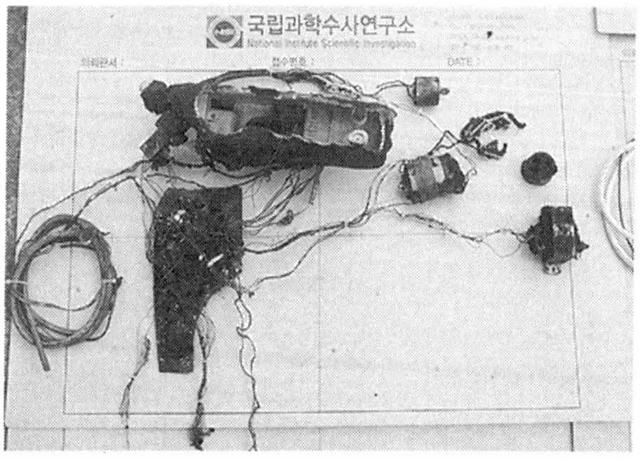

그림 3-112 기판 발화 상태 검사

11 냉온수기

11.1 개요

자체 정수 기능이 없고 물의 온도만 조절해주는 방식으로 물이 담긴 생수통을 얹어 놓고 그 물의 온도를 조절하여 사용하므로 정기적인 생수통 공급이 필요하다. 전원 표시등이나 이물질방지 기능이 있는 제품이 사용하기 좋다.

11.2 종류 및 구조

냉온수기는 반도체 냉각 방식과 컴프레서를 이용한 방식이 있다. 반도체 냉각 방식은 열전 반도체라는 특수 반도체를 이용한 방식으로 대부분 소용량에 적용되며 소형 정수기와 화장품 냉장고 및 와인 냉장고와 차량용 냉장고에 사용된다. 컴프레서 냉각 방식은 냉매(프레온가스)를 이용해 냉각하는 방식으로 가장 범용으로 사용되는 방식으로 오존층 파괴 때문에 사용규제로 인해 현재는 신냉매인 R-134A를 사용한다. 냉온수기는 내부 수조의 물을 차고 뜨겁게 하는 기능으로 일반적으로 냉기를 만드는 압축기(Compressor)와 밴드 히터로 온도를 높이는 온수통 등으로 구성되어 있다.

(1) 냉수 장치

냉매 냉동에 필요한 압축기와 응축기 및 냉각기로 구성되어 있으며 압축기는 일종의 펌프로 열을 흡열(증발기)하여 방열(응축기)하는 기능을 한다. 그리고 응축기는 증발기에서 빼앗은 열과 압축기에 의해 주어진 열을 방출한다. 그리고 응축기에서 액화된 냉매는 모세관에서 감압된 후 증발기에서 기화되어 열을 빼앗아 냉각한다.

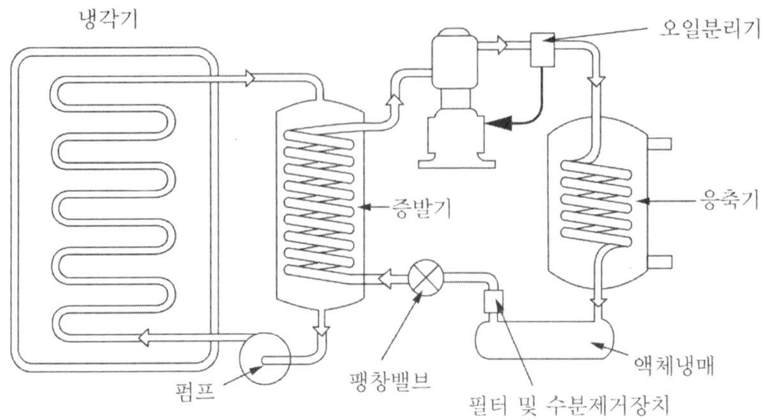

그림 3-113 냉온수기 냉각원리

(2) 과부하 계전기(Overload relay)

모터에 이상 힘으로 인해 작용 회전수 저하나 멈춤 등이 있을 경우 모터에 과전류가 흘러 모터 권선의 절연저하를 발생시킴으로써 고장을 방지하기 위한 장치이다. 오버로드 릴레이는 히터와 바이메탈로 되어 모터와 직렬로 연결되어 있으며 과전류가 흐르면 바이메탈이 히터에 의해 가열되고 접점을 끊어 모터를 보호하며 시동 릴레이와 함께 압축기 옆면에 설치된다.

(3) 서모스탯(Thermostat)

자동온도조절기는 대부분 바이메탈을 사용하며 기계식 제어방법과 반도체 소자를 이용한 전자식 제어 방식이 있다.

11.3 증거물 검사 및 촬영

냉온수기는 압축기 등 진동을 유발할 수 있는 장치가 있어 기계적 작동에 대한 접점이나 배선 처리를 주의해야 하고 히터 기구는 온도제어장치(서모스탯, 바이메탈)의 리드선 처리나 불완전 접촉 및 접점부의 습기 유입에 따른 트래킹 등 절연파괴에 따른 요인을 주의하여야 한다. 냉온수기의 코드나 배선 검사에 대하여 배선의 단락 부분을 중심으로 연소, 소훼 특성을 확인하고 배선의 사용상황, 설치환경, 경로 상 결함 요인, 사용연수 등을 고려한 단락을 확인하며 확인 절차에 따라 촬영을 진행한다.

12 헤어 드라이기

12.1 개요

헤어 드라이기는 소형모터의 축(軸)에 팬(Fan)이 부착되어 있어 송풍구를 통하여 히터(Heater)에 의한 더운 바람이 나오도록 하여 머리의 건조와 형(型)을 단정히 하는 데 사용하는 장치이다. 헤어 드라이기에 먼지나 머리카락이 낄 경우, 과열 현상을 일으켜 모발을 태울 수 있다. 헤어 드라이기 뒤쪽의 공기 들어오는 곳은 반드시 열려 있어야 한다. 막혔을 경우 공기가 잘 통과하지 못하여 기기의 일부분이 탈 수 있다.

12.2 구조

(1) 모발 건조기는 전원을 공급하는 전기코드, 전원 ON/OFF 및 송풍의 세기를 조절할 수 있는 스위치, 몸체 내에 내장된 날개를 회전시켜 바람을 일으키는 송풍장치 그리고 송풍장치로 발생시킨 바람을 가열하기 위한 전열장치(전열선 또는 반도체)로 구성된다.

(2) 일반적으로 전열선의 용량은 1～2 kW이고 송풍 팬 전동기는 6～20 W이며 손잡이 부분에 위치한 스위치(슬라이드형 또는 시소형)를 조작하여 송풍 팬 전동기의 전압을 변화시킴으로써 풍량과 전열선의 동작을 조절한다.

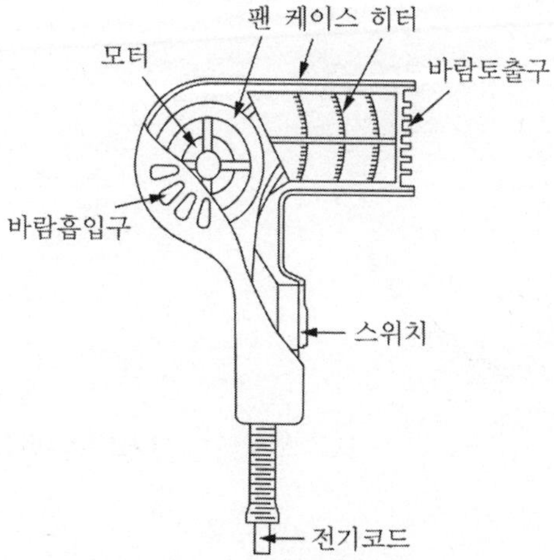

그림 3-114 모발 건조기의 구조

12.3 증거물 검사 및 촬영

(1) 사용상 발화 개연성

① 모발 건조기의 사용용도 및 조건 등 파악(먼지 등 오염원의 발생 여부)
② 모발 건조기의 지속적인 사용 여부 파악(전원 차단 여부)
③ 모발 건조기 주변의 가연물 배치 상태(전열장치에 접촉되거나 인접된 가연물의 착화 가능 여부)

(2) 전기적 발화 개연성

① 모발 건조기의 전원측 배선 상태 확인
② 모발 건조기의 몸체 내부의 송풍장치 및 전열장치의 과열 여부 확인

(3) 수거 증거물 검사

① 모발 건조기 외관을 전체적으로 촬영하고 연소정도, 연소방향 등을 검사한다.
② 모발 건조기의 전원코드를 촬영하고 단락 여부를 확인한 다음, 코드의 규격을 측정하여 기록한다.
③ 모발 건조기의 손잡이 부분에 설치된 스위치(슬라이드형 또는 시소형)를 촬영하고, 스위치의 설정 위치, 임의 변형 여부 등을 검사한다.
④ 모발 건조기의 몸체 부분을 촬영하고, 몸체의 열 변형정도 등을 검사한다.

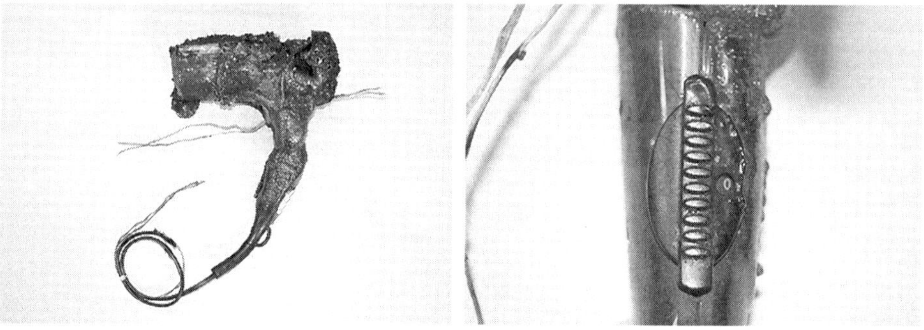

그림 3-115 외관 연소형상 검사

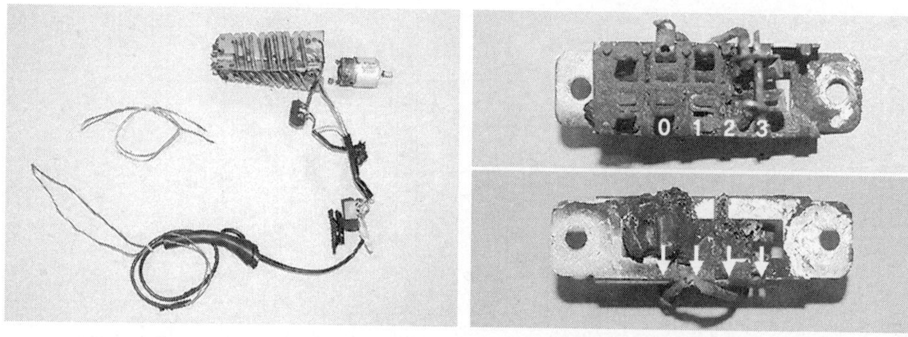

그림 3-116 분해 검사

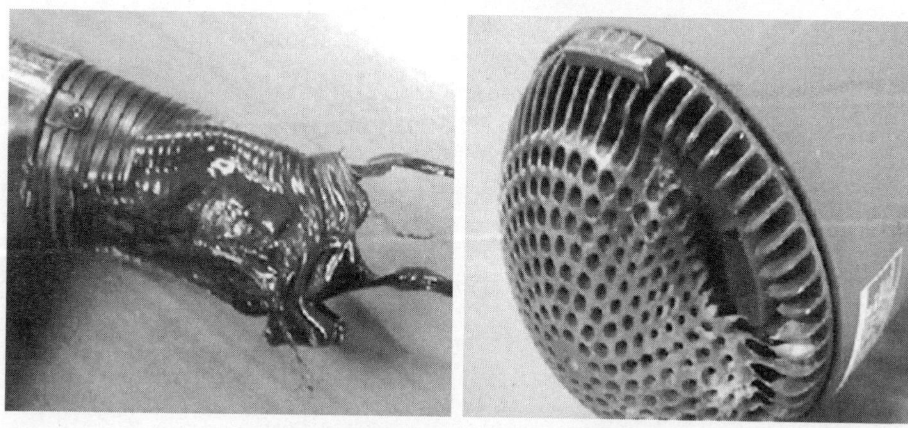

그림 3-117 모발 건조기의 열 변형

⑤ 모발 건조기를 분해하고 분해 상태를 전체에서 세부 구성품 순으로 촬영한 다음, 스위치를 포함해 내부의 배선, 송풍장치 및 발열장치 등을 세부적으로 검사한다. 이 때, 각 검사 과정에서 식별되는 전기, 기계적인 특이점 등은 현미경으로 확대하여 촬영한다.

㈎ 스위치 분해 검사 시, 내부의 가동 및 고정접점의 그을음 부착 상태 등을 고려하여 화재 당시에 설정된 스위치 상태를 확인한다.

㈏ 내부 배선에서 단락흔 등이 식별 여부를 확인한다.

㈐ 송풍장치의 전동기(모터)를 분해하여 모터 회전자의 마찰흔이나 권선의 층간 단락흔 식별 여부를 검사한다.

㈑ 전열장치의 전열선에 대한 전기적인 용융 및 용단흔 등의 식별 여부를 검사한다.

13 전기장판

13.1 개요

전기장판은 동절기 침구류에 부가적으로 사용되는 제품이다. 전기장판은 일반 난방기구에 비해 청결하고 간편하여 가정에서 널리 사용되는 겨울철 난방기구이나 사용 시 과열에 의한 화재나 화상 및 누전 등에 의해 감전의 우려가 있다.

13.2 원리 및 구조

전기장판은 인체와 화재에 대한 안정성이 중요한 제품으로 한국산업규격(KS C 9220)에 따라 합성수지를 주재료로 사용하고 전열장치는 교류 220 V 감열장치를 사용한다. 전기장판은 온도제어 방식을 분류하면, ① 바이메탈에 의한 온도 제어 방식 ② 신호선(감열선) 온도 제어 방식 ③ 전자안전식 온도 제어 방식으로 분류된다. 일반적인 전기장판은 열선(구리 - 카드뮴) 합금을 사용한다. 이 합금은 부드러운 성질을 지니고 있으며 내열섬유 위에 전열선을 감고 내열 나일론으로 덮어 내열 비닐로 고정시킨다. 일반적으로 용량은 약 60～140 W 정도이며 내부구조는 발열선, 신호선, 감열층 등으로 구성되어 있다. 코드 히터는 전열선(감열 발열선)이 내피 속에 코드처럼 들어가 있으며 컨트롤러가 적정한 온도를 조절한다.

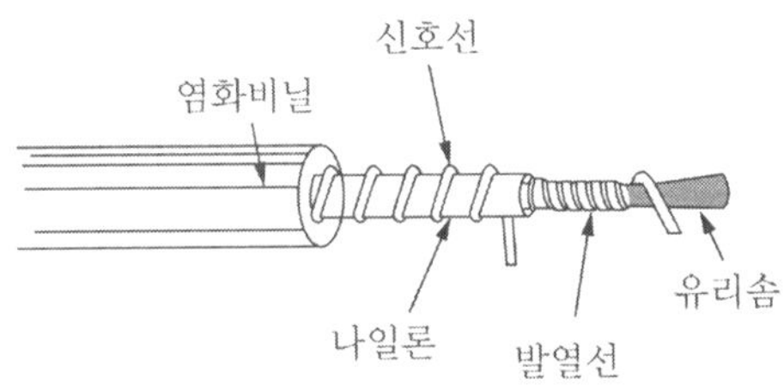

그림 3-118 감열선 구조

13.3 증거물 검사 및 촬영

사용상 전기장판의 접힘에 따른 발열선의 단선 등에 의한 발열과 온도조절기의 고장에 따른 과열 요인 등을 주의해야 한다.

(1) 온도조절기 접속 배선 검사

① 전선의 단락 부분을 중심으로 연소·소훼 특성 확인
② 접속부 불완전 접촉이나 이물질(습기) 유입에 따른 전로 형성 검사
③ 접속부 설치환경(흠집이나 피복 손상) 등 결함 요인 검사

그림 3-119 접속부 중심 발화 검사

(2) 온도조절기 기판 발화 검사

① 소자 장착부위 용접 이탈 발열 검사
② 소자 접촉 부위 이물질(습기)에 유입에 따른 발열 조건 검사
③ 소자 자체 결함 검사

그림 3-120 기판 중심 발화 검사

14 전자레인지

14.1 개요

전자기파를 이용하여 식품을 가열하는 조리 기구로서 전자레인지는 대부분의 가정에 필수 가전제품으로 많이 사용되고 있다. 조리실 내부에 음식물 등을 가열하는 목적으로 사용하는 이유로 조리실 내부의 음식물이 탄화되는 과정에서 발화할 수 있는 특성이 있으므로 전자레인지 자체의 전기적 원인에 의한 발화인지 음식물의 가열로 인한 발화인지 구분하는 것이 가장 중요하다.

14.2 구조

전자레인지의 핵심적인 구조는 마이크로파를 만들어내는 마그네트론(Magnetron)이다. 마그네트론은 높은 주파수의 진동을 만들어내는 장치로 기본 구조는 음극, 필라멘트로 된 양극, 안테나, 그리고 자석이다. 가정 내 교류 전압인 220 V를 4000 V 이상의 고전압으로 바꾸어 마그네트론에 전류를 흘리면 마그네트론에서 2.45 GHz의 높은 주파수로 진동하는 마이크로파가 만들어진다. 이 마이크로파가 웨이브가이드를 따라 전자레인지 용기 내부에 쏘이게 되면 금속으로 된 벽에 반사되어 식품에 흡수된다.

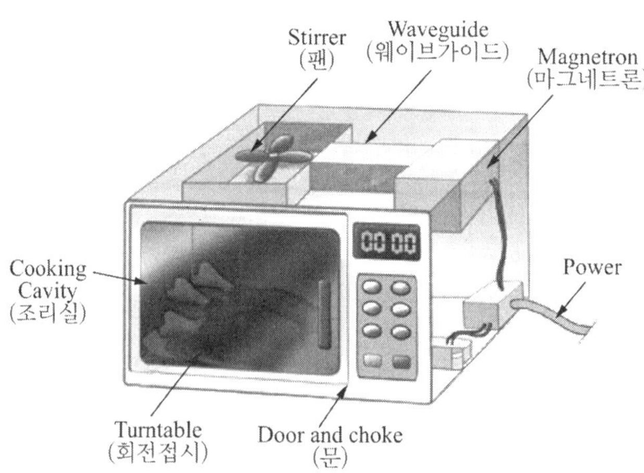

그림 3-121 전자레인지 구조

14.3 증거물 검사 및 촬영

(1) 조리실 및 턴테이블 검사

전자레인지 화재는 일반적으로 조리실 내에 가연물질이 과열되는 과정에서 화재가 발생하는 경우가 많으므로 조리실에 연소된 가연물에 대한 검사가 필요하며 수거 전 사진 촬영은 필수이다.

(2) 전원코드 검사

전자레인지의 전원코드에 단락흔이 식별되는지의 여부는 일반 전기기기와 마찬가지로 가장 중요한 검사 항목이다. 일반적으로 전자레인지의 스위치는 전자식이 많으며 타이머와 함께 작동 하므로 스위치의 형태만으로는 사용 여부에 대한 판별이 어려우며 전원코드에서 단락흔이 식별되는 경우를 통한 전자레인지의 전원투입 여부에 대한 판별은 필수이다.

(3) 퓨즈 및 내부 배선의 검사

일반적으로 전자레인지의 내부 배선은 내열전선을 사용하여 내부 배선에서 단락흔이 형성되는 경우가 많지 않으나, 접속 불량 등 접속부의 접촉 저항이 있는 경우 전기적 발열에 의한 용융흔이 형성될 수 있다.

15 전기레인지

15.1 개요

가스레인지에 비해 가스 누출과 폭발 위험이 없고 세척이 편리하며 열전도율이 높고 에너지 소비량이 적다는 장점이 있다. 공기 중 산소를 소모하지 않아, 일산화탄소와 같은 각종 유해가스가 발생하지 않는다. 하지만 가스레인지처럼 시각적이 불꽃이 나오지 않아 방심하여 화상 또는 화재가 발생할 수 있으므로 주의하여야 한다.

15.2 종류 및 구조

(1) 하이라이트(Hi-Light)

하이라이트는 열선이 원형으로 분포되어 세라믹 판을 가열하는 방식으로 화상위험이 높다. 초기 발열은 인덕션 방식에 비해 느리지만 전용 용기를 사용할 필요가 없다. 전원을 끄더라도 상판 글라스에 잔열이 남아 있어 화재나 화상의 위험성이 있다.

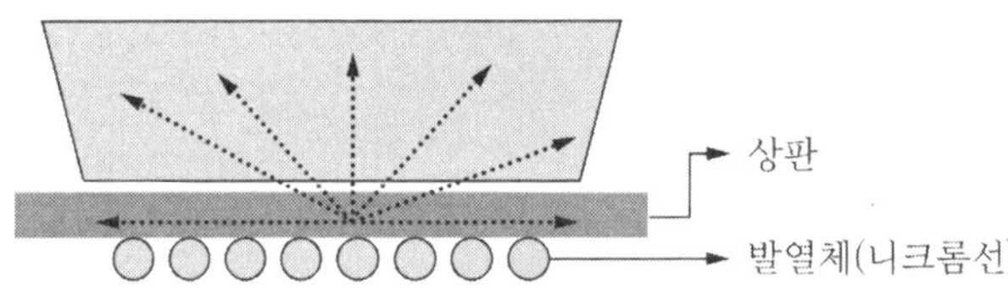

그림 3-122 하이라이트의 원리

(2) 인덕션(Induction)

인덕션 방식은 전자유도가열을 이용하는데 상판 아래쪽에는 자력선이 자리 잡고 있고 자력선은 상판 사이에 자기장을 발생시킨다. 자기장을 이용해서 냄비에 열을 보내며 니크롬선 같은 가열체를 사용하지 않는다. 자기장을 받은 냄비에는 소용돌이 형태로 전류가 흐르고 금속이 가진 저항에 의해 점점 뜨거워진다. 인덕션은 자성체에 닿으면 유도 작용에 의해 열을 내는 원리이기에 전용 용기만을 사용해야 하고 인체가 닿아도 화상을 입지 않는다. 발열속도가 빠르고 상판 가열을 하지 않아 화상위험이 낮지만, 전기 자기장을 이용한 유도가열 방식을 사용하기 때문에 인체에 유해한 전자파 발생량이 높다.

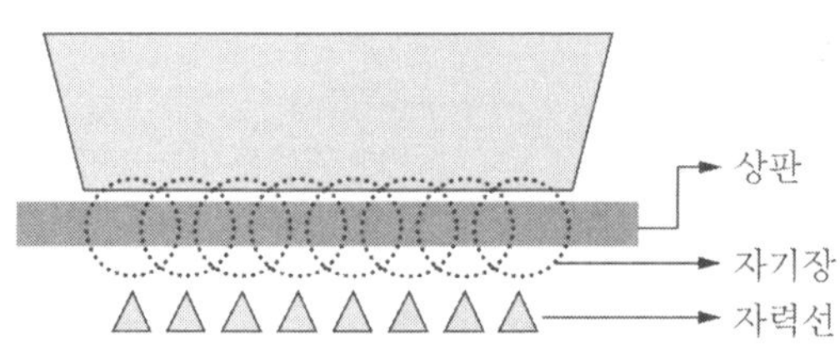

그림 3-123 인덕션의 원리

그림 3-124에서 보는 것처럼 하이라이트 레인지는 일반적으로 온도조절장치, 세라믹 유리 상판, 온도과승방지장치, 발열체, 발열체용기, 하부케이스 등으로 구성되어 있다.

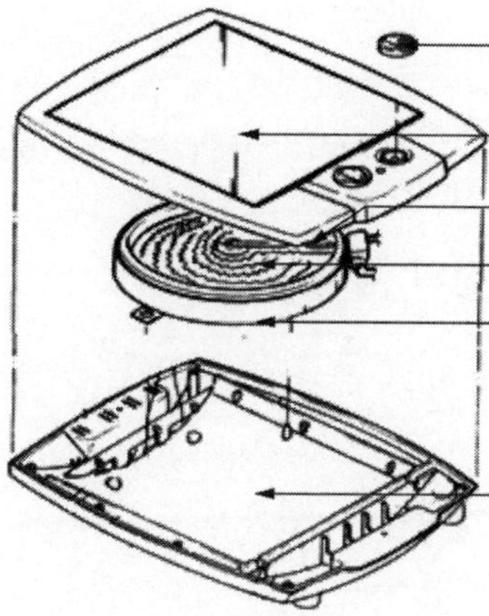

그림 3-124 하이라이트의 구조

① **상판** : 일반적으로 세라믹 재질을 사용한다.

② **열선** : 발열부분으로 조리부분 이외의 부분으로의 열전달을 막을 수 있는 구조이다.

③ **감열체** : 스위치와 함께 연결되어 온도를 감지한다.

④ **스위치** : 전자식, 기계식 스위치가 있으며 온도조절 역할도 함께 할 수 있도록 구성된다.

15.3 증거물 검사 및 촬영

(1) 상판 검사

전기레인지 화재는 일반적으로 상판 위에 가연물질이 과열되는 과정에서 화재가 발생하는 경우가 많음으로 상판에서 연소된 가연물에 대한 검사가 필수이다. 세라믹 재질의 상판은 열에 매우 강하여 화재 이후에도 변형이 없는 경우가 많으므로 수거 전 사진 촬영이 필수이다.

(2) 스위치 검사

상판의 가연물 연소가 주변에서 확장된 화염에 의하여 연소되었을 경우를 배제해야 하므로 전원투입 여부(플러그 연결 상태, 스위치 상태 등)에 대한 판별은 필수이다.

(3) 온도센서

온도센서의 고장이나 오작동의 경우 설정온도보다 높은 과열이 나타날 수 있다.

(4) 퓨즈 및 내부 배선의 검사

일반적으로 전기레인지의 내부 배선은 내열전선을 사용하여 내부 배선에서 단락흔이 형성되는 경우가 많지 않으나, 접속 불량 등 접속부의 접촉 저항이 있는 경우 전기적 발열에 의한 용융흔이 형성될 수 있다.

Chapter 4

가스연소기구

I. 가스용품

1 가스라이터

1회용 가스라이터는 우리 일상생활에서 담뱃불을 붙이는 고유의 기능 이외에도 가장 일반적인 착화기구로 과거의 성냥을 대신하고 있다. 1회용 가스라이터는 일반 가스 용기와는 다리 연료통이 상대적으로 얇은 재질(AS수지, 두께 3～5 mm)로 만들어져 장시간 직사광선에 노출될 경우 내부압력 팽창으로 쉽게 폭발할 가능성이 있다. 라이터에 의한 화재 관련 특이점은 거의 사람의 행위와 관련되어 나온다. 만취 상태에서의 담뱃불 실화 뒤 착화원의 증거를 대신할 때가 있다. 때로는 차안에서 고온으로 폭발되는 사례가 보고되고 있으며 라이터의 내압은 여름날 차안의 온도인 섭씨 약 70～90℃에 견디지 못하는 제품이 많아 위험성이 크다. 1회용 가스라이터는 대부분 제품의 품질이 만족스럽지 못하여 50℃ 내외에서 연료통이 균열이 가는 제품이 많고 심지어 상온에서도 결합부에서 가스가 누출되는 경우가 있어 무심코 방치한 곳에서 가스가 누출되어 주변 점화원에 착화되어 화재로 발전될 수 있다. 특히 수입되는 일부 제품에서는 내용물 중 점화를 용이하게 하기 위해 부탄보다 프로판의 비율을 높임으로써 상대적으로 증기압이 높은 프로판이 외부열에 민감하게 작용됨으로 인해 그만큼 더 큰 폭발 위험을 나타내는 경우도 있다.

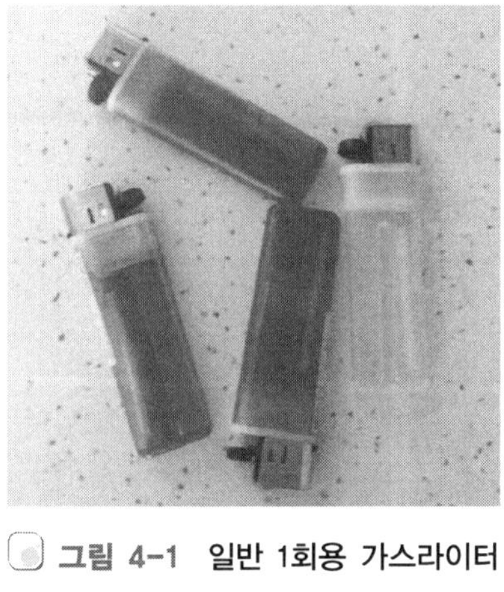

그림 4-1 일반 1회용 가스라이터

2 에어로졸

에어로졸은 내용액과 분사제가 밀폐 용기 안에 혼합돼 사용할 때 분무 형태로 분사되는 제품을 말하는데 헤어무스, 헤어스프레이, 살충제, 방향제, 각종 자동차 용품 등 다양한 용도의 제품이 있다. 분사제로는 압력을 유지하기 위해 상온에서 분무에 충분한 증기압을 갖고 있는 LPG가 많이 사용된다. 에어로졸은 내용액보다는 분사제로 사용되는 가연성 가스가 화재와 관련될 수 있다. 에어로졸이나 부탄 용기의 내압은 15 kg/cm^2로서 LPG가 분사제로 사용될 경우 이 압력에 이르는 온도는 75℃ 정도로서 차 안에 두거나 소각장에 잔유물을 버리는 경우 폭발이나 화재의 위험이 있다. 에어로졸의 화재 관련 증거로는 사용 방치 위치와 사고 시 환경(온도)을 확인하는 것이 중요하다. 또한 연소된 것이라도 형태를 찾아 샘플을 구하여 분사제로 사용된 물질이 무엇인지 확인하여 가연성의 여부를 밝힌다.

그림 4-2 일반 에어로졸

3 가스풍선

풍선은 공중에 떠야 하므로 내부에 주입되는 기체는 공기보다 가볍고 어린이들이 갖고 노는 것이기 때문에 안전하여야 한다. 그래서 사용되는 것이 공기보다 가볍고 불연성기체인 헬륨(He)을 주로 사용한다. 하지만 일부에서 풍선에 주입하는 가스를 안전한 헬륨 대신 폭발 위험이 있는 수소(H_2) 가스를 사용하는 경우가 있다. 물론 가격이 싸고 비중이 가벼워 공중에 잘 뜨는 용도로 사용할 수 있겠지만 언제든지 터지거나 가스가 누출될 수 있는 풍선에 가연성 가스인 수소를 주입하는 것은 매우 위험하다. 대체 가스 주입에 의한 화재폭발의 의심이 갈 경우 유사품에 대하여 내용물의 성분 분석을 전문기관에 의뢰한다. 점화원으로 작용될만한 주변 여건을 검토하고 가스 주입자와 유통과정에 대한 면밀한 조사가 동반되어야 한다.

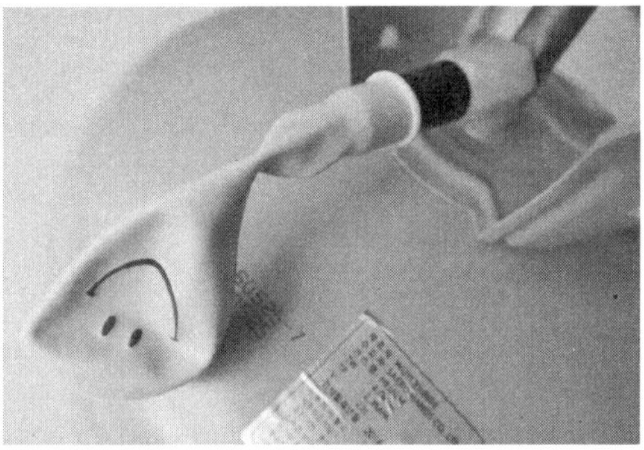

그림 4-3 일반 가스풍선

II. 가스연소기구

1 이동식 부탄연소기

1.1 개요

이동식 부탄연소기는 일상생활에서 '부르스타'라고 부르는 연소기기로서 가스용기와 레인지를 경량·최소화하여 레인지에 캔 용기를 결합하도록 함으로써 이동이나 휴대가 간편하여 널리 사용되고 있다. 부탄 캔 용기를 용기 장착부에 장착하고 밸브를 개방하여 압전식 점화장치로 버너에 착화시키는 구조로 대부분 과압감지안전장치는 설치되어 있으나 불꽃감지에 의한 소화안전장치는 설치되어 있지 않다.

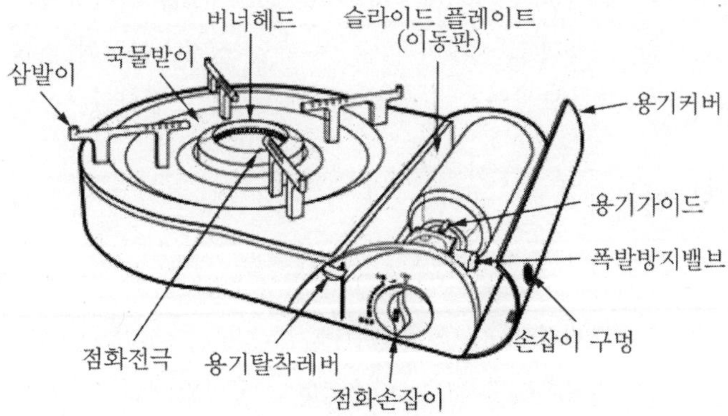

그림 4-4 이동식 부탄연소기 구조

1.2 증거물 검사 및 촬영

(1) 사고현장 조사

① 밀폐된 공간에서의 사용여부
② 주위공간의 평균온도와 사용 위치

③ 주위에 열영향을 줄 수 있는 요인의 유무와 위치
④ 조리내용 및 사용 순서, 사용시간
⑤ 사용된 조리기기의 적합성 여부
⑥ 사용 당시 부탄가스용기 내의 잔류가스 용량

(2) 이동식 연소기

① 사고 부탄연소기 제품 제원(모델번호, 소비량, 제조일, 제조번호, 제조원, 판매원 등)을 파악한다.
② 부탄연소기 본체의 파열, 분리현상을 검사한다. (장착부 커버, 버너부, 점화손잡이 등)
③ 연소기 내면, 측면, 후면 표면의 변형 정도 및 화염흔적을 검사한다.
④ 접합용기 장착부, 거버너, 삼발이의 용융 및 화염흔적을 검사한다.
⑤ 거버너(Governor)의 용기 연결부 내 씰(Seal) 손상 여부 및 화염흔적을 검사한다.
⑥ 접합용기 착탈 스프링의 이상 유무와 탈착레버의 위치를 검사한다.
⑦ 과압안전장치 작동여부 및 조작여부를 검사한다.
⑧ 거버너 고정부의 파손 여부 및 장착가이드의 변형 형태를 검사한다.
⑨ 가스도관의 누설흔적 및 화염흔적을 검사한다.

(3) 접합용기

① 사고 접합용기의 제품 제원(상품명, 용기 제조자, 내용적 및 무게, 제조일, 자체검사 등)을 파악한다.
② 접합용기의 파열, 분리현상을 검사한다. (상부경판, 하부경판 등)
③ 접합용기 시밍(Seaming) 및 용접접합부의 소성변형 형태 및 유무를 검사한다.
④ 접합용기 본체 및 분리된 상/하 경판의 화염흔적을 검사한다.
⑤ 상부 경판 노즐 주변 및 용기 가이드 부분 변형 형태, 화염흔적을 검사한다.

(4) 조리기구

① 사용된 조리기구의 종류 및 재질을 파악한다.
② 조리기구의 최대 직경을 측정한 후 용기장착부 커버와 오버랩되는 면적을

측정한다. (권장 사용 직경 : 26 cm 이하)

③ 용기장착부 커버상부부터 조리기구 바닥까지의 높이를 측정한다. (권장 사용 높이 : 1.0 cm 이상)

④ 용기표면의 용융 및 화염흔 식별여부와 임의 조작여부를 검사한다.

1.3 사고제품 성능 검사

(1) 거버너

① 신규용기를 이용하여 용기연결부에 장착 후 가스 누출 여부를 확인한다.

② 신규용기 장착 후 거버너 및 가스도관에 대한 누출 여부를 확인한다.

(2) 안전장치

① 안전장치는 접합용기 내 압력이 5 kg_f/cm^2 이상 7 kg_f/cm^2 이하일 때 과압에 의해 용기가 자동 이탈되는 방식과 유로를 차단하는 방식으로 나누어지므로 안전장치의 종류를 우선 확인한다.

② 안전장치 시험기에 의해 설정 압력에서 정상작동 여부를 확인한다.

(3) 접합용기

① 용기 접합부의 결함 및 조작흔적이 발견되지 않는다면 파열압력 15 kg_f/cm^2 이상에서 파열되었을 것으로 추정한다.

② 연료관의 날개 홈을 반드시 위로 향하게 하여 이동식 부탄연소기의 요철부 위와 맞춘다.

2 가정용 가스레인지

2.1 개요

가스레인지는 주로 취사용 연소기로 사용하는 대표적인 가스 연소기로 주 연료는 액화석유가스(LPG; Liquefied Petroleum Gas)와 액화천연가스(LNG; Liquefied Natural Gas)를 사용한다. 연소연료로 인화성이 높은 가스를 사용하기 때문에 사용자의 취급 부주의, 가스배관 불량, 가스레인지의 안전장치 노화 등으로 인한 안전사고 및 화재사고의 위험성이 항상 존재한다. 이러한 사고는 대부분 폭발과정을 수반하므로 인명 사고와 직결되는 특징을 가지고 있다. 따라서 가스레인지 관련 사고가 발생하는 경우, 정확한 원인규명을 통하여 동일한 사고가 발생하지 않도록 하는 것이 중요하다.

2.2 종류

(1) 일반 가스레인지

일반 가정집에서 사용하고 있는 대표적인 가스레인지이다.

그림 4-5 일반 가스레인지

(2) 탁상용 가스레인지

탁상용 레인지는 식탁과 같은 테이블에 레인지를 고정 부착한 것으로 즉석요리나 냄비요리 전문식당에서 주로 사용되고 있다. 테이블에서 바로 요리를 해먹을 수 있는 장점이 있지만 식사를 하다가 부주의로 인해 화상을 입거나 사고가 발생할 수 있다.

그림 4-6 탁상용 가스레인지

(3) 오븐 가스레인지

오븐 가스레인지는 가스레인지와 오븐이 조합된 것으로 윗부분은 일반적으로 사용하는 가스레인지와 동일하고 아래는 오븐으로 구성되어 있다. 오븐 가스레인지의 오븐은 전열방식에 따라 직화식, 반직화식, 간접식, 강제대류식으로 분류된다. 직화식은 직접 가열하는 방식이고 반직화식은 직접 가열과 동시에 오븐 내의 복사열을 이용하는 방식이며 강제대류식은 열을 오븐 내에서 강제로 순환시켜 가열하는 방식이다.

그림 4-7 오븐 가스레인지

2.3 사고제품 성능 검사

(1) 가스 통로의 기밀시험

가스차단 밸브를 닫은 상태에서 가스 입구쪽에 정밀한 가스유량계를 접속하여 사용 가스 압력이 저압인 경우, 4.2 kPa(420 mmH_2O)의 공기압을 가하여 누설량을 측정한다. 측정값으로부터 한시간당 누설량으로 산출하고 이 값이 0.07 L/h 이하이면 만족하는 것으로 한다. 만일 시험 공기압으로 누설량 측정이 어려운 경우에는 LPG 연료의 압력조정기 후단의 공급압력 280±50 mmH_2O로 가스누출여부를 확인하여야 한다. 가스 접속구에서의 불꽃에 대한 시험으로 버너 및 점화용 버너 각각에 또는 동시에 점화하여 시험불 등으로 각 부에서의 외부 누설상태를 검사한다. 이때 가스 접속구에서 불꽃 구멍까지 외부 누설이 없어야 한다.

(2) 소화 안전장치의 작동 성능 시험

소화 시 밸브 닫힘 시간을 측정하기 위한 시험방법으로는 버너에 점화하고 15분 이후에 일단 소화시켜 계속해서 소화한 채로 파일럿 버너 또는 메인버너에 시험가스에 상당하는 압력의 공기를 유입하고 계속 조작하여 소화되었을 때부터 장치의 밸브가 차단될 때까지의 시간을 측정한다. 이 때 밸브의 닫힘 시간은 90초 이하이어야 한다.

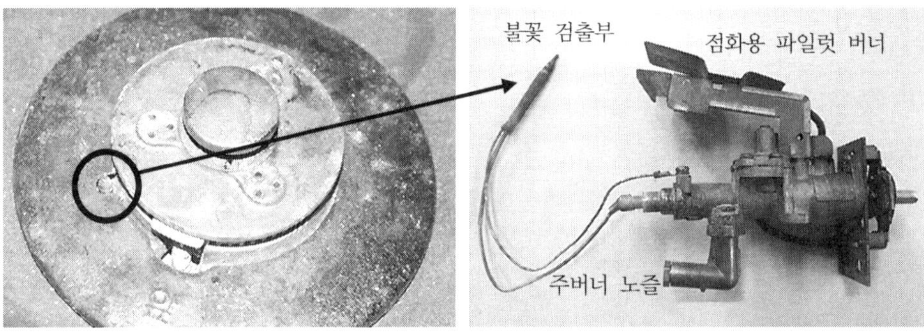

그림 4-8 불꽃 검출부 검사

Chapter 5

유류연소기구

1 석유난로

1.1 개요

석유난로는 등유(燈油)를 연료로 하는 난로이다. 연료비가 싸고 가스나 전기난로와는 달리 배관이나 배선이 필요 없으며 이동하기 쉽다는 여러 가지 이점이 있으나, 관리가 충분하지 못하면 매연이나 냄새가 나는 결점이 있다.

1.2 종류

(1) 석유심지식 난로

석유를 심지로 빨아올려서 기화 및 연소시키는 간편한 방식으로 원통형의 큰 심지로 빨아올려진 석유는 심지의 위 끝 안쪽에 접해 있는 스프레더(Spreader)라고 하는 많은 금속 캡 구멍을 통해서 기화 연소된다. 스프레더의 아래쪽 원통은 석유탱크를 지나 위쪽에는 굵고 긴 금속제 원통이 세워져서 공기의 대류를 도우며 심지의 상하조작, 화력을 조절하거나 불을 끄는 일은 톱니바퀴와 노브(Knob)로 행한다.

그림 5-1 석유심지식 난로

(2) 석유기화식 난로

석유탱크 내에 압력을 가하여 노즐로부터 분산되는 석유를 예열하여 가스화시킨 후

이 석유가스를 연소시키는 방식이며 자동화가 급격히 진전되면서 작동이 간단, 편리한 여러 가지 형식의 석유가스난로가 사용된다.

그림 5-2 석유기화식 난로

(3) 석유분무식 난로

노즐로부터 연료를 분무하여 연속점화나 자동점화장치를 이용하여 착화시키는 형태로 전도소화장치, 불꽃감지장치, 과열방지장치, 정전 시 안전장치, 유면감지장치, 점화안전장치 등이 부착되어 있다.

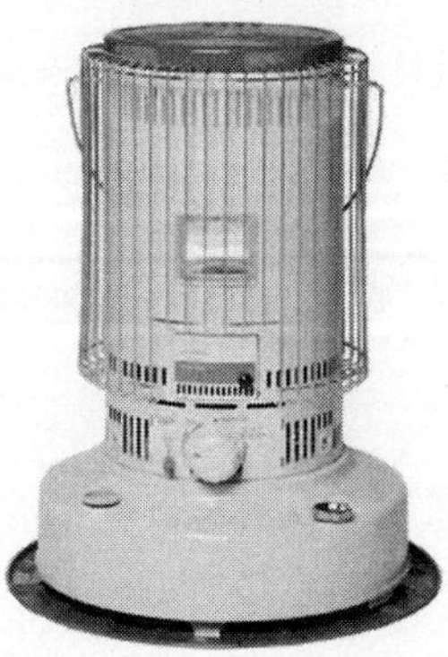

그림 5-3 석유분무식 난로

1.3 증거물 검사 및 촬영

(1) 기름 탱크의 누유(漏油) 여부 및 기름 탱크의 위치

(2) 사용된 심지의 위치 및 이물질의 유무
(3) 연소 조절장치(심지 조절기)의 고장 유무
(4) 급유구와 뚜껑의 결합 여부
(5) 적합한 심지(석유 심지)의 사용 여부
(6) 사용당시 심지 상하식 석유난로의 잔류기름 용량 및 성분
(7) 사용당시 심지 상하식 석유난로의 전도 여부

1.4 사고제품 성능 검사

(1) 기름 탱크

신규 기름 탱크를 이용하여 심지 상·하식 석유난로에 장착 후 기름 탱크에서의 누유 여부를 확인하고 신규 기름 탱크의 급유구와 뚜껑이 정확히 결합하는지를 확인한다. 또한 급유구의 위치가 심지 안내통 윗부분 및 기름 탱크의 공기구멍보다 낮은 위치에 있는지 확인한다.

(2) 심지부

신규 제품에 대해 탱크에 부착 및 떼어내기가 용이한지를 검사하고 난로가 쓰러진 경우 심지부가 탈락되는지를 검사한다. 또한 신규 제품에 대해 심지가 일정한 높이 이상 올라가는지를 검사하며 연소 조절기(심지 조절기)의 조작이 원활한지를 검사한다.

2 기름보일러

2.1 개요

기름(보일러용 등유)을 연료로 난방 및 온수 사용을 할 수 있게 하는 설비이다. 기름보일러는 연료를 구하기 쉬우며 실외 설치가 가능하나 소음과 냄새가 있으며 때마다 연료 보충이 필요하다.

2.2 종류 및 구조

보일러는 용도와 구조, 물순환 방법, 연소가스의 통과위치, 보일러의 용도, 발생 열매체의 종류 등에 따라 다음과 같이 분류된다.

(1) 보일러 구조에 따른 분류

① 원통 보일러 ② 수관 보일러 ③ 기타 보일러

(2) 물순환 방식에 따른 분류

① 자연순환 보일러 ② 강제순환 보일러 ③ 관류 보일러

(3) 연소가스의 통과 위치에 따른 분류

① 수관 보일러 ② 연관 보일러

(4) 보일러의 용도에 따른 분류

① 주 보일러 ② 보조 보일러

(5) 발생 열매체의 종류에 따른 분류

① 증기 보일러 ② 온수 보일러

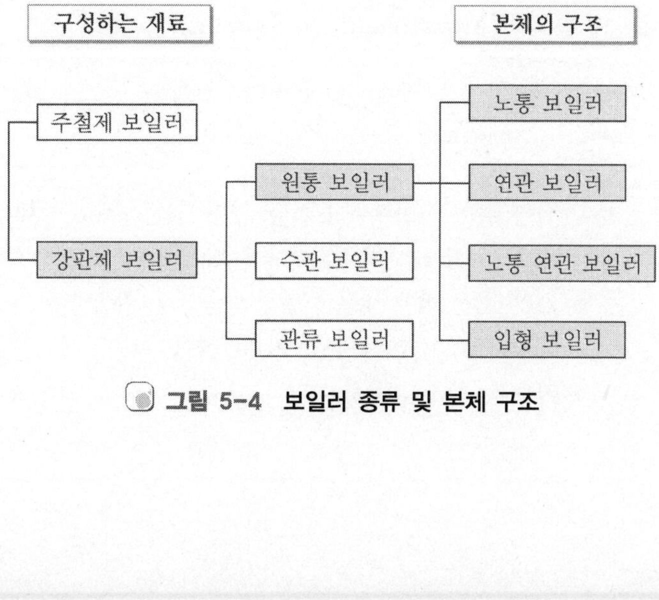

그림 5-4 보일러 종류 및 본체 구조

보일러를 구성하는 3대 요소로는 (1) 보일러 본체 (2) 연소장치 (3) 부속설비 등이며 그림 5-5와 같이 순환한다.

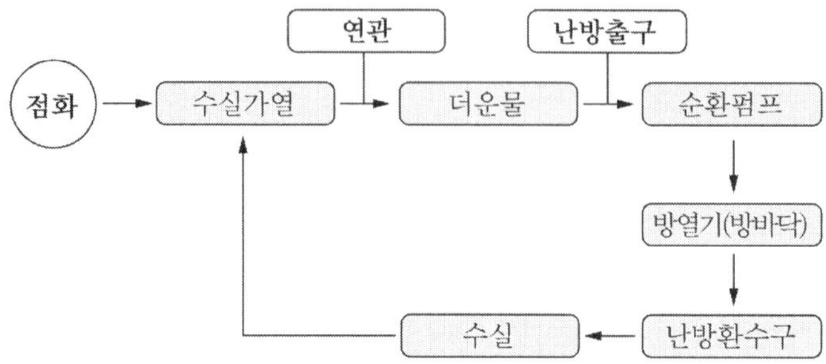

그림 5-5 보일러 순환도

(1) 보일러 본체(Boiler proper)

연소실에서 발생한 연료의 연소열을 받아 그 속의 물을 가열 증발시키는 부분으로, 본체를 원통형 보일러에서는 동(Shell), 수관식 보일러에서는 드럼(Drum)이라고 한다. 보일러 본체의 내부는 그 용적의 2/3～4/5 정도가 물이 차지하고 나머지는 이로부터 발생된 포화증기가 차게 되어 증기부를 형성한다.

(2) 연소장치(Combustion equipment)

보일러의 본체를 가열하기 위해 연료를 연소시키는 연소실과 로스터(Roaster), 스토커(Stoker), 버너(Burner), 연도 및 연돌(굴뚝) 등이 있다.

(3) 부속설비(Attachment equipment)

보일러를 안전하게 경제적으로 운전하기 위해서 다음과 같은 부속품과 부속장치가 필요하다.

① **지시계통** : 보일러의 운전 중 보유하는 유체의 상태를 계측하는 압력계, 수면계, 수고계, 온도계, 증기량계, 급수·급유량계, CO측정기, 통풍계 등
② **송기계통** : 본체 내부에 발생된 증기를 취출하여 각 증기 소비처로 공급하는 것으로 비수 방지관, 기수분리기, 수증기밸브, 감압밸브, 증기헤더, 증기트랩, 신축장치 등

③ **안전계통** : 보일러의 안전운전과 폭발을 방지하기 위한 것으로 안전밸브, 방출밸브, 방출관 저수위 제한기, 압력제한기, 화염검출기, 전자밸브, 방폭문, 가용전 등

④ **급수계통** : 응축수 탱크, 급수탱크, 급수펌프, 체크밸브, 급수내관 등

⑤ **분출계통** : 분출관, 분출콕, 분출밸브 등

⑥ **연소장치 계통** : 연소실, 화격지, 스토커, 연도 및 연돌(굴뚝)

⑦ **연료공급 계통** : 중유저장 탱크 송유관, 여과기, 기어펌프, 서비스 탱크, 오일프리히터, 유압 플런저 펌프 등

⑧ **통풍계통** : 송풍기, 1/2차 배기댐퍼, 연도, 연돌, 통풍계 등

⑨ **폐열 회수계통** : 보일러의 효율을 높이는 장치로서 과열기, 재열기, 절탄기, 공기예열기 등

⑩ **청정처리계통** : 급수연화 처리장치, 여과기, 슈트 블로어, 재처리장치, 집진장치, 튜브클리너, 와이어브러시, 스크랩퍼 등

2.3 증거물 검사 및 촬영

(1) 전기적 특이점 검사

기름보일러를 비롯한 난방 기구는 제어장치(온도조절장치, 점화트랜스, 순환펌프 등)의 리드선 처리 등에 따른 기계적 작동에 대한 배선 처리를 주의해야 한다.

① 배선의 단락 부분을 중심으로 연소 및 소훼 특성 확인

② 기판의 퓨즈 등 전기적 특이점 검사

③ 배선의 사용상황, 설치환경, 경로 상 결함 요인, 사용년수 등을 고려한 단락 확인

(2) 불완전연소 검사

① 배기구(연도의 그을음 정도 및 퇴적 정도 검사)

② 배기구 중심의 연소 형상 검사

③ 보일러 내부 검사

④ 내부 배선 단락 및 퓨즈 용단 검사

그림 5-6 배기구 검사

(3) 기름 유출 검사

① 보일러 주변 시설물 검사
② 보일러 내부 기름 유출 검사(기름 라인)
③ 기름 호스 파열 원인 검사

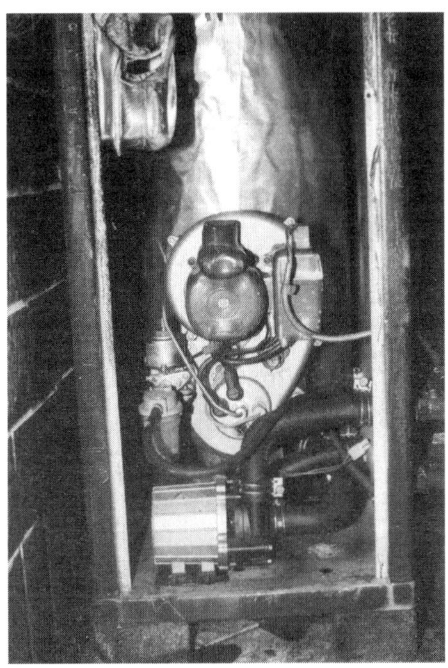

그림 5-7 보일러 내부 검사

3 튀김기

3.1 개요

기름을 이용한 튀김요리 등에 적합한 기기로 용량에 따라 가정용과 업소용으로 나누어진다. 가정용은 크기가 작아 작은 공간에서도 활용할 수 있지만 많은 양을 한꺼번에 조리하기는 어려우며 업소용은 1구 또는 2구 형식으로 크기가 다양하고 많은 양을 한 번에 조리할 수 있어 치킨집, 돈까스집 등 튀김요리를 많이 하는 업소에서 주로 사용된다.

3.2 종류 및 구조

(1) 가정용 튀김기

크기가 작고 조작이 간편하여 일반 가정집에서도 사용이 가능한 튀김기이다.

그림 5-8 가정용 튀김기

(2) 업소용 튀김기

크기가 크고 종류에 따라 다양한 구간으로 나누어 튀김이 가능하며 업소에서 주로 사용한다.

그림 5-9 업소용 튀김기

튀김기에는 전원부가 있고 동 전원을 단속하는 제어부, 전원공급에 따라 발열하는 발열부로 구성된다. 전원은 메인 조작스위치가 있고 온도조절스위치가 있다. 온도조절스위치는 시즈히터 부분에 감열체를 장착하여 세관(가는관)을 통해 온도 상승에 의한 내부 액체(공업용 알코올) 팽창이 벨로우즈에 전달되어 스위치 접점이 단속되는 것으로 그 간격을 조절하면 작동되는 온도의 크기를 조절할 수 있다.

그림 5-10 튀김기의 구조

3.3 증거물 검사 및 촬영

(1) 사고현장 조사

① 현장사진에서 튀김기를 중심으로 연소된 형상이 남아 있는지에 대하여 확인하여야 하며 튀김기 상단(후드 등)에 있는 배선 등에서 단락흔이 식별되는지를 확인하고 튀김기의 전원선과 내부 배선에서도 단락흔이 식별되는지를 확인한다.

② 튀김기의 전원선 및 내부 배선에서 단락흔이 식별되는 점은 튀김기에서 발화가 시작될 경우, 일반적으로 동반될 수 있는 특징이므로 이의 검토는 신중하게 이루어져야 한다.

③ 튀김기 내의 튀김유에 착화되어 화재로 발전한 경우, 발화가 시작된 튀김용기에 튀김유의 경계가 뚜렷하게 남는 특성이 있으므로 이의 흔적이 남아 있는지를 확인한다.

④ 또한, 시즈히터 발열부에 검게 변색되고 끈적끈적해진 튀김유가 다량 융착되는 특징을 보이므로 이의 흔적이 남아 있는지를 확인한다.

⑤ 온도조절장치가 이상이 있을 경우에는 온도제어가 이루어지지 않기 때문에 시즈히터가 지속적으로 가열되어 튀김유에 쉽게 착화될 수 있는 점을 검토하여야 하므로 온도조절장치에 이상이 있는지를 세밀하게 검사 및 확인하여야 한다.

⑥ 온도조절장치가 이상이 없더라도 감열체가 시즈히터의 발열부와 인접하여 장착되지 않을 경우에도 온도제어 기능은 상실될 수 있다는 점을 검토하여야 하며 온도조절장치가 정상적이더라도 튀김유의 특성에 의해 화재로 이어질 수 있다는 점 또한 검토가 이루어져야 한다.

튀김유의 특성

튀김유(건전 식용유 포함)는 가열하면, 산패되어 발화점이 낮아지는 특성을 가지고 있고 지속적으로 튀김유를 가열하게 되면, 튀김용기 등의 열기에 의해 튀김유 자체가 착화되어 발화될 수 있다. 건전 식용유를 냄비에 부어 놓고 가스레인지로 지속적으로 가열하면, 약 15분 정도 후에 식용유 자체에 불이 붙는 특성이 있다. 업소에서는 경제적인 문제로 인하여 동일한 튀김유를 지속적으로 반복 사용하는 경우가 있으며 이 경우에 튀김유의 산패가 가속화되어 시즈히터 및 튀김용기 등의 열기에 의해 쉽게 착화될 위험이 있다.

(2) 수거 증거물 검사

① 전원선에 단락흔 등의 전기적인 특이점이 식별되는지를 검사하고 촬영 및 전선의 규격을 측정하여 이를 기록한다.

② 시즈히터 발열부 및 튀김용기에 튀김유의 융착 상태, 연소 상태 등을 검사하고 촬영 및 기록한다. 튀김용기가 2조 이상으로 구성되어 있을 경우에는 비교 검사 및 이를 비교 촬영한다.

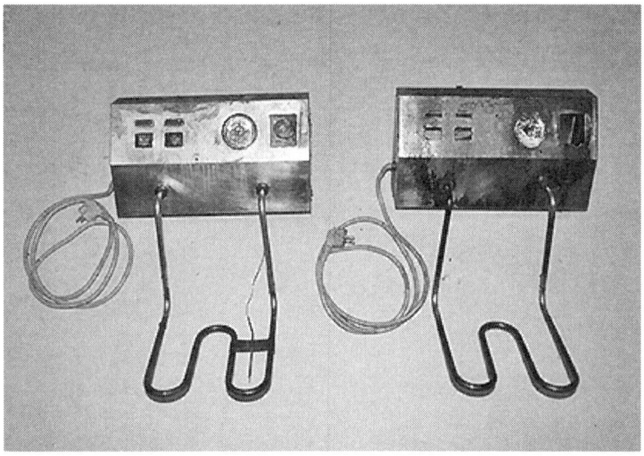

그림 5-11 튀김기 제품 비교사진

③ 시즈히터 발열부에 감열체가 장착되어 있는지, 세관과 감열체가 분리되거나 이탈되지 않았는지, 세관이 꺾이거나 눌린 흔적이 있는지를 검사하고 촬영 및 기록한다.

④ 튀김기의 본체를 분해하여 내부 배선 및 부품에서 단락흔 등의 전기적인 특이점이 있는지를 검사하고 촬영 및 기록한다.

⑤ 단락흔 등의 전기적인 특이점이나 확대하여 보여 주어야 하는 부분은 현미경 검사를 하고 촬영 및 기록한다.

⑥ 온도조절장치(감열체 및 세관을 절단하지 않고 분리)를 손상되지 않게 분리하여 촬영한다.

⑦ 온도조절장치 내의 벨로우즈 상태(팽창, 파열, 수축 등의 상태)를 검사하고 촬영한다. 벨로우즈가 수축되어 있는 경우에는 전기난로를 켜 놓고 감열체를 가열하였을 때, 벨로우즈가 정상적으로 팽창되는지에 대하여 시험한다.

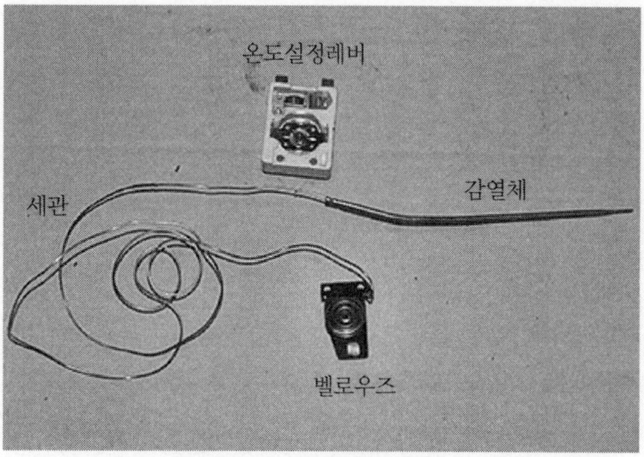

그림 5-12 튀김기의 온도조절장치

⑧ 튀김기에서 발화되었는지에 대한 결론을 도출하기 위해서 튀김유의 특성 및 튀김기와 주변에 남아 있는 연소 형상 등이 중요하므로, 반드시 현장사진에 대한 검토가 병행되어야 한다.

Chapter 6

기계장치 및 설비

1 압력용기

1.1 개요

압력용기는 용기의 내외부에 일정한 유체(기체 또는 액체)의 압력을 받는 용기를 말하며 유체의 성질, 상태, 용도에 따라 다양한 형식과 구조가 있다. 용기는 항상 압력유체를 내장하고 있으므로 파열의 위험성을 갖기 때문에 각 용도와 종별에 따라 법적 규제를 제정해 사용상의 안전을 꾀하고 있다.

1.2 종류

(1) 안전법규에 따른 분류

1) 에너지이용합리화법

① 제1종 압력용기

최고사용압력(kg/cm^2)과 내용적(m^3)을 곱한 값이 0.04 m^{3}를 초과하는 용기를 말한다. 증발기, 증류기, 열교환기 등이 이에 해당한다.

그림 6-1 제1종 압력용기

② 제2종 압력용기

최고사용압력이 2 kg/cm^{2}를 초과하며, 내용적이 0.04 m^3 이상인 용기를 말한다. 취사용 이중밥솥, 증기 헤더(steam header), 진공증발기 등이 이에 해당한다.

그림 6-2 제2종 압력용기

2) 고압가스안전관리법

① 압력용기

35도에서의 압력 또는 설계압력이 그 내용물이 액화가스인 경우에는 2 kg/cm^2 이상, 압축가스인 경우에는 10 kg/cm^2 이상인 용기를 말한다.

② 압력용기 제외

용기의 제조기술기준 및 검사기준의 적용을 받는 용기이며 설계압력(kg/cm^2)과 내용적(m^3)을 곱한 수치가 0.04 이하인 용기를 말한다.

고압가스의 종류

1. 압축가스(산소, 수소, 질소, 아르곤, 메탄 등)
   사용의 온도 또는 35℃에서 1 MPa 이상인 가스

2. 액화가스(액화석유가스, 암모니아, 이산화탄소, 액화산소, 액화질소 등)
   사용의 온도 또는 35℃에서 0.2 MPa 이상인 가스, 35℃에서 게이지 압력이 0 MPa 이상인 시안화수소, 액화브롬메틸, 액화산화에틸렌 등

3. 용해가스(용해 아세틸렌가스 등)
   다공물질에 흡수된 아세톤, 디메틸포름아미드(DMF) 등의 용제에 용해시킨 가스

(2) 제조법에 따른 용기의 분류

1) 용접용기

동판 및 경판을 각각 성형하고 용접으로 접합하여 제조한 용기로서 LPG, NH_3, Cl_2, R-22 등의 가스를 저장한다. 연신율과 용접성이 좋은 재료를 사용한다.

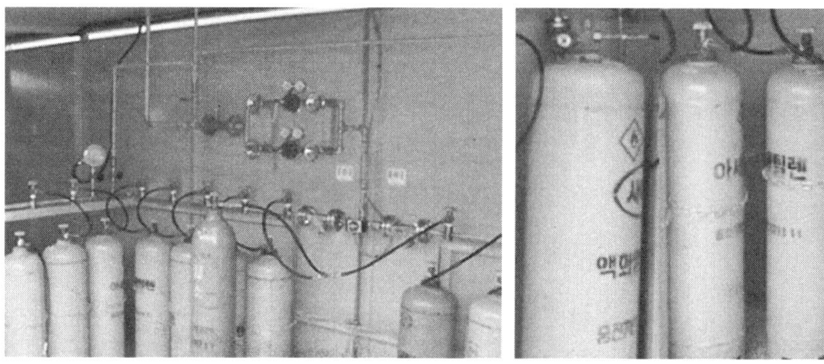

그림 6-3 용접용기

2) 이음매 없는 용기

동판 및 경판을 일체로 성형하여 이음매 없이 제조한 용기로서 만네스만식, 에르하르트식, 딥드로잉식 등의 제조 방법이 있으며 압력이 높은 압축가스(N_2, O_2, Ar, He, CO_2 등)를 충전하는데 사용한다.

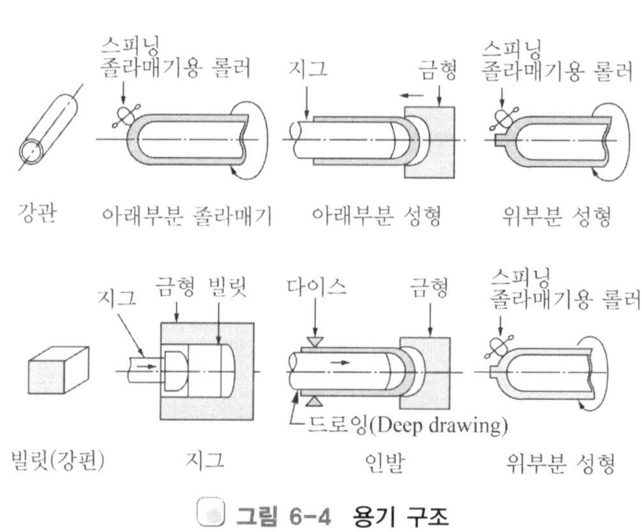

그림 6-4 용기 구조

3) 초저온 용기

50℃ 이하인 액화가스를 충전하기 위한 용기로서 단열재로 피복하여 용기 내의 가스 온도가 사용 온도를 초과하지 않도록 조치한 용기이다. 액화질소, 액화산소, 액화아르곤, 액화천연가스 등을 충전하는데 사용된다. 내조와 외조의 공간은 열침입을 막기 위해 고진공 단열로 시공이 되어 있으며 내부에는 단열재로 충진한다.

4) 접합용기

35℃에서 0.8 MPa 이하의 액화가스를 충전하기 위한 용기이다. 분사제로서 독성가스의 사용은 불가능하며 내용적은 1,000 mL 미만으로 제조한다. 휴대용 부탄가스, 스프레이류 등에 사용된다.

1.3 압력용기 안전장치 종류

(1) 스프링식 안전장치

스프링식 안전밸브는 밸브본체에 걸리는 내압에 의하여 순간적으로 작동하는 기능을 가진 자동압력방출장치로 밸브가 직접 스프링에 의하여 부하가 걸리는 장치이다.

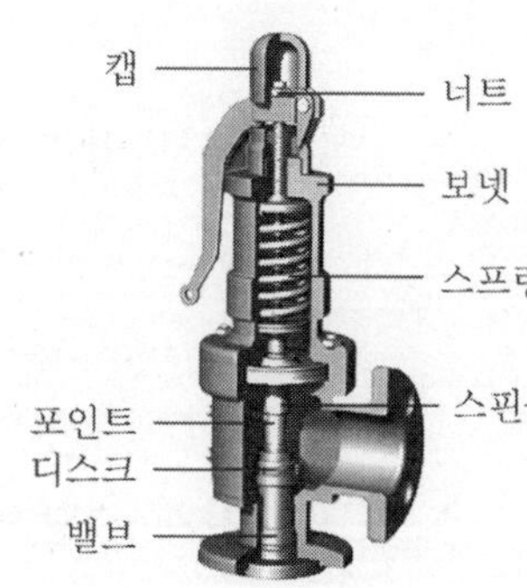

그림 6-5 스프링식 안전장치

(2) 파열판식 안전장치

내부의 압력이 상승하면 규정압력에 파열되는 얇은 금속판을 설치하여 과압을 방출하여 설비를 보호하는 장치이며 기계적 장치가 없는 간단한 구조로 개방시간이 신속하며 단독으로 사용하거나 스프링식과 병행하여 설치한다. 사용 후에는 교체하여야 하는 일회성 장치이다.

그림 6-6 파열판식 안전장치

(3) 가용전식 안전장치

200℃ 이하의 낮은 융점을 갖는 합금인 가용합금물을 이용한다. 용융온도에 맞는 압력 상승

시 합금이 녹아 과압을 방출하여 용기의 파열을 방지한다. 아세틸렌, 염소, 산화에틸렌 등의 용기에 사용한다.

그림 6-7 가용전식 안전장치

1.4 사고 유형

(1) 내부 가연물에 의한 화재폭발사고

용기 내에 저장된 가연성 가스가 누출되거나 용기 파열 시 기계적, 전기적, 화학적 점화원이 작용하면 화재폭발사고가 발생한다.

(2) 자체 결함에 의한 화재폭발사고

압력용기 자체에 미세균열, 게재물, 기공, 용접 불량, 열처리 불량 등의 제조 결함이 있는 경우에는 과압이 작용하지 않더라도 진행성으로 용기가 파열하여 발생한다.

(3) 내부 압력으로 인한 파열사고

용기 내부 유체가 외부 수열 및 화염 등으로 인해 압력이 상승하여 용기가 파열되면서 내압이 방출되는 경우로 용기의 인장강도보다 내압이 크면 발생한다.

(4) 자체 결함으로 인한 파열사고

용기 자체에 결함이 있을 시 진행성 균열 등으로 용기가 파열되면서 내압을 방출한다. 용기에 결함이 있는 경우는 주로 용접용기의 용접접합부 불량이 다수 있는 경우이다.

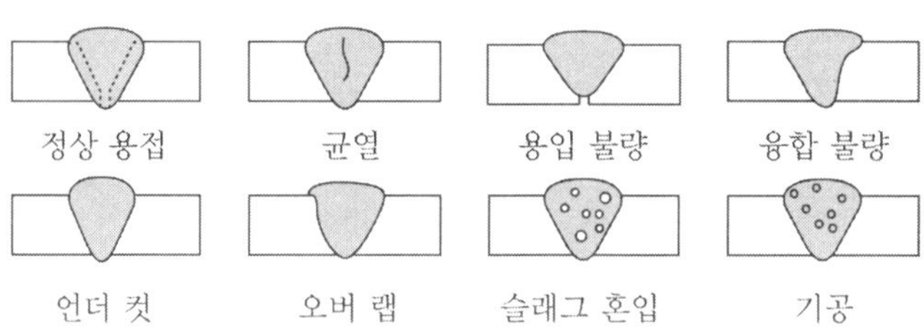

그림 6-8 용접 결함 종류

1.5 증거물 검사 및 촬영

(1) 압력용기의 파열 형태 및 탄화흔적을 검사한다.

(2) 압력용기는 용접용기, 이음매 없는 용기, 제조 방법 등에 따라 내압으로 인한 파열 형상이 달리 나타남으로 이에 대한 이해가 필요하다.

(3) 정상적으로 생산된 이음매 없는 원통형 용기의 경우는 내압 발생 시 원주방향의 응력이 축방향 응력보다 두 배 크므로 중앙에서 파열이 시작되어 축방향으로 진전되는 형태를 나타낸다.

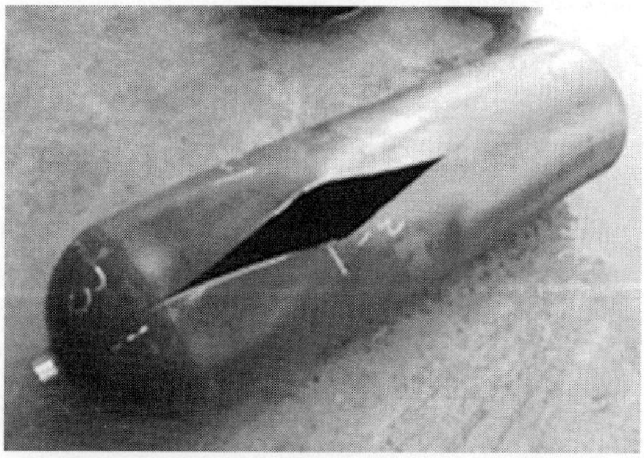

그림 6-9 이음매 없는 용기 파열 형태

(4) 용접용기의 경우는 상하돔과 본체가 일반적으로 용접작업에 의해 접합됨으로 정상적으로 생산된 용기가 내압에 의해 파열되는 경우 용접부 주변 열영향부에서 파열이 시작되어 본체의 축방향으로 진전되고 이에 종속되어 본체와 상하돔의 연결부가 동시 진행되는 형태를 나타낸다.

그림 6-10 용접용기 파열 형태

(5) 파열된 용기는 초기 파열이 시작되기 시작한 시점을 셰브론 마크 등을 이용하여 추적하는 것이 가장 중요하며 이를 도식화하고 관찰을 위한 전문적인 이해가 필요하다.

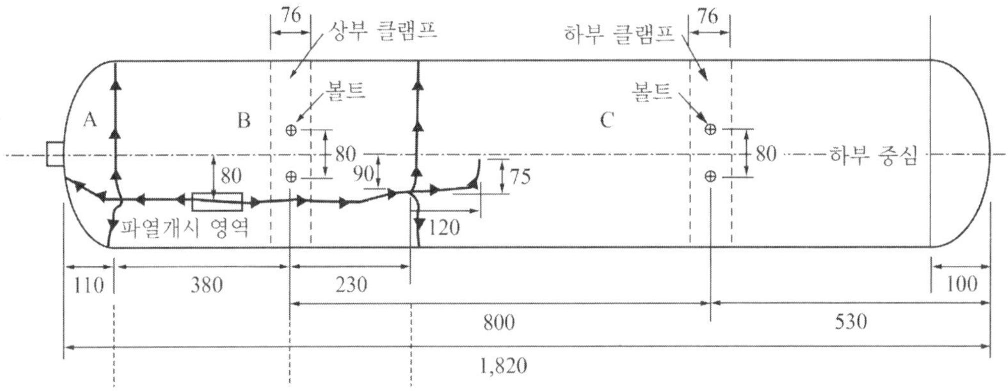

그림 6-11 용기 파열 도식화의 예

(6) 파열 시점이 판단되면 파열부 결함 내재 여부 등을 확인하기 위해 주사전자현미경(SEM)과 에너지분산형 분광분석법(EDX) 등을 사용하여 파단면 부위를 검사한다.

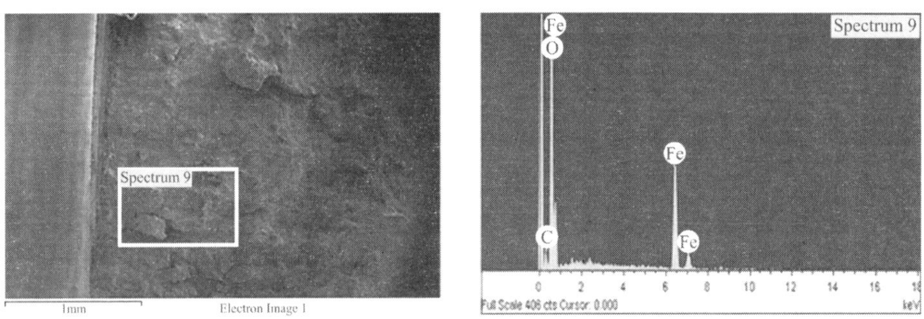

그림 6-12 주사전자현미경 사진 및 결과그래프

(7) 압력용기 외 내압 상승에 영향을 줄 수 있는 압력조절 스위치, 압축기, 전기 모터, 공압 배관 등의 부속 장치 상태를 확인하고 검사한다.

(8) 파열용기의 기계적 물성(파단강도, 항복강도 등)을 평가하여 정상치와 비교한다.

그림 6-13 기계적 물성 검사 장치

(9) 상기 분석된 내용을 종합 검토하여 주요 특이점과 사고 원인의 연관 관계를 검토한다.

2 용접장치

2.1 개요

용접작업은 2개 이상의 금속 및 비금속 재료를 고온의 열을 이용하여 야금학적으로 접합시키는 작업에 사용하며 작업 특성 상 높은 에너지 열원이 필요한데 주로 열원으로는 전기와 가스를 이용한다. 열원에 따라 아크용접과 가스용접으로 구분하며 가공 및 조립 등의 주요 공정과 중공업, 자동차, 전자 등의 광범위한 분야에 이용되고 있다.

그림 6-14 용접작업

2.2 장치 및 구조

(1) 용해 아세틸렌 용기

아세틸렌은 2기압 이상으로 압축하면 폭발 위험성이 있으나 아세톤에는 잘 용해하며 다공질 물질에 흡수시킨 아세톤에 아세틸렌을 고압에서 용해시켜 용기에 충전한다.

(2) 산소 용기

산소는 원통형의 산소 용기(Oxygen cylinder)에 35℃에서 150 kg/cm^{2}로 충전한다.

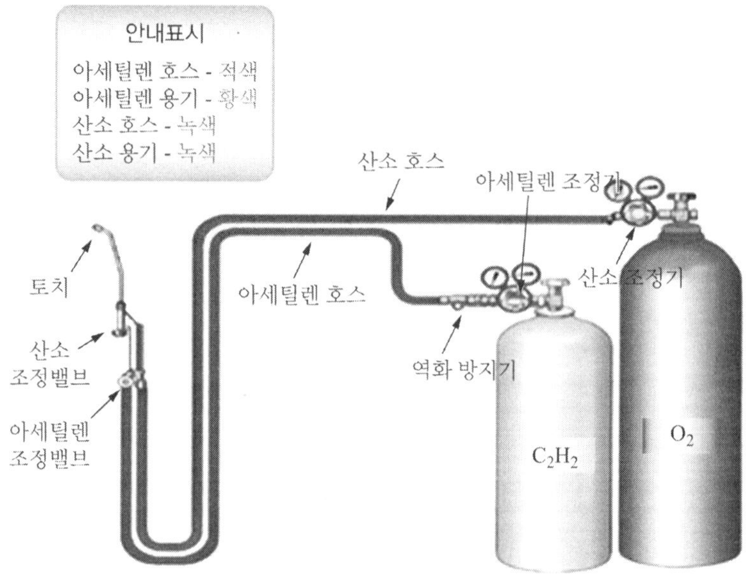

그림 6-15 용접장치 구조도 및 장치색상

(3) 압력조정기

고압의 산소, 아세틸렌을 용접에 사용할 수 있게 임의의 사용압력으로 감압하고 항상 일정한 압력을 유지할 수 있게 하는 장치이다.

그림 6-16 압력조정기

(4) 토치(torch, 취관)

연료가스와 산소가 토치의 노즐 밖으로 분사되기 전에 토치 내의 인젝터에서 혼합한다.

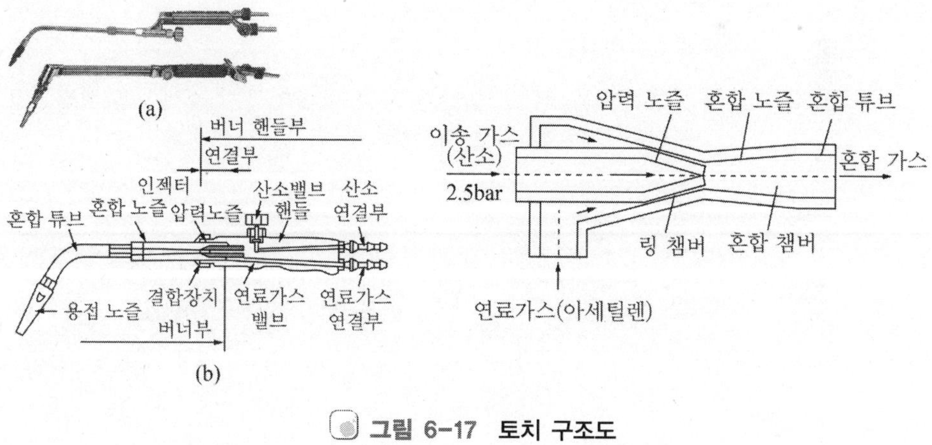

그림 6-17 토치 구조도

(5) 안전장치 및 기능

1) 수봉식 안전기

산소 역류 시 가연성 가스 통로를 물이 막고 수봉 배기관으로 역류 가스를 배출하는 원리

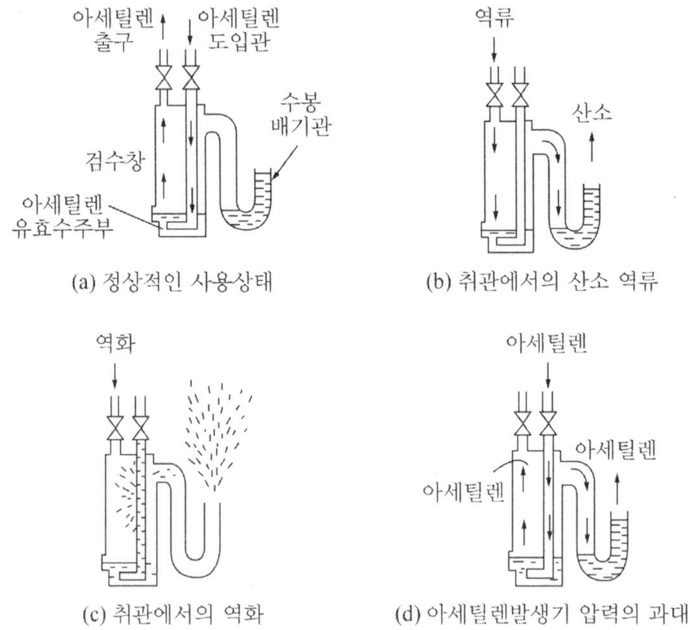

그림 6-18 수봉식 안전기

2) 건식 안전기

① 소결금속식

역행되어 온 화염이 소결금속에 의하여 냉각 소화되고 역화압력에 의하여 폐쇄밸브가 작동해서 가스통로를 닫게 되는 원리

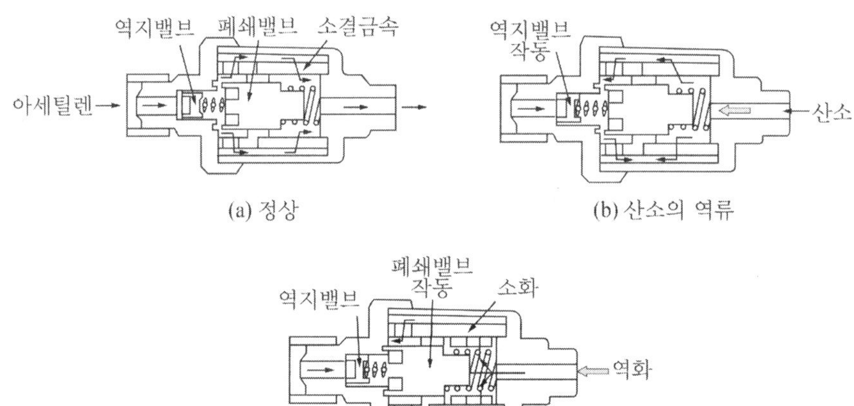

그림 6-19 건식 안전기

② 우회로식

역화의 압력파와 연소파를 분리시켜 이중 연소파는 우회로를 통과하며 압력파는 폐쇄 압착자를 작동시켜 가스통로를 폐쇄시키는 원리

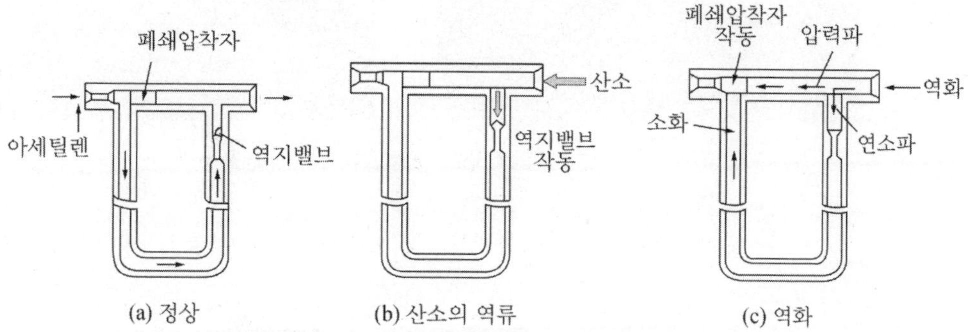

그림 6-20 우회로식 안전기

2.3 증거물 검사 및 촬영

(1) 사고현장의 용접장치 상태, 가연성 가스 체류 및 인화성 물질 파악

그림 6-21 용접작업 사고현장

(2) 용접장치의 용기, 압력조정기, 호스, 토치 등의 작동상 결함 검사

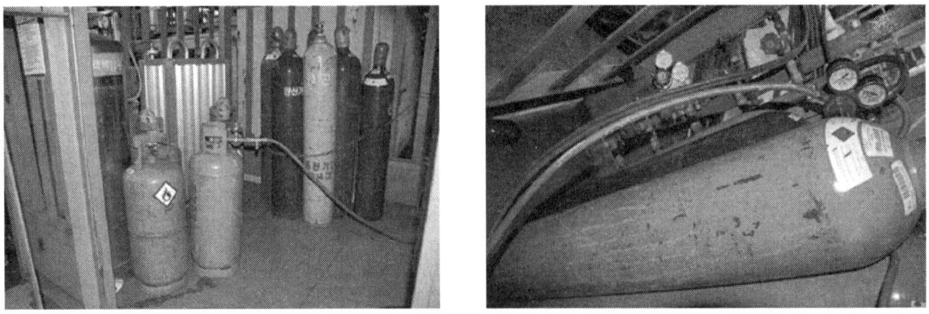

그림 6-22 용접장치 용기 및 호스

(3) 가스용기가 파열된 경우 파편상태를 확인한 후 폭압 방출방향 및 그을음 검사

그림 6-23 가스용기 파열 시 파편상태

(4) 토치, 압력조정기, 산소호스이음쇠, 연료가스호스이음쇠, 역화방지장치 등의 외관상 특이점과 결합상태 검사

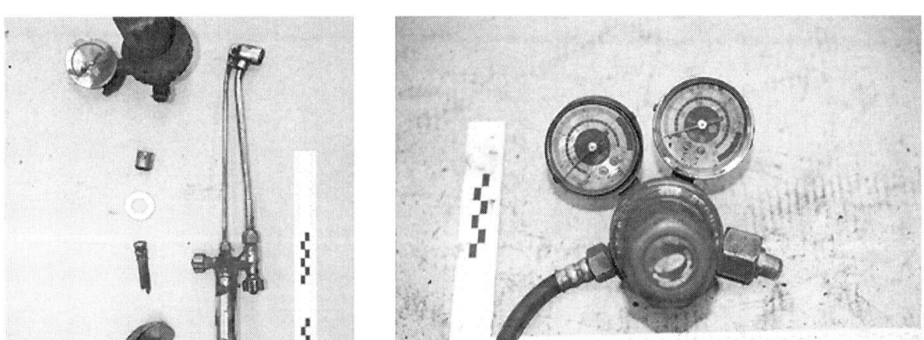

그림 6-24 용접 토치, 압력조정기

(5) 용접 장치 외부 및 내부 탄화흔, 열변형 흔적 확인

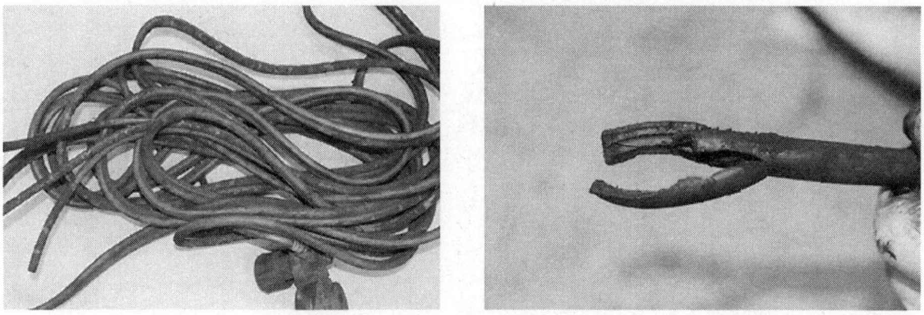

그림 6-25 용접 호스 열변형

3 가스보일러와 가스온수기

3.1 개요

LPG 혹은 LNG 가스를 연료로 난방 및 온수 사용을 할 수 있게 하는 장비로서 연소장치, 점화장치, 열교환장치, 안전장치(소화안전장치와 과열방지장치), 제어장치(압력, 수위, 온도), 급배기장치 등으로 구성된다. 가스보일러와 온수기는 화재의 위험도 있지만 폐가스의 유입에 의한 질식사고도 많이 발생한다.

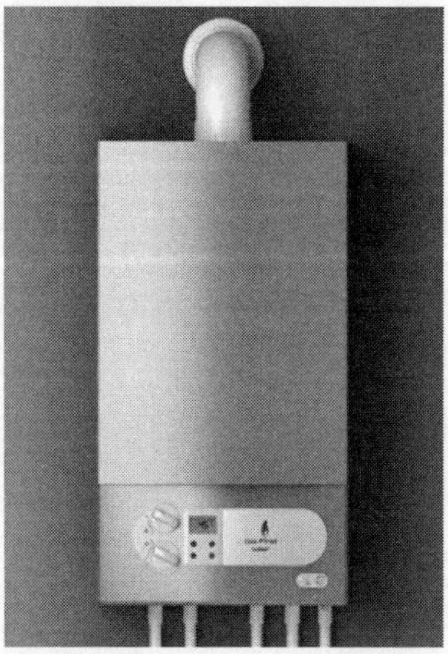

그림 6-26 가스보일러

3.2 종류

가정용 가스보일러는 온수 방식에 따라 크게 순간식과 저탕식의 두 종류로 구분된다.

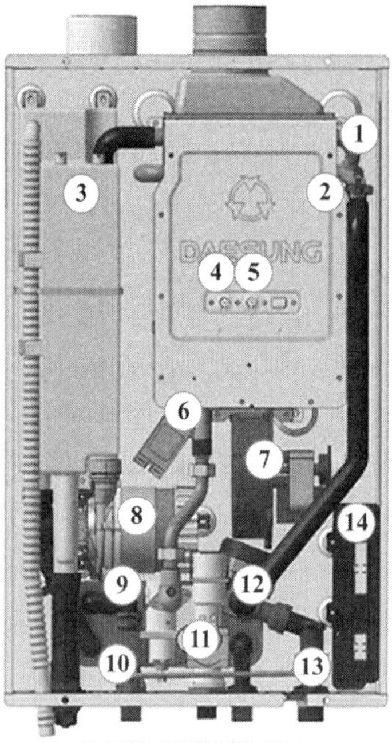

① 난방 열교환기

버너에서 발생된 고온의 열을 이용하여 난방수를 가열하는 부품

② 과열센서

난방수가 이상 과열 시 동작온도 이상에서 스위치가 OFF 되어 연소를 차단하는 부품

③ 시스턴 탱크

1. 난방수 온도 상승 시 난방수 팽창량 흡수
2. 난방수 유무 감지
3. 난방수 내의 에어 배출

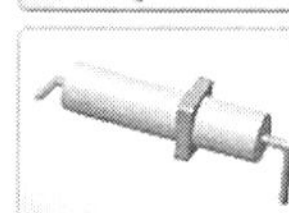

④ 스파크 플러그

고압의 스파크를 버너에 점화하는 부품

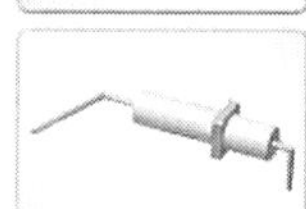

⑤ 화염감지센서

불꽃의 화염을 감지하는 부품

⑥ 자동 점화기

고전압으로 승압하여 버너에 방전 스파크를 발생시켜 가스를 점화시키는 부품

⑦ 팬

연소 시 필요한 공기를 제공해주는 부품

⑧ 펌프

보일러에서 가열된 난방수를 난방배관이나 온수 열교환기로 순환시켜주는 부품

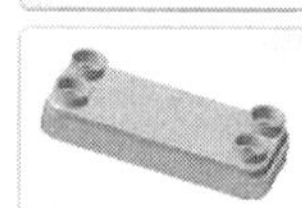

⑨ 온수 열교환기

온수 사용 시 가열된 난방수와 직수의 열교환이 이루어져 온수를 간접적으로 생성시키는 부품

⑩ 자동물보충밸브

보일러 내부에 물이 없으면 PCB의 제어에 의해 자동으로 물을 공급해주는 부품

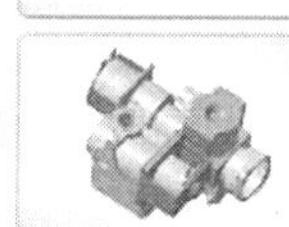

⑪ 거버너

PCB에서 출력된 전류 변화에 따라 무단계로 가스 변화를 조절하는 부품 (비례제어방식)

⑫ 삼방 모터

필요에 따라 유로를 막아 온수 또는 난방으로 전환하여 물의 흐름을 바꾸는 부품

⑬ 유수 감지기

직수의 흐름을 감지 MICOM에 신호를 보내어 온수를 작동시키는 부품

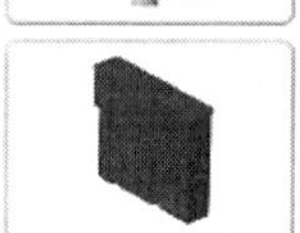

⑭ 전기상자

메인컨트롤러로 각 기능부품 및 안전장치를 제어하는 부품

그림 6-27 가스보일러의 구조 및 기능

(1) 순간식

온수 사용 시마다 가스연소행정을 통해 공급되는 직수를 즉시 데우는 구조의 보일러로 온수 출력 원리는 열교환기에 동파이프 잔 날개를 부착해 물이 이 동파이프를 통과하면서 순간적으로 데워진다. 난방 열교환기에서 가열된 난방수를 온수 열교환기로 보내 배관 순환수를 간접적으로 가열시켜 온수를 만든다. 특히 예열 없이도 난방 및 온수 출력이 빠르며 설치 공간 제약이 적고 시공도 용이하다는 장점으로 최근 일반 가정집에서는 순간식을 많이 이용하는 추세이다. 또 필요한 용량만큼만 급탕이 이뤄지기 때문에 가스비도 절감된다.

(2) 저탕식

별도의 온수저장탱크가 부착되어 온수저장탱크 내의 물을 미리 데워 놓고 온수 사용 즉시 공급 가능 구조의 보일러이다. 난방과 동시에 온수 사용이 가능하고 급탕량을 대폭 늘릴 수 있다는 점도 특징이다. 반면 가스분사가 온오프 방식인 저탕식은 잦은 가스 점화로 순간식에 비해 가스 소모량이 많다. 온수탱크를 별도로 설치해야 하기 때문에 설치 공간 제약이 있고 특히 평소 온수 사용량이 많거나 보일러 노후로 인해 열교환기에 누수가 생기면 경우에 따라 고액의 부품교체 비용이 발생할 수 있다.

3.3 증거물 검사 및 촬영

(1) 사고현장 조사

① 가스보일러가 사용된 장소 및 위치
② 가스보일러 주변의 연소 형상 및 형태
③ 가스보일러 전원 코드 및 단자에서의 용융 및 단락 여부
④ 가스보일러의 가스접속구 이음부위의 누설 여부
⑤ 거버너 주변의 가스누설에 따른 연소 형상 및 형태
⑥ 적절한 연료(LPG, 도시가스 등)의 사용 여부

그림 6-28 가스용기

(2) 수거 증거물 검사

① 사고 난방 전용 가스보일러의 제품 제원(모델명, 사용가스명, 가스소비량, 제조연월, 제조번호, 제조자명 등)을 파악한다.
② 난방 전용 가스보일러 몸체의 열변형, 파열, 분리현상을 검사한다.
③ 난방 전용 가스보일러 몸체 내면, 측면, 후면 표면의 변형정도 및 화염흔적을 검사한다.
④ 순환 펌프 모터의 수열상태, 화염흔적 및 층간단락 유무를 검사한다.
⑤ 버너 캡, 불꽃 구멍의 이상 연소에 따른 손상여부 및 용융흔적을 검사한다.
⑥ 팬 모터의 수열상태, 화염흔적 및 층간단락 유무를 검사한다.
⑦ 가스 도입관의 누설흔적 및 화염흔적을 검사한다.
⑧ 거버너 부분의 가스누설에 따른 화염흔적 및 수열형태를 검사한다.
⑨ 전기 점화장치의 전원 변압기 부근의 수열상태, 화염흔적 및 층간단락 유무를 검사한다.
⑩ 주 열교환기 내부의 이상연소에 따른 화염흔적 및 용융흔적을 검사한다.
⑪ 거버너에 연결된 가스호스 고무관의 누설흔적 및 화염흔적 여부를 검사한다.

그림 6-29 가스보일러 작동시험

(3) 사고제품 성능 검사

① 거버너에 연결된 가스호스 고무관의 누설 여부를 확인한다.
② 거버너 자체의 누설 여부를 확인한다.
③ 버너의 불꽃 구멍의 이상 유무를 확인한다.
④ 과열방지 센서가 정상적으로 작동되는지 확인한다.
⑤ 순환펌프 모터가 정상적으로 작동되는지 확인한다.
⑥ 송풍 모터가 정상적으로 작동되는지 확인한다.

4 화학플랜트

4.1 개요

플랜트란 기계와 장치를 기술적으로 복합화하여 생산자가 목적으로 하는 원료 또는 중간재, 최종제품을 제조할 수 있는 생산설비로서 오늘날 산업사회에서는 목적하는 특정제품 생산에 필요한 기계 및 장치류를 비롯하여 구조물, 건축물까지 포함된 독자적인 생산 활동이 가능한 단위공장을 의미한다. 플랜트는 목적에 따라 종류가 다양한데 그 중 화학플랜트는 어떤 화학 프로세스의 목적을 달성하기 위해 설계되고 구성요소로 선정된 많은 공정의 기기가 유기적으로 통합된 통일체(시스템)로 되어 있다. 화학플랜트는 크게 정유플랜트, 가스플랜트, 석유화학플랜트로 나누어져 있으며 화학플랜트의 안전은 구성하는 다수의 공정 기기의 안전성에 의해 성립된다.

4.2 장치별 구조 및 원리

(1) 교반기(Agitator)

주로 화학공업에서 사용되는 액체와 액체, 액체와 고체, 또는 분체 등을 휘저어 섞기 위한 기구로서 교반의 형식에 따라 탱크 교반기와 유동식 교반기로 크게 나누어지고 화학공업이 많이 발전함에 따라 여러 형태의 교반기가 만들어졌으나 현재는 대부분 탱크 교반기를 사용하고 있다. 탱크 교반기는 탱크 속에 교반하기 위한 장치를 넣은 것으로서 교반용 날개의 형식에 따라 프로펠러형, 오어형, 터빈형, 나선축형 등 여러 종류로 분류할 수 있다.

그림 6-30 교반기

(2) 반응기(Reactor)

석유화학공업이나 메탄올, 암모니아의 합성화학공업 등의 촉매화학 반응용에 사용되는 것을 말한다. 용기 내부에서 원료인 액체 등이 유동하는 사이에 교반, 접촉, 가열 등에 의해 반응하며 출구에서 제품으로서 연속적으로 꺼내는 것이다. 반응기는 조작방법에 따라 회분식 균일상 반응기, 반회분식 반응기, 연속식 반응기로 구분할 수 있으며 구조방식에 따라서는 관형, 탑형, 교반조형, 유동층형으로 구분할 수 있다.

그림 6-31 반응기

(3) 탈염기(Desalter)

모든 원유에는 원유의 개발과 수송과정에서 생긴 염, 철산화물, 모래 등의 각종 고체가 녹아 있다. 비록 소량의 염분이라도 장치의 부식을 일으키기 때문에 미리 제거해 주어야 한다. 탈염은 염류가 물에 잘 녹는 성질을 이용하여 물로 씻어낸다. 탈염기는 예열을 위해 열교환기를 순차적으로 거치면서 온도가 약 140도에서 150도 정도까지 올라간 부분에 설치된다.

그림 6-32 탈염기

(4) 열교환기(Exchanger)

습도가 다른 2개의 유체(기체나 액체)를 고체벽을 사이에 두고 접촉하게 하여 양 유체 사이에서 열의 이동을 하게 하는 장치를 일반적으로 열교환기 또는 줄여서 열교라고 한다. 따라서 넓은 의미로는 가열기, 냉각기, 증발기, 응축기 등도 열교환기이지만 보통 좁은 의미로는 폐열의 회수를 목적으로 하는 것이 많으며 예를 들면 온도가 높은 폐가스의 현열에 의해 유용 유체를 가열한다든지 증발관의 응축수가 가지고 나오는 열량을 회수하여 공급 원액을 가열하여 전체의 열효율을 높이기 위해 사용되는 것 등을 말한다.

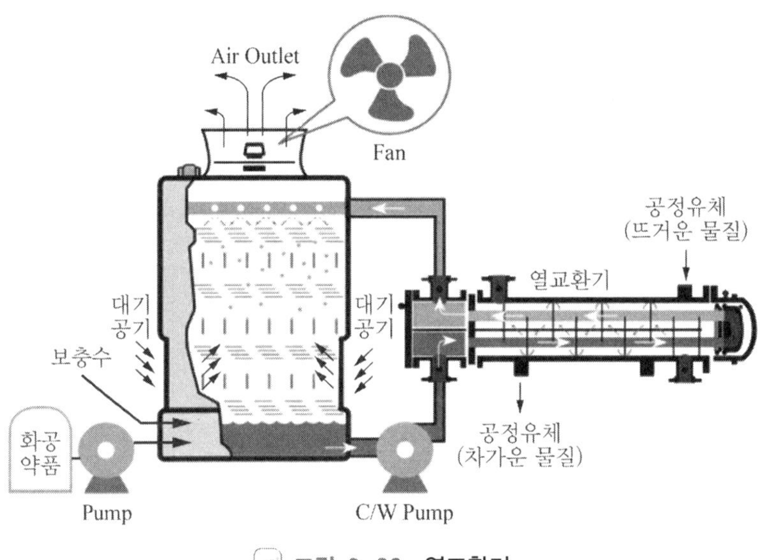

그림 6-33 열교환기

(5) 가열로(Heater)

여러 종류의 혼합물인 원유를 석유류 제품별로 상압증류하기 위하여 필요한 온도까지 열을 가하는 장치로서 원유의 종류 또는 제품의 종류에 따라 달라지나 약 340도까지 가열한다.

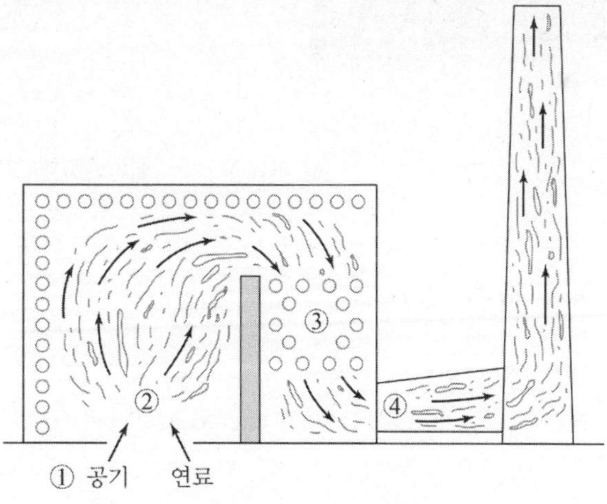

그림 6-34 가열로

(6) 증류탑(Crude distillation unit)

원유를 비등점의 차이에 따라 LPG, 납사, 등유, 경유, 벙커C유 등의 유분으로 분리하는 시설이다. 이 시설은 원유를 구성하고 있는 성분들이 일정한 압력과 온도 하에서 기체로 증발되려는 성질이 각각 다른 점을 이용하여 탑 내부의 온도와 압력을 높이에 따라 다르게 함으로써 혼합되어 있는 유분을 각각의 유분으로 분리한다. 내부가 약 40~50여개의 단으로 구성되어 있고 윗단에서 응축되어 내려오는 액상성분과 아랫단에서 기화하여 올라오는 기상성분의 접촉을 원활히 하여 기·액 평형이 쉽게 이루어지도록 고안되어 있다.

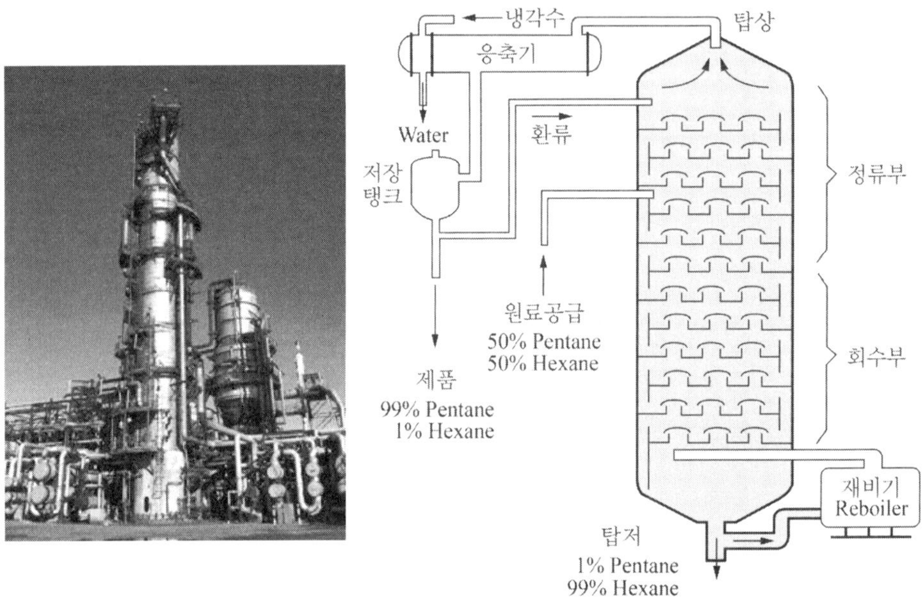

그림 6-35 상압증류탑

(7) 저장 탱크(Storage Tank)

화학플랜트에 사용되는 탱크는 그 사용 목적에 따라 저유 탱크·저탕 탱크 등으로 구분하며 종류는 다음과 같다. CRT(Cone Roof Type)는 첫 번째로 정식 지붕 탱크라고도 불리며 물의 혼입이 방지되고 주로 휘발성이 적어 증기압이 높지 않은 중질유, 경유 및 등유 저장용으로 사용되는 가장 일반적인 종류의 탱크이다. 건설비가 저렴하여 유지, 관리가 용이하나 증발손실이 많고 증기 공간(Vapor Space)에는 부식에 의한 손상 우려가 있다. FRT(Floating Roof Type)는 부유식 지붕 탱크로 탱크 지붕이 저장하고 있는 유분의 수위에 따라 움직이게 설계된 탱크이다. 휘발성이 강한 제품의 증발 손실을 방지하기 위해 사용되는데 주로 휘발유, 납사 및 원유를 저장하는데 활용된다. 고정식 지붕 아래 부상식 지붕이 설치되어 있는 이중 지붕을 가진 탱크인 IFRT(Internal Floating Roof Type)는 밀폐 효과가 크고 빗물의 유입을 막아주며 휘발성이 큰 유종,

수분에 민감한 항공유와 같은 제품 또는 유독물질을 저장하는 용도이다. DRT(Dome Roof Type)는 저장 유체의 증기압이 대기압보다 높아서 대기 중에 노출 시 유체증기의 다량 누출로 화재 폭발의 유험이 있는 유체를 저장하기 위하여 대기와의 직접적인 접촉이 되지 않도록 완전히 밀폐된 탱크이다. 마지막으로 볼 탱크(Ball Tank)는 압력을 분산할 수 있게끔 공처럼 만들어져서 프로판이나 부탄과 같이 압력이 높은 제품을 보관할 수 있다. 탱크 두께가 굉장히 두껍고 일정 온도 이상으로 올라갈 경우 탱크 주위에 설치된 주변시설에서 물을 분사하여 온도를 조절한다.

그림 6-36 CRT

그림 6-37 IFRT

그림 6-38 DRT

4.3 사고사례

(1) 화학공장 가스 누출 사고

1) 사고개요

유니온 카바이드라는 화학기업이 인도 각지에 공장을 두고 있었고 보팔공장은 사고 당시 약 15년 된 화학공장이었다. 1984년 12월 3일 23시경 한 직원이 농약 및 살충제 제조에 사용되는 독성 화학물질인 아이소사이안화 메틸(Methyl Iso Cyanate : MIC)을 저장하는 탱크의 온도가 미친 듯이 오르는 것을 발견했다. 당황한 공장 측은 당장 사용 가능한 모든 안전대책을 총동원 하였으나 하나도 작동하지 않았고 시간이 경과함에 따라 MIC는 이미 유출이 시작되고 있었다. 이후 12월 4일 00시 30분경 누출되던 탱크의 콘크리트에 균열이 발생하고 폭발하게 되었다. 뒤늦게 도착한 현지 경찰을 새벽 1시에 비상경보를 발령했으나 가스는 넓게 확산된 후였다.

그림 6-39 보팔 가스 누출 사고

2) 사고원인

직접적 원인으로 메틸이소시안산(MIC) 저장 탱크로 1,000~2,000갤런의 물이 유입되었다는 것이 지목되었는데 MIC라는 물질이 대량의 물과 만나면 화학작용을 통해 급격한 온도의 상승을 일으키고 여기에 탱크내부의 녹이 화학작용을 촉진시키면서 탱크의 폭발을 불러 일으켰다고 결론지었다. 회사 측에서는 이 물의 유입에 대해서는 직원의 근무태만으로 추정만 할 뿐 증거를 제시하지 못했으나 노조 측에서 MIC 탱크 근처에 있는 처리시설과 관련이 있음을 지적하였고 설계상 존재하지 않는 파이프의 존재에 대한 현지 직원들의 증언을 증거로 제시했다.

(2) 석유화학공장 폭발·화재사고

1) 사고개요

2016년 4월 20일 멕시코만 연안에 있는 한 석유화학공장에서 폭발이 일어나 많은 사망자와 부상자가 발생했던 사고이다. 당시 화재로 인해 공장 내의 건물 대부분이 소실되었고 도장 중이던 자동차 5천여 대가 소실되어 약 500만 달러의 금전적인 피해를 입었고 24명이 사망하고 136명이 부상을 입는 인명피해가 있었다. 이 공장은 파이프 제조 등에 쓰이는 염화비닐을 생산하는 공장으로 이 시설에서는 폭발·화재사고가 자주 일어나는 상황이었다.

2) 사고원인

당시 근무하던 작업자가 가스 저장 탱크 하부에 있는 긴급차단밸브를 수리하던 도중 잘못 분리하여 가스가 누출되었고 이 누출된 가스가 인근 알루미늄 성형공장에 착화된 것이 원인이었다.

그림 6-40 멕시코 화학공장 폭발사고

5 화력발전설비

5.1 개요

화력발전이란 연료에너지를 연소시켜 얻어낸 기계적 에너지로 회전기를 회전시킴으로써 전기적 에너지를 얻어내는 발전방법으로 석탄, 원자력, 지열, 태양열과 쓰레기 소각, 천연가스, 바이오매스를 열원으로 사용하며 화력발전의 기본적인 원리는 다음과 같다.

(1) 석탄, 석유, 가스 등 연료를 태워 물을 가열하여 증기를 발생시킨다.
(2) 발생된 증기를 통해 발전소의 증기 터빈은 회전하게 된다.
(3) 이를 통해 터빈이 회전하며 생기는 운동 에너지가 터빈과 연결된 발전기의 회전축에 전달된다.
(4) 회전축이 회전을 하면서 부착된 자석으로 인해 발전기 내부에 감겨 있는 코일에

페러데이 법칙에 의해 유도전류가 흐르게 된다.

(5) 이렇게 발생된 전류를 이용하여 우리가 사용하는 전기의 발전이 이루어진다.

그림 6-41 화력발전

5.2 장치별 구조 및 원리

화력발전에 대한 설비와 장치들을 간단히 보면 크게 여덟 개로 나누어진다고 볼 수 있으며 연료를 보일러에서 연소시켜 물을 가열하여 만들어진 증기의 힘으로 터빈을 돌려 전기를 생산하기 때문에 화력발전설비의 핵심 설비는 보일러, 터빈, 발전기 이 세 가지로 볼 수 있다.

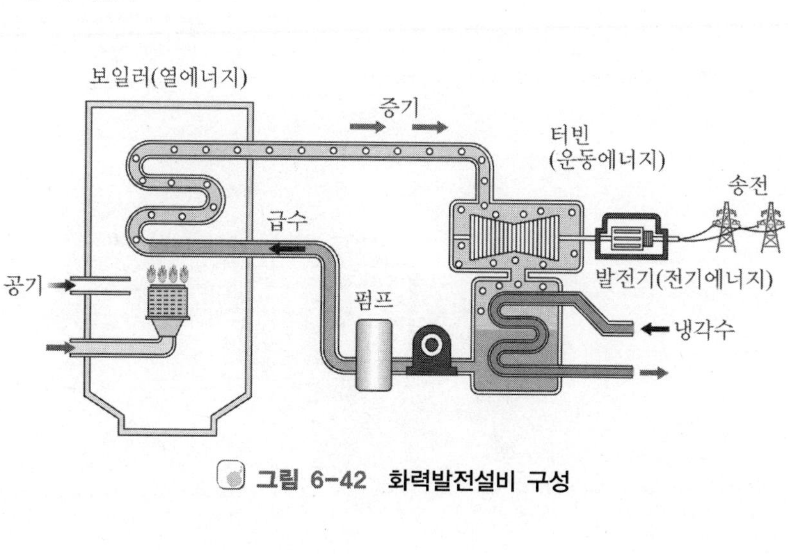

그림 6-42 화력발전설비 구성

(1) 보일러

화기, 연소가스, 기타 고온가스 또는 전기에 의해 물 또는 열매를 가열해서 대기압을 넘는 증기 또는 온수를 발생시키고 이것을 다른 곳으로 공급하는 장치를 말하며 보일러 본체 외에 연소장치, 연소실, 과열기, 절탄기, 공기 예열기, 통풍장치, 급소장치, 자동제어장치, 기타 안전밸브 등의 부속장치들로 구성되어 있다.

그림 6-43 보일러

(2) 터빈

보통 회전체의 원주에 여러 개의 깃(Blade) 또는 날개를 심고 거기에 증기 또는 가스를 내뿜어 고속 회전시키는 터보형의 기계를 터빈이라고 한다. 터빈은 보일러에서 넘어온 과열증기를 이용해 터빈의 날개를 기계적 에너지로 회전시켜서 발전기를 통해 전기적 에너지를 얻게 하는 장치이다.

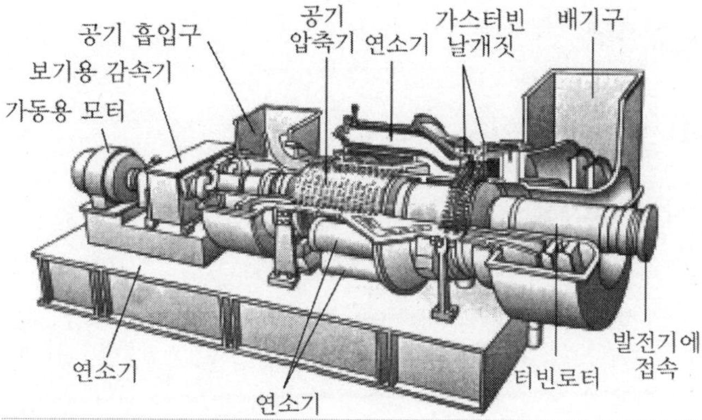

그림 6-44 터빈

(3) 발전기

도체와 자속이 상대 운동을 하여 도체가 자속을 끊으면 도체에서 플레밍 오른손 법칙에 따르는 방향으로 기전력이 발생하는 원리를 이용한 것으로 회전계자형과 회전전기자형으로 분류한다.

그림 6-45 발전기

5.3 사고사례

(1) 터빈 블레이드 파손사고

1) 사고개요

2015년 12월 5일, 시험 운전 중이던 ○○○○ 9호기 터빈서 화재 발생하였다. 인명피해는 없었으나 터빈 교체가 불가피하여 복구 작업에 따라 최소 수개월에서 최대 1년가량 일정이 지연되어 약 1400억 정도의 손실이 발생하였다.

그림 6-46 터빈 블레이드 파손사고

2) 사고원인

화재 진화 후 터빈을 분해 및 해체하여 확인한 사실은 최대 분당 3,600회(RPM) 속도로 고속회전 하는 수백 톤 중량의 터빈 몸체에서 LSB(Last Stage Blade)가 떨어져 나갔다는 것과, 이 과정에서 회전체의 원활한 운동을 돕는 윤활장치 밀봉부위가 파손되어 기름이 누설되고 케이싱에 분사된 윤활유에 불이 붙어 화재로 이어졌다는 것이 사고 원인이다. 사용된 LSB는 일본에서 새로 개발한 터빈으로 45인치가 보통이던 블레이드의 크기를 50인치로 키웠고, 재질도 티타늄보다 무거운 초합금강을 사용했다. 이는 효율을 조금이라도 높이고 가격을 낮추기 위함이었지만 600℃에 달하는 고온 속에 빠르게 회전하는 터빈은 가볍고 크기가 작을수록 안정적인데 무겁고 크기가 큰 블레이드가 회전하면서 압력을 견디지 못했을 것이라는 분석이다.

(2) 화력발전소 화재사고

1) 사고개요

2012년 3월 15일 저녁, 우리나라 전기발전 중 8%를 담당하는 ○○화력발전소 1호기 지하에서부터 화재가 발생해 소방차 30대와 소방인력 등 402명이 진화작업을 벌여 11시간 만에 불길을 잡았다. 인명피해는 없으나 1호기가 가동 중단되어 국내 전력수급에 차질을 빚었다. 2호기는 정비를 위해 이미 계획 정지된 상태였으며 3·4호기도 전력공급선이 화재의 영향을 받아 한때 가동이 중단됐으나 곧바로 정상화되었다.

그림 6-47 화력발전소 화재사고

2) 사고원인

화재는 1·2호기가 있는 지하 1층 터빈실의 배선실에서 발생한 것으로 파악되었다. 배선실 내부에는 발전기에 전기를 공급하는 전력케이블을 비롯한 통신케이블, 제어케이블 등 수십만 가닥의 케이블이 위치해 있는데, 전기실에 있던 플라스틱류의 케이블이 타면서 화재가 발생한 것으로 파악되었다. 짙은 안개처럼 유독가스가 발생하여 화재를 진압하여야 하는 소방관들의 지하실의 출입이 힘들어져 화재의 규모가 커지고 화재 진압까지 11시간이 걸렸다.

6 신재생에너지설비

6.1 개요

신재생에너지는 화석연료의 고갈로 인한 자원 확보 경쟁 및 고유가의 지속 등으로 에너지 공급방식의 다양화가 필요하고 기후변화협약 등 환경규제에 대응하기 위한 청정에너지 비중 확대의 중요성이 증가되면서 IT, BT, NT 산업과 더불어 관련 사업이 차세대 산업으로 시장규모가 급격히 팽창하고 있는 미래 산업이다. 이렇듯 신재생에너지는 공공미래 에너지로서 시장 창출 및 경제성 확보를 위한 장기적인 개발보급 에너지원이다. 신재생에너지는 화석연료 사용으로 인한 이산화탄소 발생을 최소화 할 수 있는 환경친화형 청정에너지이며 비고갈성에너지 그리고 연구개발에 의해 에너지 자원이 확보 가능한 특성을 지니고 있다. 신재생에너지는 국내시장 창출 및 수출지원 등 산업화 확산효과로 전략적 지역 신재생에너지 개발체계를 구축하고 있다. 신재생에너지를 효율적으로 다루기 위해 신재생에너지를 다루는 설비가 증가하는 추세이고 이러한 설비들은 기존의 화석연료를 변환시켜 이용하거나 햇빛·물·지열·강수·생물유기체 등을 포함하는 재생 가능한 에너지를 변환시켜 이용하는 에너지를 생산한다.

6.2 종류 및 설비

(1) 수력에너지설비

수력에너지는 물의 낙하 또는 압력에 의해 생기는 힘을 의미한다. 이 힘을 이용해 전기를 만들어 내는 것을 수력발전(Hydropower Generator)이라고 하는데, 수력발전은 하천 또는 호소 등에서 물이 갖는 유동에너지를 수차를 이용하여 기계에너지로 변환하고 이것을 다시 전기에너지로 변환하는 발전방식이다. 이러한 발전방식을 이용한 설비가 수력발전설비이다. 수력발전설비는 하천이나 수로에 댐을 설치하고 발전소까지 물을 유입시킨 후에 수차발전기 제어시스템을 통해 물의 낙차로 전기를 생산하고 발전기에서 발생된 전원을 사용자들이 사용할 수 있는 전력으로 변환시켜 한전 계통선을 거쳐 최종수요자에게 전달한다. 수력발전설비는 저수지의 물이 넘치지 않게끔 지탱해주는 댐, 상류수위와 일류량을 조정하고 홍수 발생 시 수위의 상승을 방지해주는 수문, 수문을 통해 밀려들어오는 물에 의해 운동에너지를 갖는 터빈과 터빈의 운동에너지를 전기에너지로 바꾸어 전력을 공급하는 발전기로 구성되어 있다.

그림 6-48 수력발전

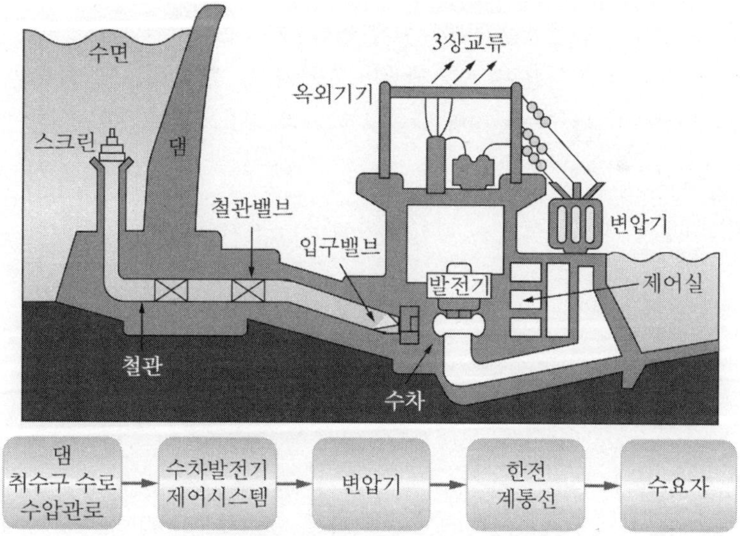

그림 6-49 수력발전시스템 개요

1) 터빈

수차라고도 불리우며 물의 위치에너지를 운동에너지로 변환하는 장치로 프란시스 수차, 카플란 수차, 헬리컬 수차, 펠톤 수차 등이 있다.

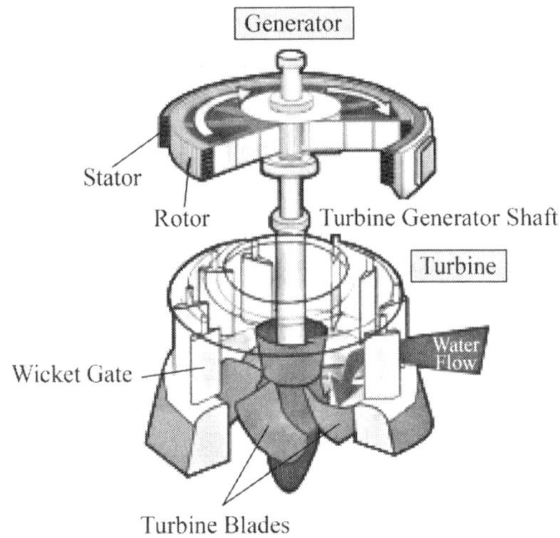

그림 6-50 수력발전의 터빈구조

① 프란시스 수차

동글동글한 블로워의 드럼같이 생긴 터빈과 그 케이스를 통해 달팽이 모양처럼 수로를 만들며 수차의 정 중앙으로 물이 빠져나오는 구조를 가진다. 주로 수량이 많고 낙차가 적은 초대형 발전 시스템에 많이 쓰인다.

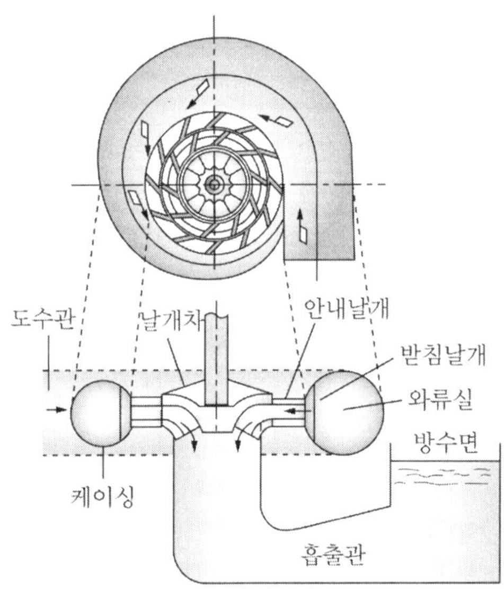

그림 6-51 프란시스 수차

② 카플란 수차

프란시스 수차가 있던 자리에 터빈 대신에 프로펠러를 설치하면 된다. 물의 운동에너지와 압력에너지를 동시에 사용할 수 있고 유량과 낙차의 변화가 많은 소수력 발전소에 적합하다.

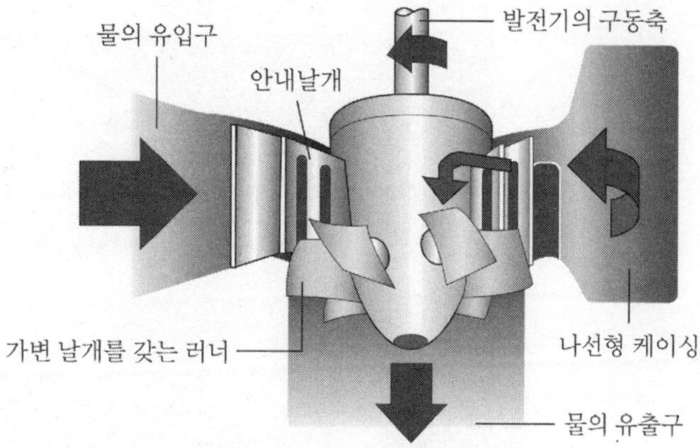

그림 6-52 카플란 수차

③ 헬리컬 수차

연안 발전 시스템을 설치할 때 사용한다. 터빈 하나만 서 있으면 작동이 되기 때문에 주로 등대 부분의 연안발전기가 이 형식으로 되어 있다.

④ 펠톤 수차

일반적으로 가정집에서 쓰는 수력발전시스템에 적용된다. 컵의 절반모양의 날이 여러 개 붙은 형태로 된 수차로 고압의 물을 컵에 쏘아 돌리는 방식을 사용한다. 수압이 높을 때 사용하면 좋고 회전수(RPM)가 매우 높다.

(2) 태양열에너지설비

태양열 발전설비는 태양으로부터 오는 복사에너지를 흡수, 저장, 열변환을 통해 건물의 냉난방 및 온수에 활용하는 원리를 가지고 있다. 대부분 태양열을 모아서 거울을 통해 한 점으로 집중시켜 발생한 열로 물을 끓여서 발생하는 증기로 터빈을 돌리는 방식을 통해 발전기를 돌린다. 터빈을 돌릴 때 생기는 저온열과 집열장치에 모이는 고온열을 축열장치에 저장해 두었다가 일몰 직후에 다시 한 번 더 터빈을 돌린다. 태양열 시스템 구성은 4가지 부분으로 이루어지며 각각은 집열부, 축열부, 이용부, 제어장치이다. 집열부는 태양으로부터 오는 에너지를 모아서 열로 변환하는 장치이다. 축열부는 집열시점과 집열량이 이용시점과 부하량에 일치하지 않기 때문에 필요한 일종의 버퍼 역할을 할 수 있는 열저장 탱크이다. 이용부는 태양열 축열조에 저장된 태양열을 효과적으로 공급하고 부족할 경우 보조열원에 의해 공급하는 장치이다. 제어장치는 태양열을 효과적으로 집열 및 축열하고 공급, 태양열 시스템의 성능 및 신뢰성 등에 중요한 역할을 해주는 장치이다.

그림 6-53 태양열발전

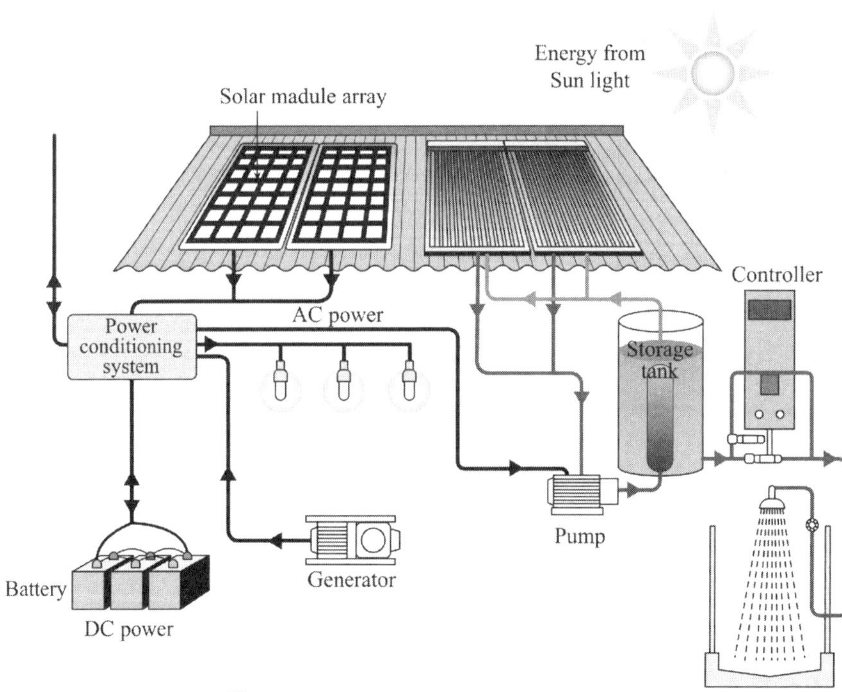

그림 6-54 태양열 이용시스템 구성

1) **집열기**

태양에너지를 열로서 모으는 장치. 집열 온도가 높은 집광형과 효율이 높은 평판형, 용도에 따라 수식 집열기와 공기식 집열기가 있다.

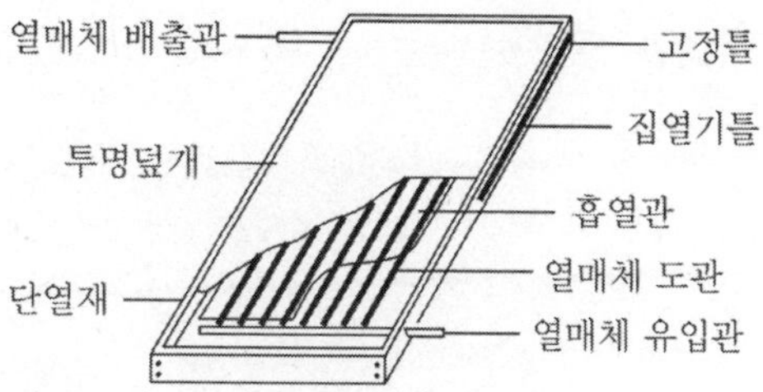

그림 6-55 집열기

2) **열교환기**

두 개의 유체 간에 열을 주고받도록 하게 하는 장치를 말한다. 넓은 의미로는 가열기, 냉각기, 응축기 등도 포함되나 보통은 열의 회수를 목적으로 하는 것을 열교환기라고 한다.

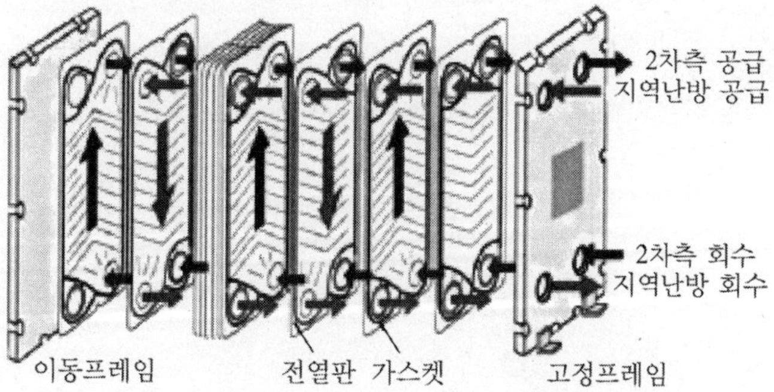

그림 6-56 열교환기

3) **축열기**

보일러에서 발생한 증기량이 소비량에 대해 과잉했을 때 증기를 저장하고 발생량보다 소비량이 많아졌을 때 저장한 증기를 방출해서 증기의 부족량을 보충하는 장치를 말한다. 이 증기 축열기는 여분의 증기를 물로 바꾸어 저장하는 것이며 방식은 변압식과 정압식의 방법이 있다.

(3) 태양광에너지설비

빛을 받으면 광전효과에 의해 전기를 발생하는 태양전지를 이용하여 발전하는 방식이다. 태양광의 경우에는 계속적으로 공급되는 에너지이기 때문에 재생에너지라 불리며 환경오염 등에 대한 우려가 적은 방식이다. 단, 구름이 짙게 끼거나 야간 등 햇빛이 충분하지 않은 경우에는 발전을 하지 못하는 단점이 있다.

그림 6-57 태양광에너지설비

태양광에너지설비는 태양전지(Solar Cell)로 구성된 모듈(Module)과 축전지 및 직류를 교류로 변환시켜 주는 인버터, 모듈과 인버터를 연결해주는 접속함 등으로 구성되어 있다. 태양전지로 모은 태양에너지를 전기에너지로 변환시켜 사용한다. 이 과정에서 광전효과가 발생한다.

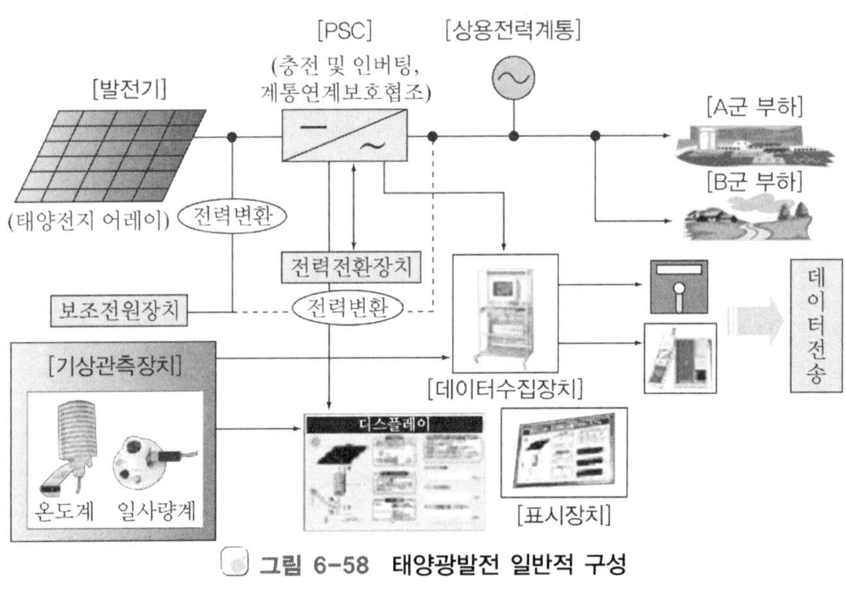

그림 6-58 태양광발전 일반적 구성

1) 태양전지

태양전지 또는 광전지는 태양에너지를 전기에너지로 변환할 수 있는 장치를 말한다. PN 접합면을 가지는 반도체 접합영역에 금지대폭보다 큰 에너지의 빛이 조사되면 전자와 정공이 발생하여 접합영역에 형성된 내부전장이 전자는 N형 반도체로 정공은 P형 반도체로 이동시켜 기전력이 발생한다. N형 반도체, P형 반도체 각각 부착된 전극이 부극과 정극이 되어 직류전류를 취하는 것이 가능해진다. 태양전지 반도체의 재료로서는 실리콘뿐만이 아니라 갈륨비소, 카드뮴텔루르, 황화카드뮴, 인듐인 또는 이 재료들 사이의 복합체를 사용하고 있으나 일반적으로 실리콘을 사용한다.

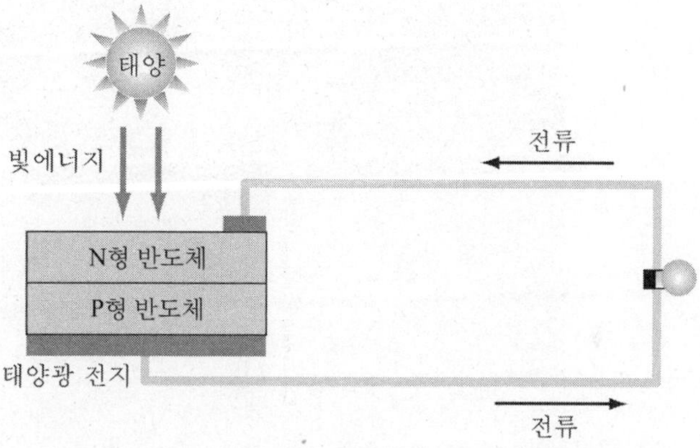

그림 6-59 태양광 전지를 통한 에너지 변환 과정

2) 대용량에너지 저장장치

에너지 저장(Energy Storage)은 장치 혹은 물리적 매체를 이용하여 에너지를 나중에 사용하기 위해 저장하는 것을 말한다. 이에 쓰이는 장치를 축압기라고 하고 더 넓은 범위의 체계 전체를 에너지 저장 시스템(Energy Storage System, ESS)라고 한다. 일반 가정에서 사용하는 건전지나 전자제품에 사용하는 소형 배터리도 전기에너지를 다른 에너지 형태로 변환하여 저장할 수 있지만 이런 소규모 전력 저장장치를 ESS라고 말하지는 않고, 일반적으로 수백 kWh 이상의 전력을 저장하는 단독 시스템을 ESS라고 부른다.

3) 인버터

직류(DC)를 교류(AC)로 바꾸기 위한 전기적 장치이다. 적절한 변환 방법이나 스위칭 소자, 제어 회로를 통해 원하는 전압과 주파수를 얻는다.

(4) 풍력에너지설비

바람의 운동에너지가 풍차를 돌려 발전기를 구동시키는 방식이다. 효율성을 높이기 위해서는 풍차의 블레이드를 대형화해야 하나 높은 기계기술이 필요한 방식이다. 다만 발전이 가능한 규모의 바람이 있어야 발전이 가능하다.

그림 6-60 풍력발전

풍력에너지설비는 풍력이 가진 에너지를 흡수, 변환하는 운동량 변환장치, 동력 전달장치, 동력 변환장치, 제어장치 등으로 구성되어 있다. 기계장치부는 바람으로부터 회전력을 생산하는 회전날개(Blade), 회전축(Shaft)를 포함한 회전자(Rotor), 이를 적정 속도로 변환하는 증속기(Gearbox)와 기동·제동 및 운용 효율성 향상을 위한 브레이크(Brake), 피칭요잉시스템(Pitching & Yawing System) 등의 제어장치로 구성되어 있다. 전기장치부는 발전기 및 기타 안정된 전력을 공급하는 전력안정화 장치로 구성되어 있고, 제어장치부는 풍력발전기가 무인 운전이 가능토록 설정 및 운전하는 제어시스템(Control System)과 원격지 제어 및 지상에서 시스템 상태 판별을 가능하게 하는 모니터링 시스템(Monitoring System)으로 구성되어 있다.

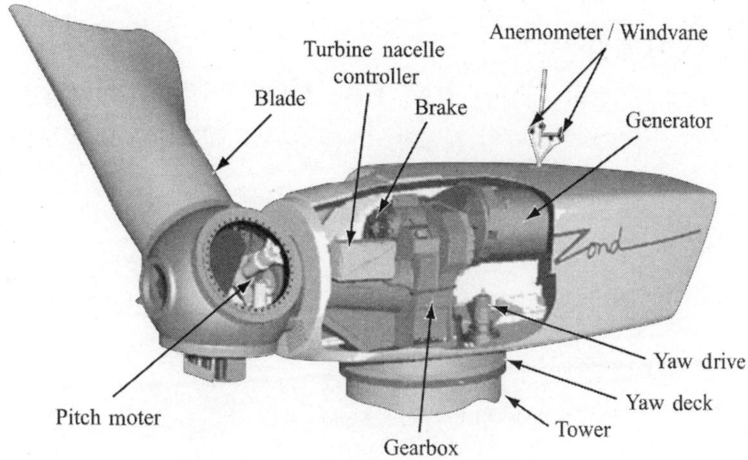

그림 6-61 풍력발전시스템(Geared Type)

1) 블레이드 베어링

구름 베어링의 일종으로, 슬리브 방식에 비해 높은 내구성이 장점이나 비교적 소음이 크다는 단점이 있다.

2) 브레이크

응급 시 로터를 멈추기 위해 기계식, 전기식 또는 유압식으로 적용할 수 있는 디스크 브레이크이다.

3) 저속축

회전자가 약 30~60 rpm에서 저속축을 회전시킨다.

4) 제어장치

제어장치는 시속 8~16마일(mph)의 풍속으로 기계를 시동하고 약 55 mph에서 기계를 차단한다. 터빈은 풍속에 의해 손상될 수 있기 때문에 약 55 mph 이상의 풍속에서 작동하지 않는다.

5) 기어박스

기어는 저속 샤프트를 고속 샤프트에 연결하고 회전 속도를 분당 약 30~60 회전(rpm)으로 증가시킴으로써 대다수의 발전기가 전기를 생산하는 데 필요한 회전 속도인 약 1000~1800 rpm으로 증가시킨다.

6) **블레이드**

바람의 운동에너지를 기계적 회전에너지로 변환시키는 장치로서 대부분에 터빈에 2~3개의 블레이드가 달려 있고 블레이드 위로 바람이 불면 블레이드가 회전을 한다.

7) **유압장치**

정지장치의 제동을 해제하기 위해 유압을 가하는 장치이다.

8) **발전기**

기계적 회전에너지를 전기에너지로 변환하는 장치이다.

(5) 지열에너지설비

지하에 존재하는 열을 활용하는 방식으로 1 km에서 5 km까지의 깊이 지하에 물을 주입하고 지하에서 가열된 물을 이용하여 발전하는 방식으로 연료비가 필요 없으며 24시간 언제나 발전이 가능한 방식이다. 현재는 화산지역을 보유한 국가에서 상용화되어 있다.

그림 6-62 지열발전소

지열에너지는 크게 폐열의 회수를 목적으로 하는 열교환기와 그 회수한 열을 고온의 상태로 건물로 공급하는 히트펌프로 구성되어 있다.

그림 6-63 지열에너지설비 장치구성

1) 열교환기

습도가 다른 2개의 유체를 고체벽을 사이에 두고 접촉하게 하여 양 유체 사이에서 열의 이동을 하게 하는 장치를 일반적으로 열교환기 또는 줄여서 열교라고 한다. 따라서 넓은 의미로는 가열기, 냉각기, 증발기, 응축기 등도 열교환기이지만, 보통 좁은 의미로는 폐열의 회수를 목적으로 하는 것이 많다. 예를 들면 온도가 높은 폐가스의 현열에 의해 유용 유체를 가열한다든지, 증발관의 응축수가 가지고 나오는 열량을 회수하여 공급 원액을 가열하여 전체의 열효율을 높이기 위해 사용되는 것 등을 말한다.

2) 히트펌프

냉매의 발열 또는 응축열을 이용해 저온의 열원을 고온으로 전달하거나 고온의 열원을 저온으로 전달하는 냉난방장치로, 구동 방식에 따라 전기식과 엔진식으로 구분되는데, 현재 대부분이 냉방과 난방을 겸용하는 구조로 되어 있다.

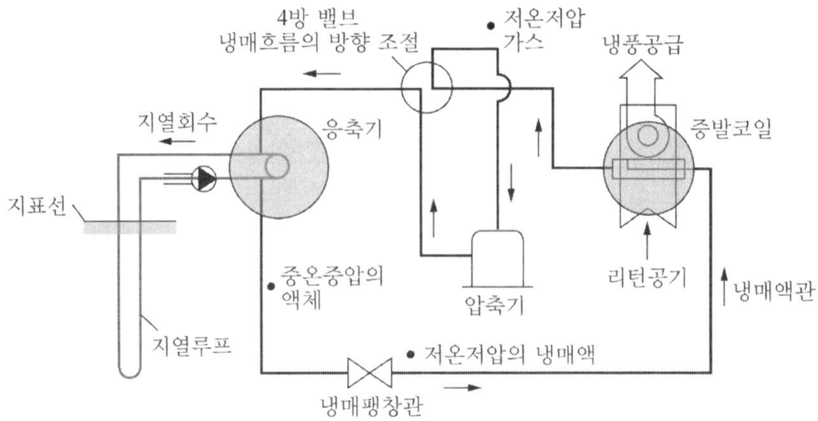

그림 6-64 히트펌프

(6) 해양에너지설비

조력발전은 조석간만의 차를 이용하여 발전하는 방식으로 밀물 및 썰물 때 발생하는 바다의 운동에너지를 전기에너지로 전환한다. 국내의 경우 서해와 같이 조석간만의 차가 큰 지역에서 활용이 가능한 방식으로 매일 발전이 가능한 것이 특징이다. 파력발전은 파도의 운동에너지를 이용하는 발전으로 파도의 운동에너지를 전기에너지로 바꾸는 방식이다.

그림 6-65 조력발전소

조력발전이나 파력발전 모두 단순하게 물의 이동경로에 터빈발전기가 설치되어 있고 이 터빈발전기가 물의 움직임에 따라서 회전하며 발전기가 작동하게 된다.

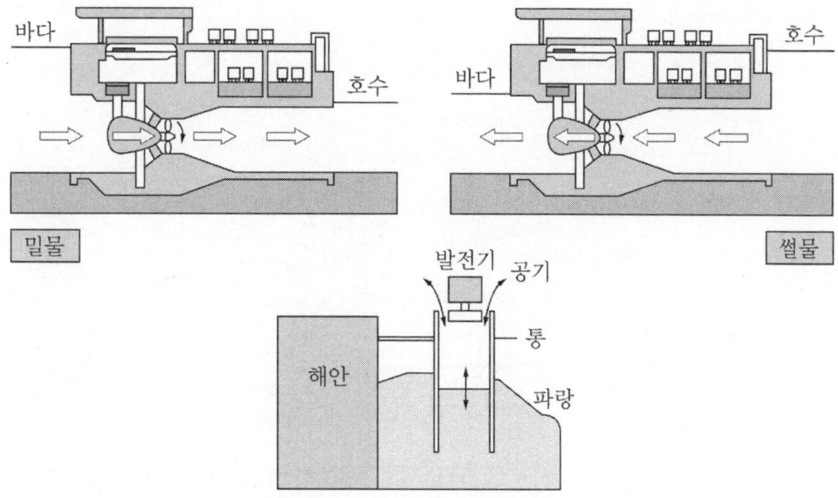

그림 6-66 조력발전 설비 구성

(7) 바이오에너지설비

바이오에너지란 바이오매스를 태워서 열과 빛을 얻거나 가스나 액체, 고체 연료 형태로 가공한 것을 말하고 바이오매스 발전소란 열분해한 식물이나 미생물을 에너지원으로 하여 전기를 생산하는 발전소를 말한다.

그림 6-67 바이오매스 발전소

바이오가스를 생산하는 설비는 구조가 화력발전설비와 비슷하게 되어 있고 석탄, 석유 대신에 바이오에너지를 사용한다.

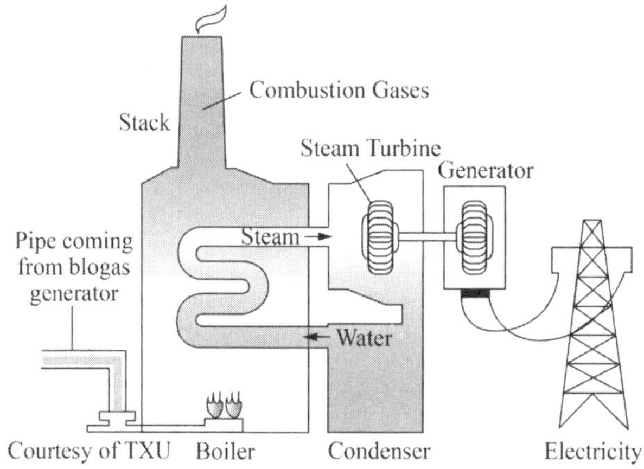

그림 6-68 바이오에너지설비 장치구성

(8) 폐기물에너지설비

생활폐기물, 산업폐기물 중 에너지 함량이 높은 가연성 폐기물을 가스화, 소각, 열분해 등의 변환 과정을 거쳐 고체, 액체 및 가스 연료, 폐열 등으로 생산하는 설비를 일컫는다.

그림 6-69 폐기물에너지 발전소

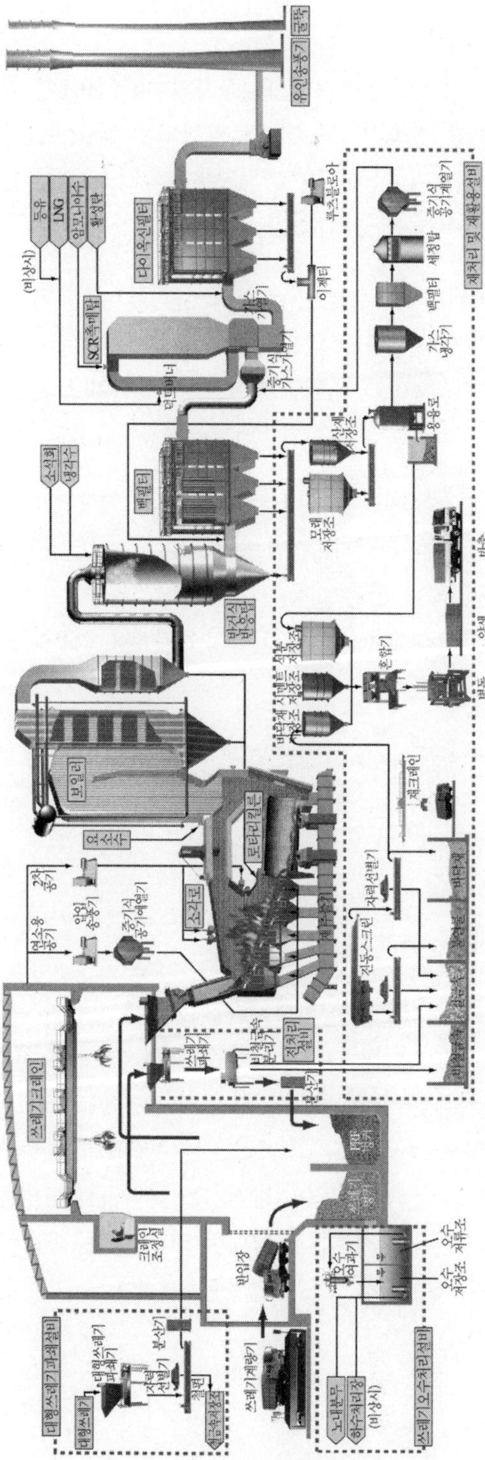

그림 6-70 폐기물에너지설비 구성

1) 열분해소각로

1차 열분해 연소실에서 필요 공기의 30~50%의 적은 연소 공기를 주입하여 잔류탄소를 연소시키고 이 때 발생되는 열을 이용하여 쓰레기를 건조, 건류, 열분해 시키며 이 때 발생된 열분해 가스를 2차 연소로에서 연소시킴으로써 그을음이나 악취 등이 없는 완전연소화가 가능한 친환경적 소각로 설비이다.

2) 폐열보일러

소각로에서 발생하는 고온의 연소가스가 수관을 통과하여 냉각되고 이 때 열교환하여 발생하는 스팀을 회수하는 설비이다.

3) 백 필터

가늘고 긴 자루형(직경 30~50 cm, 길이 2~10 m)의 천을 여과재로 하는 여과 집진장치를 말한다. 집진율은 99% 정도로 미세한(0.1 μm 정도) 입자도 포집할 수 있으나 천을 이용하기 때문에 고온의 가스 등은 사용이 제한된다. 목면 80℃, 합성섬유 100~130℃, 유리섬유 250℃ 정도이다.

4) 스크러버

액체를 이용해서 가스 속에 부유하는 고체 또는 액체 입자를 포집하는 장치로 액체로서는 보통 물을 사용하지만 가스나 입자의 성질에 의해서는 다른 액체도 사용된다.

(9) 연료전지

연료전지는 수소와 산소의 전기화학반응을 통해 전기와 열에너지를 생산하는 고효율·친환경 발전시스템이다. 말 그대로 수소연료를 사용하여 전기를 만들어내는 장치로서, 3차 전지라고도 부른다. 연료나 재질에 따라 PEMFC(Polymer Electrolyte Membrane Fuel Cell), SOFC(Solid Oxide Fuel Cell), MCFC(Molten Carbon Fuel Cell) 등의 다양한 종류가 존재한다. 연료를 태워서 발전기를 돌리는 것이 아니라 연료의 화학반응에서 직접 전기를 얻는다. 가장 기초적인 형태의 연료전지는 수소와 산소를 사용하는 것으로서, 수소와 산소가 반응하여 물이 만들어지는 반응을 사용한다.

그림 6-71 연료전지 발전소

연료전지의 본체는 셀 스택(Cell Stack)이라고 해서 내부에 연료극, 전해질, 공기극 등 셀들이 층층이 쌓여 있는 것인데 하나의 셀이 만들어내는 전기는 0.7 V 정도여서 큰 전기를 만들기 위해서는 셀을 많이 쌓아야 한다. 셀은 연료전지를 만드는 단위로 단전지라고도하며 플러스전극(공기극)과 마이너스전극(연료극)이 전해질을 사이에 끼고 있다.

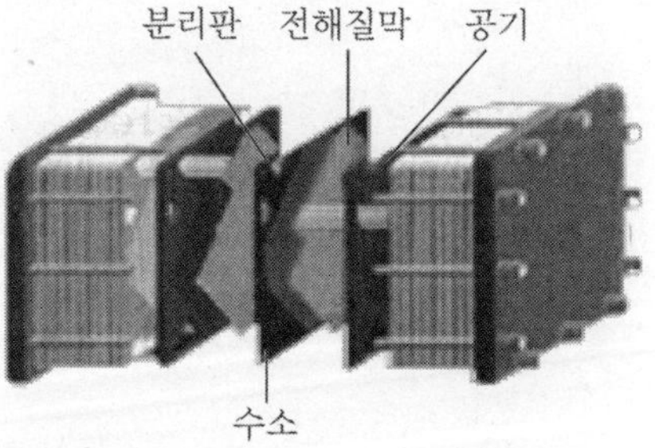

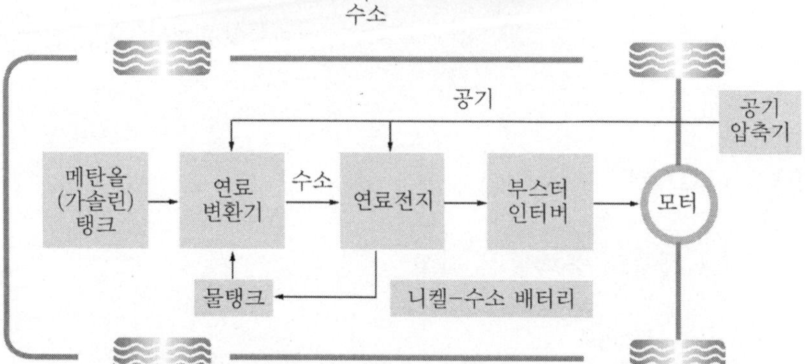

그림 6-72 자동차용 수소 연료전지 작동원리

공기극과 연료극은 기체를 통과시키는 구조를 하고 있고 반응에 필요한 산소와 수소가 그 속을 통과한다. 수소전극 중에 촉매의 작용으로 전자를 분리하여 수소이온이 되고 전해질은 이온만 통과시키지 못하는 성질을 가지고 있기 때문에 분리 된 전자만 나간다. 전해질 속을 이동한 수소이온은 반대편 전극으로 보내진 산소와 외부에서 전선을 통해 돌아와서 다시 전자와 반응해 물이 된다. 이 반응에 관여하는 전자가 외부 회로를 통과하면서 전류가 흐르고 전기가 발생하게 된다.

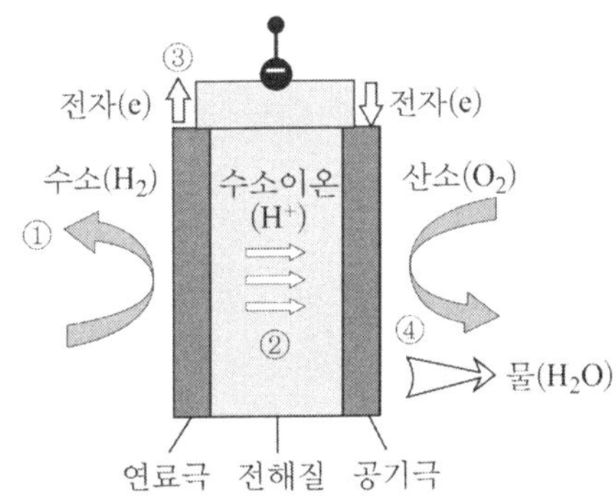

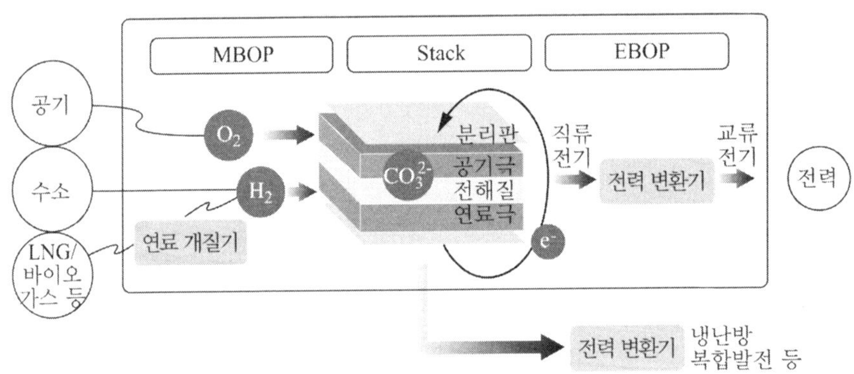

그림 6-73 연료전지 발전시스템

6.3 사고사례

(1) 제주도 풍력발전 사고

1) 사고개요

제주도 ㅇㅇ읍 ㅇㅇ리에 설치된 750 MW급 풍력발전기에 화재가 발생하고 기둥이 부러지는 사고가 발생하여 소방차 14대가 동원되어 진화작업을 하였다.

그림 6-74 풍력발전 사고 1

2) 사고원인

블레이드의 과회전 중 정지상태였던 기계브레이크의 과열이 원인이 되었다. 회전 속도 조절 위하여 블레이드의 각도를 제어하는 유압시스템이 강풍에 의하여 공력브레이크가 더 이상 기능을 수행하지 못하여 정지상태의 블레이드가 회전하게 되었다. 그리고 발생된 블레이드의 회전력을 보조장치인 기계브레이크가 감당하지 못해 패드의 마모 및 금속간의 마찰에 의한 불꽃의 점화 현상으로 인하여 발화되었다.

(2) 제주도 풍력발전 사고

1) 사고개요

2010년 10월 25일 3시경 제주도 풍력발전단지에 있는 15기의 풍력발전기 중 600 kW급 2호기에서 화재가 발생하였고 화재 진압 후에도 날개가 멈추지 않아 인근 지역 주민들을 대피시켰고 결국 6시간 만에 날개를 지탱하던 기둥이 붕괴되면서 인근 양식장에 피해를 입혔다.

그림 6-75 풍력발전 사고 2

2) 사고원인

사고가 발생했던 풍력발전기는 제주도 내에 설치된 51개의 발전기 중 가장 오래된 것으로 1997년에 설치해서 13년이나 된 낡은 발전기였다는 문제점이 있었고 여기에 멈춰있던 풍력발전기가 기계적 제동장치의 이상으로 인해 날개가 계속 움직인 것이 원인이 되었다.

7 공조냉동설비

7.1 개요

공기조화란 외기의 조건에 관계없이 실내 또는 특정 공간의 공기온도, 습도, 기류, 청정도 등의 조건을 그 사용 목적에 따라 최적의 상태로 조절하여 유지하는 것을 말한다. 따라서 공기조화를 위해서는 단순하게 공기의 온도만을 조절하여 냉난방을 하는 것뿐만 아니라, 습도 및 기류의 조절이나 청정화를 동시에 이루어야 한다. 온도의 조절은 공기를 냉각(냉방) 또는 가열(난방)함으로써 이루어지며 습도의 조절은 공기의 감습(제습) 또는 가습을 통하여 그리고 기류의 조절은 기류의 속도, 분포 및 기압을 조절함으로써 이루어진다. 또한 공기의 청정화는 공기 중 탄산가스(CO_2) 농도의 조절이나 먼지, 세균, 냄새 및 그 외의 유해가스를 제거하는 프로세스로 구성된다.

7.2 장치별 구조 및 원리

(1) 공기조화기

공기조화기는 필터, 코일, 송풍기 등으로 구성되어 있으며 필터부분에서 실내 공급 공기 중 먼지 또는 오염가스, 병원균 등을 제거하고 냉각, 가열 코일을 이용하여 온도를 조절할 수 있다. 또한 이렇게 냉각 혹은 가열된 공기가 송풍기를 통해 실내로 공급하게 된다.

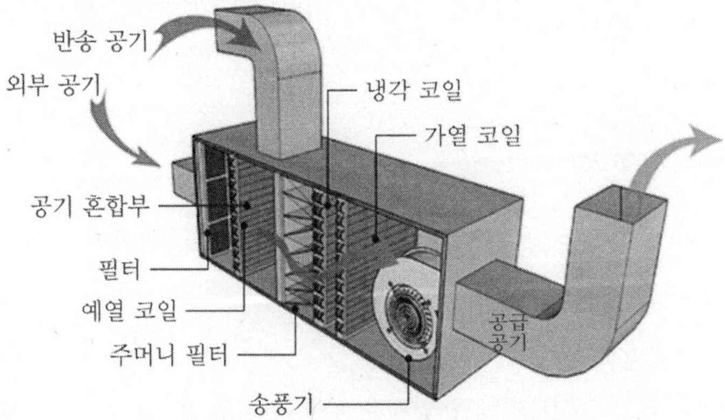

그림 6-76 공기조화조의 구조

(2) 냉동기

냉동기는 증발하기 쉬운 액체를 증발시켜 그 잠열을 이용하는 방법을 사용하는데 주요 부분으로는 압축기, 응축기, 팽창밸브, 증발기, 송풍기로 구성되며 냉동기 안에는 증발하기 쉬운 냉매가 봉입되어 있다.

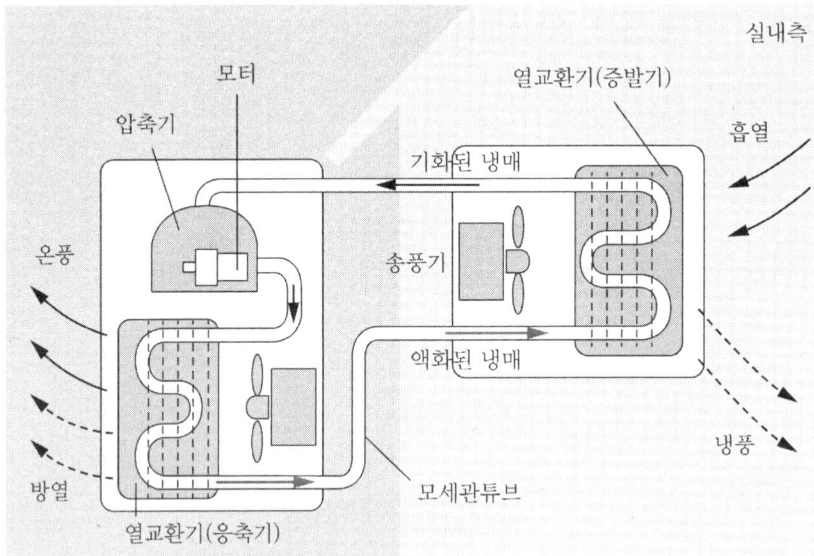

그림 6-77 냉동기의 구조

1) 압축기

증발기 내의 냉매 압력은 낮은 상태로 유지시키고 냉매의 온도가 0℃가 되더라도 계속 증발하려는 성질을 갖고 있으며 상온에서도 쉽게 액화할 수 있는 압력까지 냉매를 흡입하여 압축시킨다. 압축기는 증발기에서 저압 기체로 된 냉매를 고압으로 압축하여 응축기(Condenser)로 보내는 작용을 한다.

2) 응축기

냉매는 응축기 내에서 외기에 의해 기체로부터 액체로 변화한다. 압축기에서 나온 고온고압가스는 외기에 의해 식혀져 액화되어 리시버 드라이어로 보내진다. 이때 응축기를 통하여 외기에 의해 방출된 열을 응축열이라 한다. 응축기는 압축기에서 들어온 고온, 고압의 기체 냉

매를 대기로 열을 방출시켜 액체로 만드는 일종의 방열기이다. 높은 압력에도 견딜 수 있는 구조로 되어 있어야 하며 방출 열이 많을수록 좋다.

3) 팽창밸브

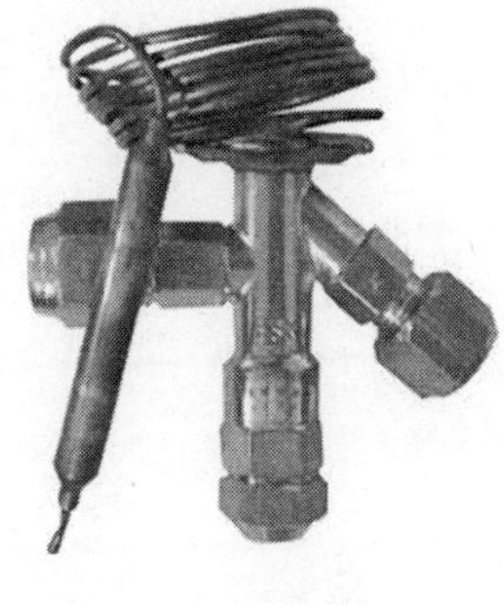

냉매액은 팽창밸브에 의해서 증발되기 쉬운 상태까지 압력이 내려간다. 액화된 냉매를 증발기에 보내기 전에 증발하기 쉬운 상태로 압력을 낮추는 작용을 팽창이라 한다. 이 작용을 하는 팽창밸브는 감압작용과 동시에 냉매액의 유량도 조절한다. 팽창밸브는 증발기 입구에 설치되며 응축기와 건조기를 거친 고압의 냉매를 증발기에 저압으로 공급하며 증발기 내에서 기체로 변화된다. 이때 기화열에 의해 증발기가 저온이 되는데 이 원리를 냉방장치에 사용하게 된다.

4) 증발기

냉매는 증발기 내부에서 액체로부터 기체로 변화한다. 이때, 냉매는 증발 잠열을 필요로 하므로 증발기의 냉각된 주위의 공기로부터 열을 흡수하게 된다. 이때 차실 내 공기를 팬(Fan)에 의해서 순환시켜 차실의 온도를 떨어뜨리게 된다. 저온으로 된 증발기 주위를 공기가 통과하면서 낮은 온도로 열 교환을 가져오게 되고 낮은 온도의 공기는 차실 내로 강제 압송되어 쾌적한 온도를 유지하게 된다.

5) 송풍기

온화된 증발기에 공기를 불어넣을 수 있는 역할을 하는 것으로 대기 중의 공기, 또는 실내의 공기를 팬을 회전시켜 증발기 주위로 통과시킨다. 이때 고온다습한 공기가 저온제습한 공기가 되어 실내로 유입됨으로서 쾌적한 환경을 유지한다.

(3) 냉각탑

냉동기의 응축용 냉각수를 재사용하기 위해 옥외 공기와 직접 접촉시켜 이 순환수를 냉각하기 위한 콤팩트한 케이싱에 수납된 열교환기를 말한다. 냉각탑의 기본원리는 증발잠열과 현열에 의한 열의 이동에 의한다. 즉, 물이 증발하면 주위에서 증발잠열을 빼앗아 주위를 냉각시키고 공기는 물의 온도차에 의한 현열로 냉각되는데 물의 체공시간을 최대한으로 늘리고 접촉면적을 최대화하며 풍량을 증대시킴으로써 물과 공기의 접촉을 최대로 하여 많은 증발이 일어날 수 있게 하는 것이 중요하다.

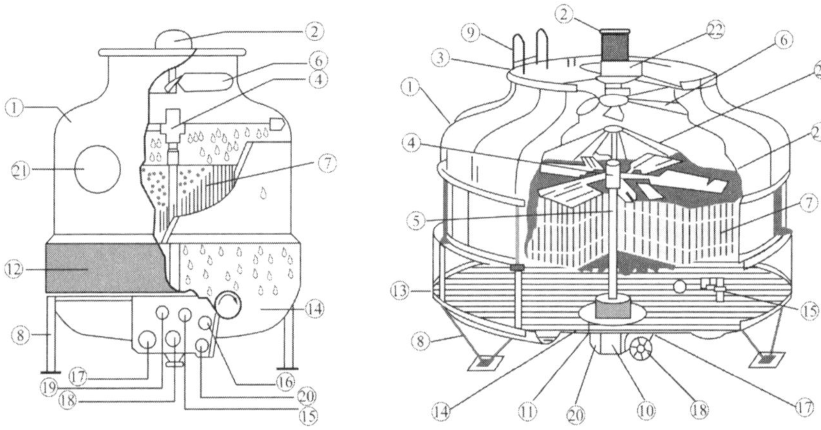

1. Casing
2. Fan-Moter
3. Moter 지지대
4. 살수기
5. 살수관
6. Fan
7. 충진재
8. 다리
9. 사다리
10. Suction Tank
11. Strainer
12. Louver(P.V.C망)
13. Casing
14. 하부구조
15. 자동급수관
16. 순환수출구
17. 순환수입구
18. 수동급수관
19. Drain
20. 점검창
21. 감속기
22. Eliminater
23. Turnbuckel
24. Stand Pipe

그림 6-78 냉각탑의 구조

1) 살수기

일반적으로 물을 뿌리는 장치로서 냉각탑의 상부에 설치되어 자동으로 물을 뿜는 역할을 한다.

그림 6-79 살수기

2) 볼탑

여러 가지 탱크의 급수전에 부착되어 자동급수에 사용되며 레버 선단에 볼모양의 플로트가 있고 수면의 상하 변동에 의한 볼의 변위에 따라 레버 근원부의 밸브를 개폐한다.

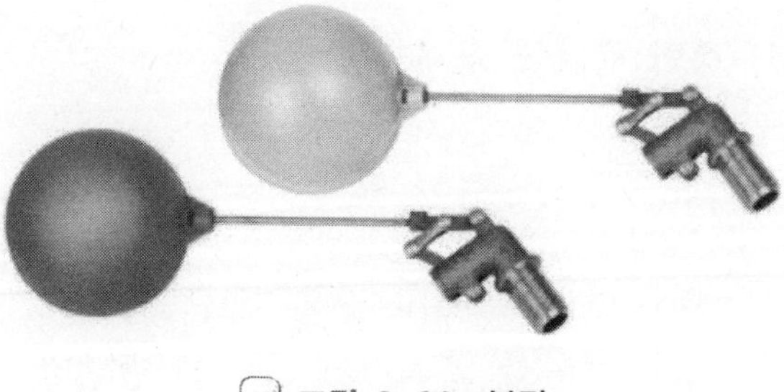

그림 6-80 볼탑

3) 루버

길고 가는 평판을 수평이나 수직 혹은 격자 모양으로 개구부의 앞면에 설치하여 직사광이나 비를 막고 통풍이나 환기를 목적으로 하며 공기 조화에서는 외기 흡입구·배기구 등에 이용되고 있다. 램프 아랫면에 부착하는 격자형 차광판으로 어느 범위 밖에서는 램프로부터의 직접 광을 차단하는 역할을 하며 고정식과 가동식이 있다.

그림 6-81 루버

4) 필파트(Fill part)

공기와 물의 열교환이 일어나는 냉각탑의 가장 중요한 부분으로 냉각탑의 효율과 직결되어 있으며 필(Fill)의 열성능에 따라 냉각탑의 크기와 소요 동력의 크기가 결정된다.

7.3 사고사례

(1) 평택 냉각탑 화재사고

1) 사고개요

○○시 ○○ 옥상에 작은 냉각탑의 철거 작업 중 냉각탑이 폭발하였으나 인명피해가 없고 약 10여분 만에 진화한 사고이다. 옥상에 두 명의 작업자가 냉각탑 철거 작업 중 냉각탑에서 흘러나온 가스와 그라인더가 만들어낸 비산불티가 직접적 점화원으로 작용하여 폭발사고가 발생하였다.

그림 6-82 평택 냉각탑 화재사고

2) 사고원인

그라인더에서 발생하는 비산불티에 대한 방호장치나 작업시작 전 냉매기의 가스를 전부 빼내지 않은 것이 주된 사고 원인으로 파악되었다.

(2) 인천 냉각탑 화재

1) 사고개요

○○ 요양병원에서 약 30여명의 환자와 의료진들이 있었던 상황에서 옥상에 설치된 냉각탑 교체 작업 중 화재사고가 발생되었으며 인명피해는 없었고 10여분만에 불길이 진압되었다.

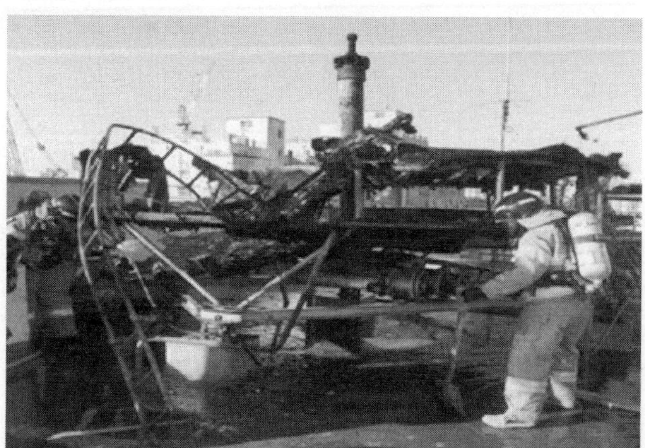

그림 6-83 인천 냉각탑 화재사고

2) **사고원인**

요양병원 옥상 냉각탑 철거를 위해 산소 절단작업을 하던 중 내부 필터에 불이 옮겨 붙어 사고가 발생한 것으로 파악되었다.

(3) 화성 에어컨 실외기 폭발사고

1) **사고개요**

(주)○○○○○ 소속 근로자 3명이 경기도 화성시 소재 (주)○○에 설치된 에어컨(실외기)을 수리·점검하기 위하여 실외기 보강용접작업을 진행 중 실외기내의 고압가스가 용접 불티에 의해 폭발하면서 1명이 사망하고 2명이 부상당하였다. 재해자 1명이 용접 토치를 가지고 실외기 보관장소 내로 진입하였고 폭발 분위기가 조성된 실외기내에서 용접 토치 불티로 추정되는 점화원에 의하여 갑자기 "펑"하는 소리와 함께 실외기가 폭발하였다.

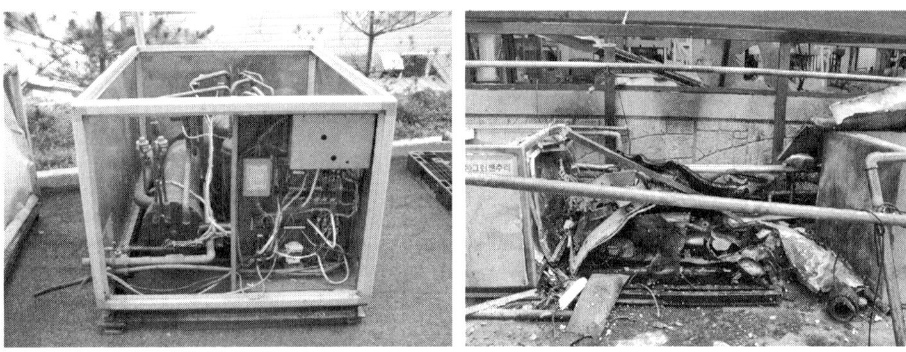

그림 6-84 화성 실외기 폭발사고

2) **사고원인**

실외기내의 냉매 배관·용기 등의 가스누출로 폭발분위기가 조성된 상태에서 점화원으로 판단되는 용접 토치 불티에 의하여 폭발이 발생한 것으로 파악되었다.

8 자동차

8.1 개요

자동차 1대가 만들어지기 위해서는 15,000여 개의 부품의 조립으로 만들어진다. 이에 따라 차량화재의 발생 빈도나 전체 화재에 대한 점유율이 계속적으로 증가되는 상태로서, 차량화재의 원인 감정에 대한 기술적, 사회적인 요구는 날로 증가하고 있다. 차량화재는 재산적 가치가 크지 않은 차량 자체의 화재에 국한되는 것이 아니라 방화 등 범죄행위나 가옥으로 확대피해, 주차시설의 재해, 화재로 인한 사망에 이르기까지 그 피해의 정도가 확대될 수 있으므로 보다 철저한 화인 규명이 요구되고 있는 실정이다.

차량화재의 분류는 (1) 사용 연료에 따라 휘발유 차량, 경유 차량, LPG 차량, (2) 차량 종류에 따라 승용차, 화물차, 승합차, 버스, (3) 연소 부분에 따라 엔진룸 내부, 실내, 외부, (4) 차량 계통에 따라 기계계통, 전기계통, 연료계통, 배기계통, (5) 발화 유형에 따라 방화, 실화, 결함에 의한 화재로 나눌 수 있다.

차량화재는 아래와 같은 특수성이 있는 바, 발화원의 조사에 있어서 이를 전제로 하여 일반화재와 구별할 필요가 있다.

(1) 차량 기구의 복잡성
(2) 화재 하중이 높고, 연료 지배형 화재
(3) 차량은 운행 중 상시 진동을 발생하며, 대전력 기기의 사용이 빈번
(4) 절도 은폐 및 자살의 도구 등 방화 대상

그림 6-85 차량화재

8.2 장치 및 기능

(1) 엔진

엔진룸은 보통 차량의 앞에 위치하며 연료탱크로부터 연료를 공급받아 동력을 생성시킴으로서 구동력을 만들뿐만 아니라 전기를 생산하여 저장 사용한다. 엔진이 지속적으로 작동하기 위해서는 연료, 점화, 윤활, 냉각장치가 필수적이다.

그림 6-86 차량 엔진

1) 연료장치

연료장치는 엔진 내에서 연소될 혼합기를 만들기 위해 가솔린, 가스 등을 공기와 섞는다. 이를 위해 대부분 엔진은 전자 연료분사장치(EFI : Electronic Fuel Injection)를 장착한다. 전자제어모듈(ECM) 또는 컴퓨터가 한 개 또는 여러 개의 연료 분사기를 동시에 제어함으로써 엔진에 연료가 필요할 때 ECM으로부터 신호가 인젝터를 열게 함으로써 연소를 위한 연료·공기 혼합기를 만든다. 연료계통의 구체적 단계를 살펴보면, 전자제어 연료분사장치의 연료 공급은 흡입필터를 통해 연료 펌프에서 압송되면 파이프, 고압 필터, 딜리버리(Delivery) 파이프를 거쳐 각 인젝터에 분배된다. 인젝터에 걸리는 연료의 압력은 압력조절기에 의해 이루어지고 이때의 압력은 흡기다기관내의 압력보다 항상 3.35 kg/cm^2 더 높은 압력이 일정하게 유지되도록 되어 있으며 규정 압력 이상 여분의 연료는 리턴 파이프를 통하여 연료탱크로 되돌아간다.

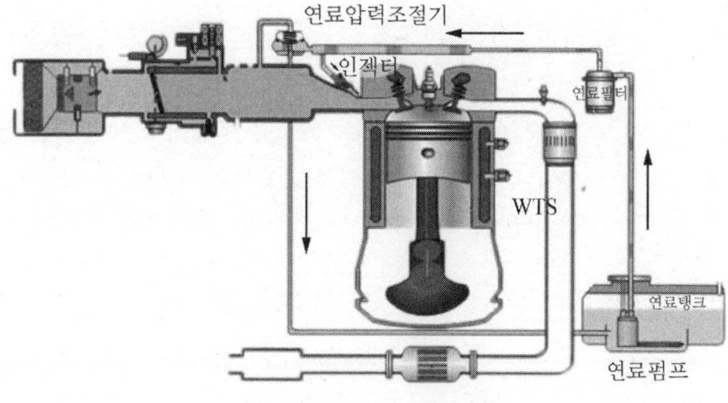

그림 6-87 연료장치

2) 점화장치

엔진의 실린더에 연료·공기의 혼합기가 들어온 후 피스톤은 실린더의 위쪽으로 움직인다. 이것은 실린더 내의 혼합기를 압축하고 이어 점화플러그에서 전기 불꽃이 튀어 혼합기를 점화시킨다. 이때 발생하는 연소는 자동차를 움직이는데 필요한 동력을 만들어낸다.

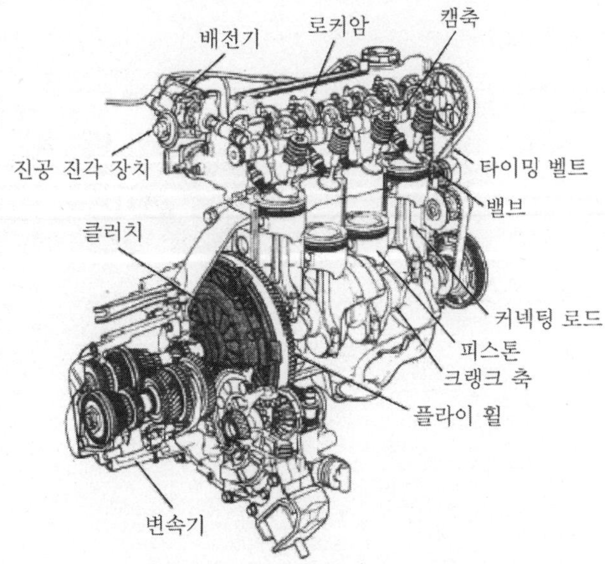

그림 6-88 직렬 4기통 엔진

3) 윤활장치

엔진의 각 부품들의 마찰을 줄여 마모현상을 방지하는 윤활장치는 엔진 내부의 각 미끄럼 운동부에 오일을 공급하여 마찰열로 인한 베어링의 고착 현상 등을 방지하기 위해 미끄럼 운동면 사이에 유막을 형성하여 마찰력이 매우 큰 고체마찰을 마찰력이 작은 액체마찰로 바꾸어 주는 작용을 한다. 여기에서 사용되는 오일을 엔진오일 또는 윤활유라고 부르며 유막을 유지하기 위해 지속적으로 오일을 공급해주는 장치를 윤활장치라고 한다. 엔진 하부의 오일팬에서는 3～4리터의 윤활유가 있으며 엔진은 오일팬에서 윤활유로 퍼 올려 엔진의 각 부에 보내는 오일펌프를 구동한다. 오일의 순환 경로는 오일을 여과하는 오일 필터의 설치에 따라 전류식, 분류식 그리고 이 두 방식을 결합한 복합식이 있다. 가솔린 엔진에서는 보통 전류식을 많이 쓰고 디젤 엔진에서는 복합식을 많이 쓰고 있다. 윤활유의 인화점은 특정한 시험조건 하에서 시험용 화염을 가까이 했을 때, 윤활유 표면에서 나오는 증기에 인화되는 온도로서 점도가 같은 기름이면 인화점이 높은 것이 양질이다. 동/식물성 유가 광물성 유보다 인화점이 높은데 보통 200℃ 이상이다. 인화점이 높은 것은 좋으나 필요 이상 높으면 다른 성능이 떨어진다.

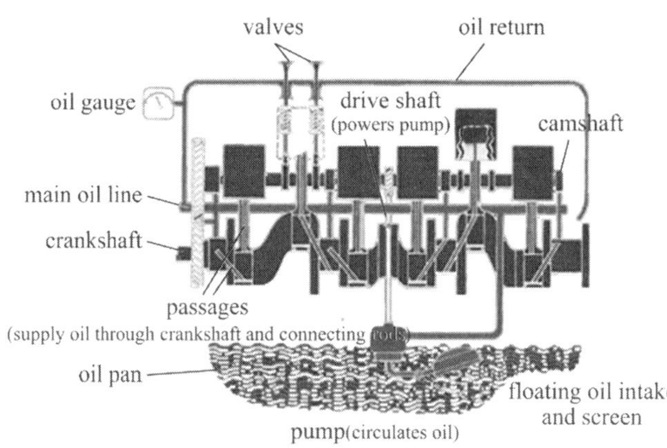

그림 6-89 윤활장치

4) 냉각장치

엔진의 실린더 내에서 연소가 진행됨으로서 열을 발생시키는데 열의 일부가 제거되지 않는다면 금속제의 엔진 부품은 녹아 버릴 것이다. 열의 일부는 피스톤을 아래로 내리는데 사용하는 유용한 열이고 나머지는 고온의 연소가스와 함께 실린더 밖으로 배출되거나 냉각장치에 의해 제거되는 버려지는 열이다. 냉각장치는 엔진을 냉각하여 과열을 방지하고 또 적당한 온도를 유지하는 장치이다. 실린더 안의 연소가스 온도는 2000~2500℃에 이르며, 이 열의 상당한 양이 실린더 벽, 실린더 헤드, 피스톤 밸브 등에 전도된다. 이러한 부분의 온도가 너무 높아지면 부품의 강도가 저하되어 고장이 생기거나 수명이 단축되고 연소상태도 나빠져 노킹이나 조기점화 등으로 엔진의 출력이 저하된다. 또한 너무 냉각되면 냉각으로 손실되는 열량이 크기 때문에 엔진 효율이 낮아지고 연료 소비량이 증가하는 등의 문제가 생기므로 엔진의 온도를 약 80~90℃로 유지시키는 것이 냉각장치의 기능이다. 워터펌프는 엔진과 라디에이터 사이에서 냉각수를 순환시키는 역할을 하며 외부의 공기는 라디에이터로부터 열을 흡수하여 뜨거워진 냉각수를 식힌다. 그 과정에서 팬은 공기가 라디에이터를 통해 움직이는 것을 돕고 서모스탯은 냉각수가 적절히 온도를 유지하도록 하는 기능을 한다.

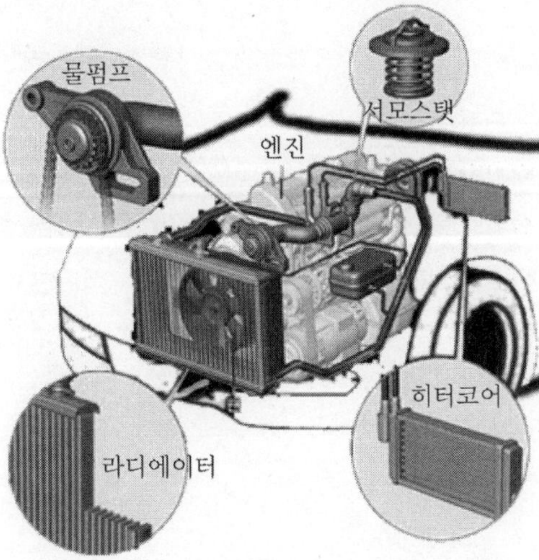

그림 6-90 냉각장치

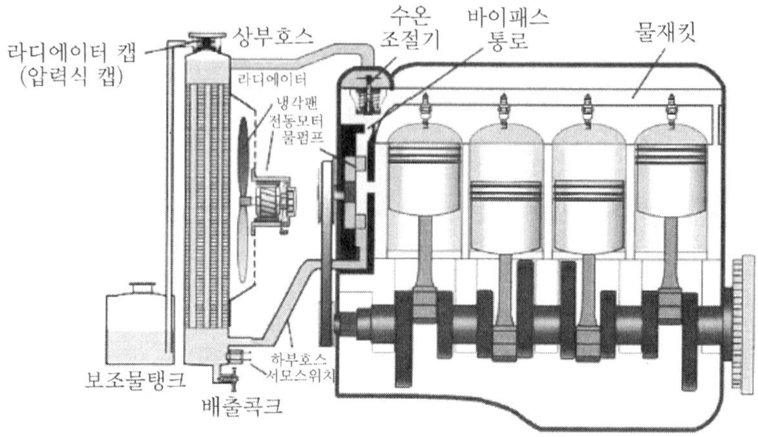

그림 6-91 냉각장치 개요도

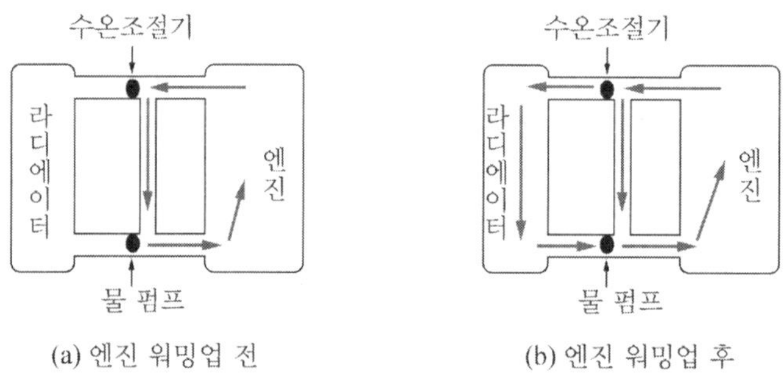

그림 6-92 냉각수 순환도

5) 배기장치

엔진을 작동시키기 위해서 실린더 안에 혼합기를 흡입하기 위한 공기청정기, 인젝트 및 흡기 매니폴드(다기관) 등이 있고 혼합기가 연소한 후 그 연소가스를 외부로 배출하기 위한 배기 매니폴드, 배기 파이프, 3원 촉매 및 소음기로 구성되어 있다.

(2) 동력전달장치

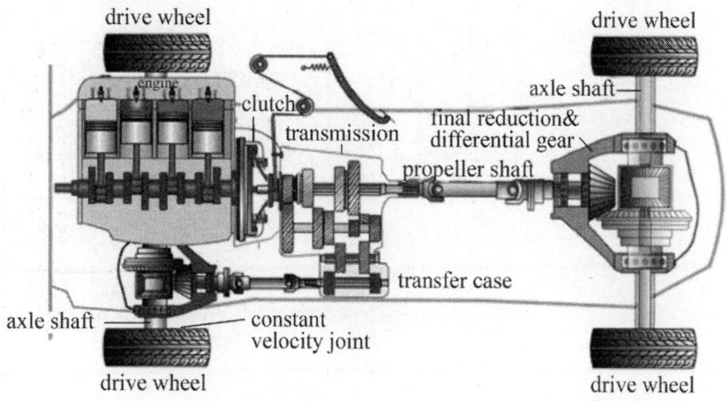

그림 6-93 동력전달장치

1) 클러치

수동식 변속기 또는 수동트랜스액슬을 장착한 자동차에는 클러치가 있는데 엔진의 플라이휠에 설치되어 엔진과 변속기 사이에서 출발 시나 변속 시 등 필요에 따라 동력을 단속한다.

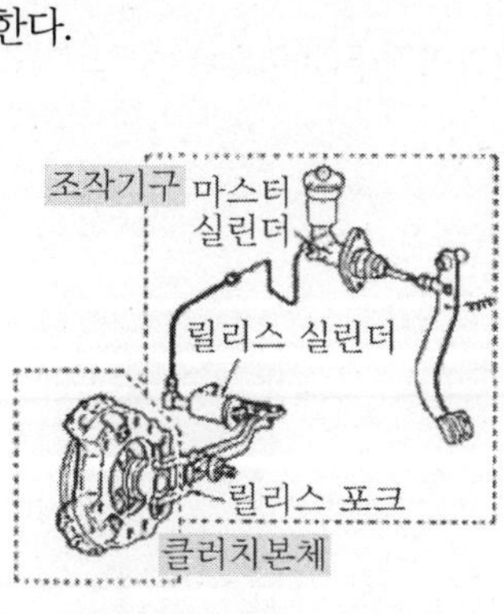

그림 6-94 클러치

2) 변속기

변속기는 FR(Front Engine Rear Drive)자동차와 FF(Front Engine Front Drive)자동차에 적용되는 변속기로 크게 나눌 수 있으며 주행상태(발진, 등판, 평탄로 주행 등)에 알맞도록 기어의 물림을 변경시켜 전진과 후진을 하기 위한 장치이다.

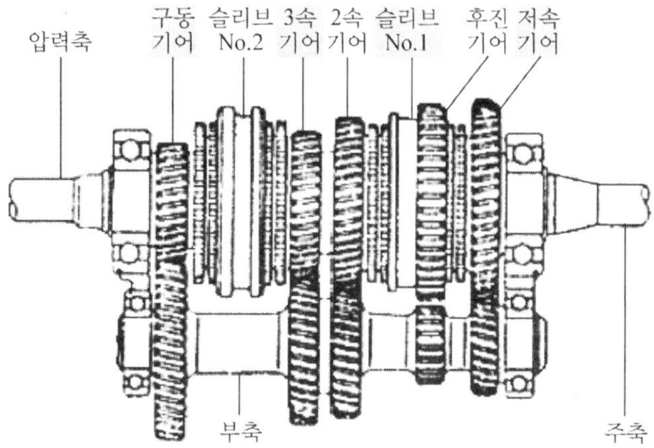

그림 6-95 변속기

(3) 운전제어장치

1) 현가장치

자동차의 현가장치는 바퀴와 차체 사이의 스프링, 쇽 업소버(Shock Absorber), 스태빌라이저(Stabilizer) 등으로 구성되어 있다.

① 스프링

스프링은 바퀴가 도로의 요철 부분을 지날 때 위아래로 움직일 수 있도록 한다. 이때 스프링은 운동의 대부분을 흡수하게 되며 따라서 소량의 상하 운동만이 차체에 전달된다.

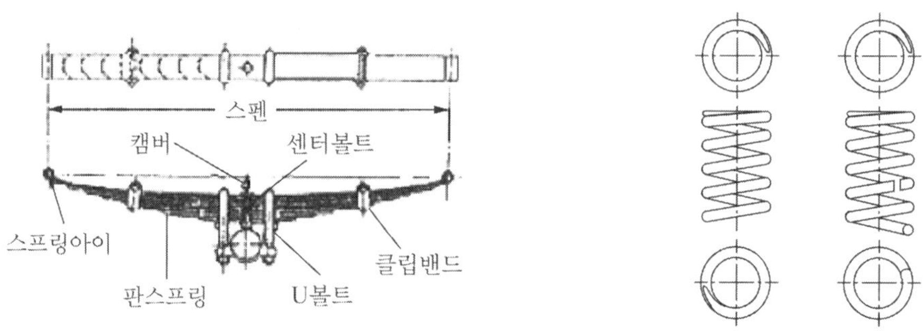

그림 6-96 판스프링과 코일스프링

② 쇽 업소버

쇽 업소버(Shock Absorber)는 자동차 주행 시 스프링이 받는 충격에 의해 발생하는 고유진동을 흡수하여 자동차의 안정성과 승차감을 향상시킨다. 각 바퀴의 쇽 업소버는 스프링의 거동과 바퀴의 반발을 제한하는데 유용하다.

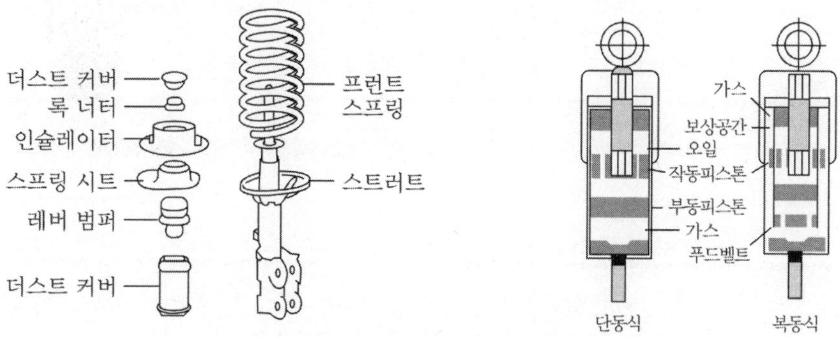

그림 6-97 쇽 업소버의 구성품 및 원리

③ 스태빌라이저(Stabilizer)

승차감을 좋게 하기 위해 스프링 상수가 작은 스프링을 사용하며 자동차가 선회할 롤링(Rolling)을 방지하고 차체의 평형을 유지하기 위해 토션바(Torsion Bar)와 결합하여 사용하고 있다.

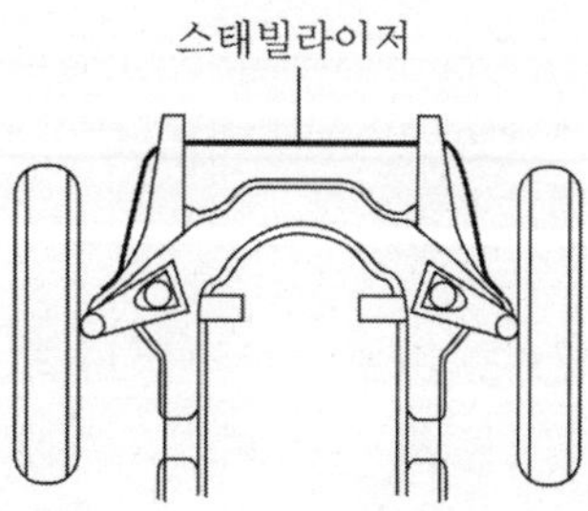

그림 6-98 스태빌라이저의 위치

④ 앞 현가장치

앞 현가장치는 프레임과 차축 사이를 연결하며 차의 중량을 지지하고 바퀴의 진동을 흡수하면서 조향기구의 일부가 장착되어 있다.

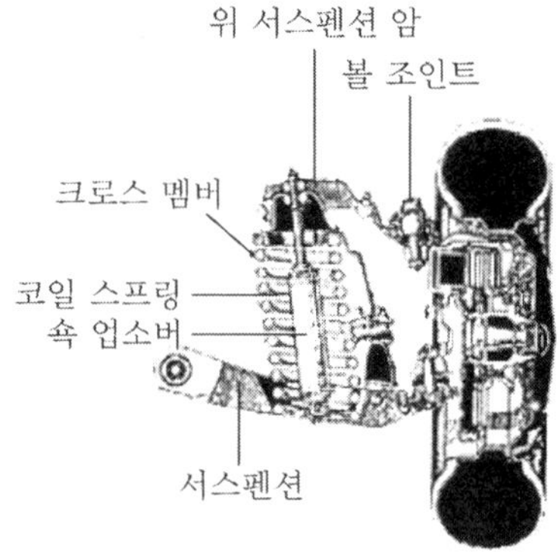

그림 6-99 현가장치

2) 조향장치

조향장치는 운전자가 앞바퀴를 좌우로 돌려 차량의 주행 방향을 바꿀 수 있도록 하는 장치이다. 조향은 운전자가 스티어링휠을 돌리면 축과 기어가 앞바퀴에 연결된 링크장치를 작동하여 바퀴를 오른쪽 또는 왼쪽으로 회전시키고 차량은 그 방향으로 향하게 된다. 조향장치에는 기어, 리크, 앞차륜 정렬 등이 있다.

3) 제동장치(브레이크)

① 드럼식 브레이크

드럼식 브레이크는 휠 실린더, 브레이크 슈, 백 플레이트 및 브레이크 드럼 등으로 구성되고 드럼을 외부 밴드로 조이는 외부 수축식과 브레이크 슈가 드럼을 미는 내부 확장식이 있다.

② 디스크 브레이크

최근에는 자동차가 고속화됨에 따라 드럼식보다 방열과 열변형에 의한 제동력 저하가 적은 디스크 브레이크가 많이 사용되고 있으며 특히 앞쪽 브레이크는 대부분 디스크 브레이크를 사용하고 있다. 디스크 브레이크는 바퀴와 함께 회전하는 브레이크 디스크의 양쪽에 설치된 패드가 디스크를 강제로 저지함으로써 제동 작용이 일어난다.

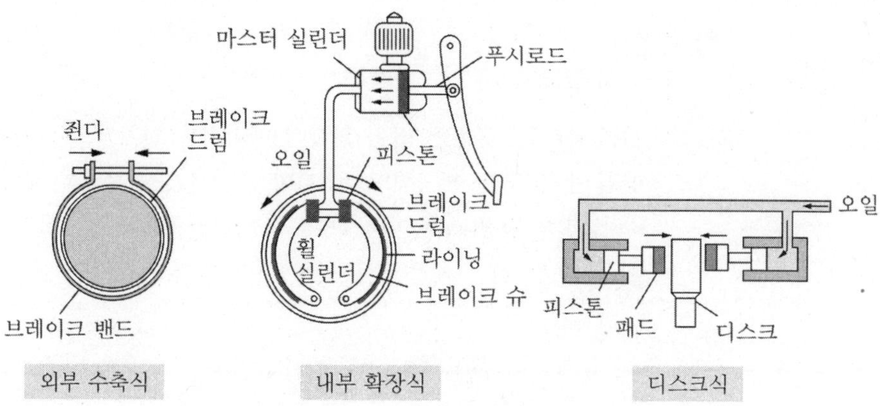

그림 6-100 구조에 따른 브레이크 종류

(4) 전기장치

1) 배선

자동차의 전기장치는 축전지와 발전기를 중심으로 배선을 통해 각 시스템으로 연결되는 구조이다. 배선의 구조는 대부분 도체와 절연물로 구성되며 용도에 따라 전력용, 신호용 배선으로 크게 나눌 수 있다.

① 전력(Power)용

대부분 동(Copper)을 주성분으로 한 도체와 PVC(Poly Vinyl Chloride)를 주성분으로 한 절연체를 주로 사용하며 사용 부위별로 난연 및 내열성을 추가하는 배선이 주로 사용된다.

② 신호용

구조는 전력용과 유사하나 차폐(Shield)되는 구조를 더 갖는 것이 일반적이며 차내의 전자파 및 기타 전기 노이즈(Noise)를 차단하는 기능을 더한 것이다.

③ 허용전류

차량의 배선에는 허용전류가 있어서 부하에 따라 적정한 배선을 사용한다. 허용전류는 도체의 사이즈(단면적)에 따라 기본적으로 차이가 있으며 허용전류에 영향을 미치는 요인들 중 가장 많은 영향을 미치는 것은 절연재의 성질과 관련된 주위온도와 배선의 단면적과 관련되는 소선수이다.

2) 축전지

① 축전기의 구조

납(연)과 황산물질이 갖는 화학적 에너지를 전기적 에너지로 변환시켜 이용할 수 있도록 한 장치로서, 화학적 에너지를 전기적 에너지로 변환시키는 상태를 방전(妨電)이라 하며, 또 전기적 에너지를 화학적 에너지로 변환시켜 축적하는 것을 충전(充塡)이라 한다.

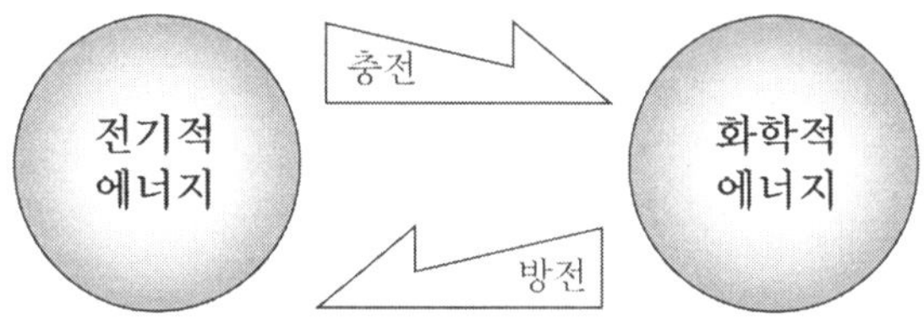

그림 6-101 축전지의 에너지 변환

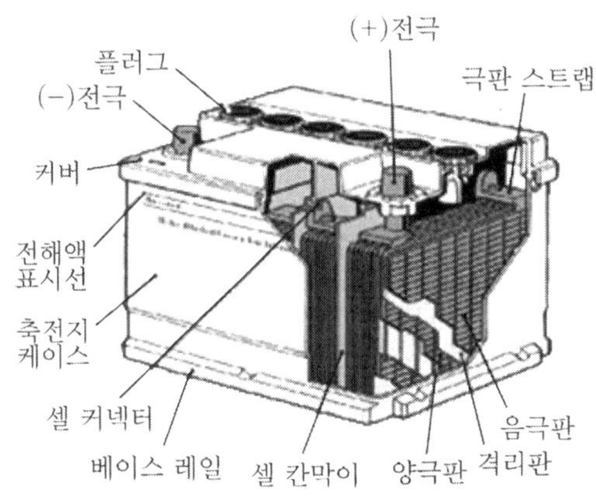

그림 6-102 축전지의 구조

납축전지는 양극에 과산화납(PbO_2)을, 음극에 납(Pb)을 사용하고 전해액으로는 비중 약 1.2의 묽은 황산을 사용한다. 극판 면적의 증가를 위하여 많은 양극과 음극의 극판이 병렬로 연결되어 있으며, 또 각 극판 사이에는 절연물(絕緣物)로 만든 격리판이 들어 있다. 충전된 상태에서는 양극은 이산화납, 음극은 납이지만 방전을 계속하면 양극과 음극은 다 같이 황산납으로 되며 동시에 물이 생기게 되므로 전해액의 비중이 저하한다.

(5) 시동모터

전류의 자기 작용에 의하여 생기는 전자력을 이용한 것으로 N극과 S극 사이에 도선을 놓고 전류를 흐르게 하면 전류의 자기 작용에 의해 도선은 전자력을 받게 된다. 즉 시동모터의 브러시와 정류자를 통하여 도선에 전류를 흐르게 하면 자력선이 생겨서 코일이 회전하게 되어 전기적인 에너지가 기계적인 에너지로 바뀌게 된다.

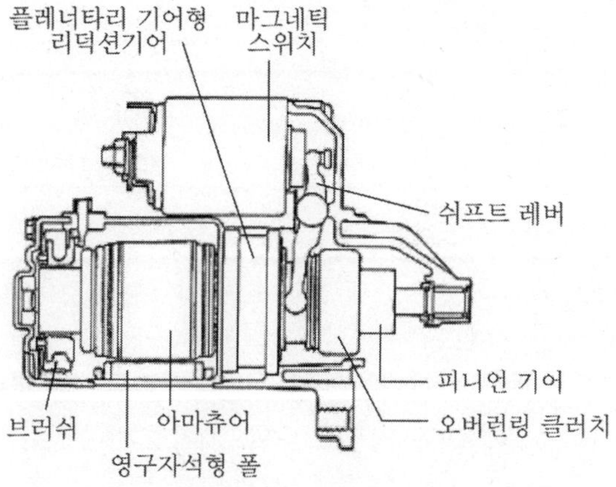

그림 6-103 시동모터의 구조

(6) 점화장치

가솔린이나 LPG 등의 연료를 사용하는 엔진에서 압축된 혼합기를 폭발적으로 연소시키기 위하여 점화 플러그로 점화하는 장치로서 시스템 전체를 점화계통이라고 부른다. 점화장치의 전류 흐름 순서는 점화스위치 - 배터리 - 시동모터 - 점화코일 - 배전기 - 고압케이블 - 스파크 플러그 순으로 흐른다.

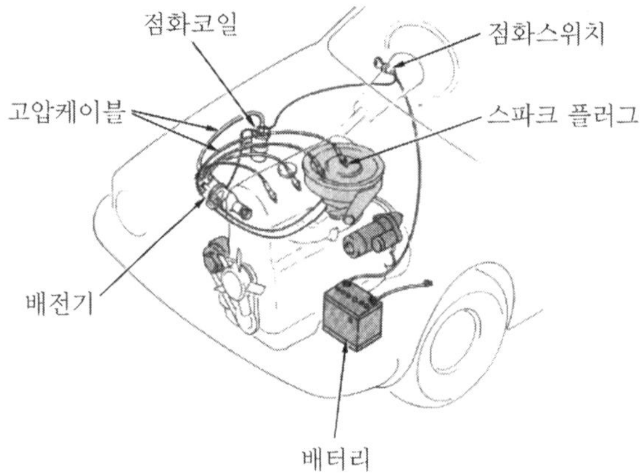

그림 6-104 점화장치의 구조

(7) 발전기

발전기는 스테이터 안에 로터가 회전함으로서 3상 교류 전류가 발생한다. 이 교류 전류를 다이오드에 의해 직류로 변환, 배터리에 충전하게 된다.

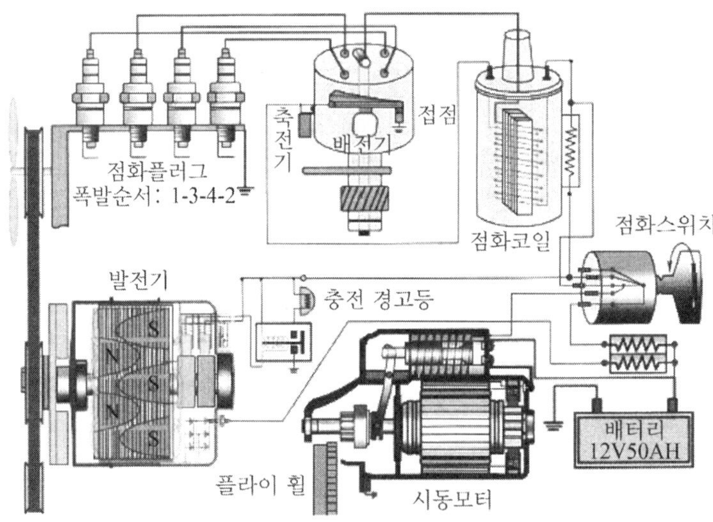

그림 6-105 발전기 계통도

8.3 증거물 검사 및 촬영

(1) 사고 현장 조사

차량 화재가 발생하기 이전의 상황에 대하여 면밀히 조사하고 현장 조사가 불가한 경우에는 현장 조사 자료를 참고하여 다음 사항을 면밀히 검토한다.

1) 화재 이전 차량의 상태

① 차량의 주행 및 주차 여부

② 화재 이전 차량에서 발생한 소음이나 굉음의 검토

③ 주변 잔해에서 발화와 관련지을 만한 특이 연소 잔해나 기구의 검사

그림 6-106 버스 화재 현장

2) 화재 이전 차량의 운전자 상태

① 차량 운전석 주변의 변사자 존재

② 화재 직후 운전석에서 운전자의 탈출 여부

(2) 수거 증거물 검사

일반적인 차량 화재조사 방법은 외형적인 파손 및 변형 특이점 검사인데, 다음 사항을 면밀히 조사하고 특이 부분을 계측하며 조사자의 의도가 충분히 반영될 수 있도록 사진을 촬영하여야 한다.

1) 차량 자체의 검사

① 차량의 종류 및 번호를 확인 후, 촬영한다.

② 차량 및 주변의 연소형상을 관찰한 후, 연소 중심 부분을 촬영한다.
③ 차량 문짝의 개방 상태를 확인하고 촬영한다.
④ 차량 주변에 소락된 연소 잔해를 검사한 후, 촬영한다.

그림 6-107 차량 화재 내부

2) 운전석 내부의 검사

① 차량 내부의 연소형상을 관찰한 후, 연소 방향이 나타날 수 있도록 촬영한다.
② 키(ON 상태) 및 기어(중립의 상태)의 위치를 확인한 후, 촬영한다.
③ 주차 브레이크의 위치를 확인한 후, 촬영한다.
④ 변사자나 운전자가 존재하였을 경우, 변사자의 위치나 탈출 및 구조 위치를 검토한 후, 촬영한다.

그림 6-108 차량 화재 외부

3) 엔진 및 동력계통의 검사

① 엔진을 분해한 후, 실린더 내측, 피스톤 헤드 및 실린더 헤드 부분을 촬영한다.

② 실린더 내측에 부착된 윤활유의 연소상태, 실린더 내측의 마찰 및 그을음 부착 상태를 확인한 후, 촬영한다.

③ 피스톤 헤드의 변형 상태, 피스톤 링의 마찰 상태를 확인한 후, 촬영한다.

④ 점화플러그의 이상 유무를 확인한 후, 촬영한다.

그림 6-109 차량 엔진룸

그림 6-110 차량 엔진 피스톤

4) 배기계통의 검사

① 배기관 굴곡 부근에 설치된 구조물의 연소 및 열변형 형태를 관찰한 후, 촬영한다.

② 머플러, 레조네이터 및 촉매 컨버터 부근의 연소 및 열변형 형태를 촬영한다.

③ 촉매 컨버터를 넓이 방향으로 절단한 후, 내부의 그을음, 열변형 및 열적 파손 형태를 촬영한다.

그림 6-111 버스 화재 하부

5) 전기계통의 검사

① 연소 중심부에 인접한 배선을 검사하여, 전기적인 특이점의 유무를 관찰한 후, 촬영한다.

② 엔진룸 내부의 퓨즈 박스 및 실내 퓨즈 박스를 분해하여 용단된 퓨즈의 용도 및 개수를 파악하고 동 퓨즈가 지배하는 배선이나 부하기기의 위치를 파악하여 발화 관련 여부에 대하여 검토한다.

③ 전기적인 특이점 외에 발화와 관련지을 만한 특이점이 식별되지 않는 경우, 전기적인 특이점의 형성 원인 및 발화 과정을 검토한다.

그림 6-112 차량 전선 화재

6) 브레이크 계통의 검사

① 차량의 연소형상이 차륜을 중심으로 연소된 경우, 방화 가능성 및 브레이크 결함에 의한 발화 가능성이 있으므로 브레이크를 분해하여 검사한다.

② 주차 브레이크 레버 및 브레이크 페달의 상태 및 주변 구조물에 의한 영향 가능성을 고려하여 사진을 촬영한다.

③ 브레이크 드럼 및 디스크의 열변형 흔적, 브레이크 패드의 마손흔적, 브레이크 슈의 미복귀 흔적 등은 브레이크 드럼이나 디스크를 과열시켜 발화된 흔적으로 볼 수 있음으로, 동 특이 흔적을 조사하여 촬영한다.

7) 차량 방화에 대한 검사

아래와 같은 특이 연소흔적이 식별되는 경우 방화일 가능성이 매우 높으므로 차량 주변의 연소잔해, CCTV 자료 및 현장 조사 자료를 참조하여 조사자의 의도가 반영될 수 있도록 촬영한다.

① 다수 차량의 독립적이고 연속적인 연소형상
② 차량 수 개소에서 독립 연소형상
③ 절도를 은폐하려 시도한 파손이나 특이 잔해
④ 인화성 물질의 취향이나 가스용기 등의 잔해
⑤ 질식 소화된 연소형상 등

Chapter 7

주요장치분석

1 압력조정기

1.1 개요

압력조정기는 공급가스의 압력을 가스기구의 사용에 적정하도록 조정하는 기구이다. LPG 압력조정기의 경우 용기의 압력(0.7～15.6 kg/cm^2)을 연소기에 알맞은 압력(가정용 : 230～330 mmH_2O)으로 낮추어 주기 위해 용기 충전구에 연결하여 사용호스나 배관으로 이어진다. 가정용 LPG 용기에 사용되는 압력조정기는 시간당 4 kg을 배출한다. 원리를 보면, 입구에 고압의 가스가 들어오면 감압실을 덮고 있는 다이어프램이 압력조정용 스프링을 밀어 올리면서 밸브와 연결된 레버를 당겨 고압 입구를 막음(밸브시트)으로써 가스량을 조절하여 압력을 낮춘다.

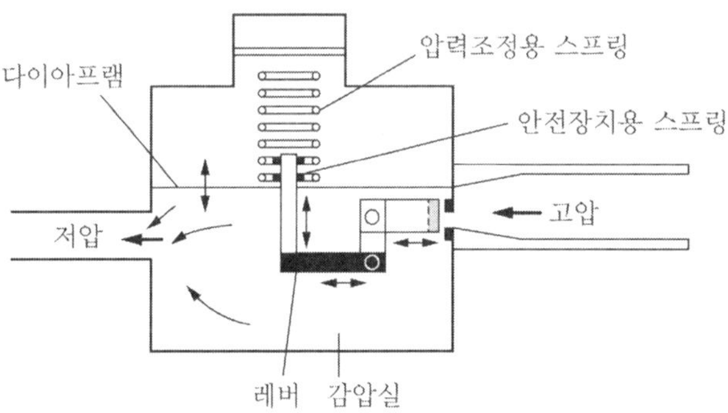

그림 7-1 압력조정기 구조 및 원리

압력조정기가 압력제어 기능을 상실하면 가스통의 높은 압력(5～7 kg/cm^2)이 그대로 호스에 전달되어 정상적인 이음부나 기구 구조에서 가스가 누설되거나 이음부가 이탈될 수 있고 이로 인한 폭발이나 화재의 위험을 동반한다.

1.2 증거물 검사 및 촬영

가스폭발 화재 시 특별히 누설되는 곳이 발견되지 않거나 이음부가 이탈되어 있을 경우 압력조정기의 기능을 검사하여야 한다. 분해 검사 시 반드시 출구압을 측정하여 기능 이상을 점검한 뒤 분해한다.

(1) 압력조정기의 다이어프램이 찢어진 곳이 있는지 살핀다. 다이어프램이 찢어지면 밀어 올리는 힘을 받지 못하여 레버를 당기지 못하고 고압 입구쪽 밸브를 막지 못한다.

(2) 고압쪽 입구를 막는 밸브시트가 정상인지 확인한다. 고무시트가 오래되면 경화되어 쪼개지거나 과도한 눌림으로 기밀 유지가 불가능해진다.

그림 7-2 고압측 입구 밸브시트 파손상태

2 시즈히터

2.1 개요

시즈히터(Sheathe heater, Tubular heater)는 열선 보호용 외피의 재질이 스테인리스 스틸로 제작되었기 때문에 형상 다변화가 용이하며 충격과 기계적 강도에 강하고 설치 및 온도 제어의 용이성으로 인하여 그 사용처가 매우 광범위하므로 각종 건조로, 가열로에 주로 사용하며 알루미늄, 주철, 주물로 열판에 부착하여 사용할 수도 있다. 대표적인 가전기기로는 저항가열식 전기밥솥, 다리미, 전기히터(일명 돼지꼬리) 및 족욕기 등에 사용되고 있다. 일반적으로 시즈히터는 코일형 전열선(Ni-Cr 계열)이 튜브체(SUS) 내에 설치되고 튜브체 내의 공간에는 절연재(산화마그네슘)가 채워지며, 전원을 공급하기 위한 단자가 설치되는 구조로 이루어진다.

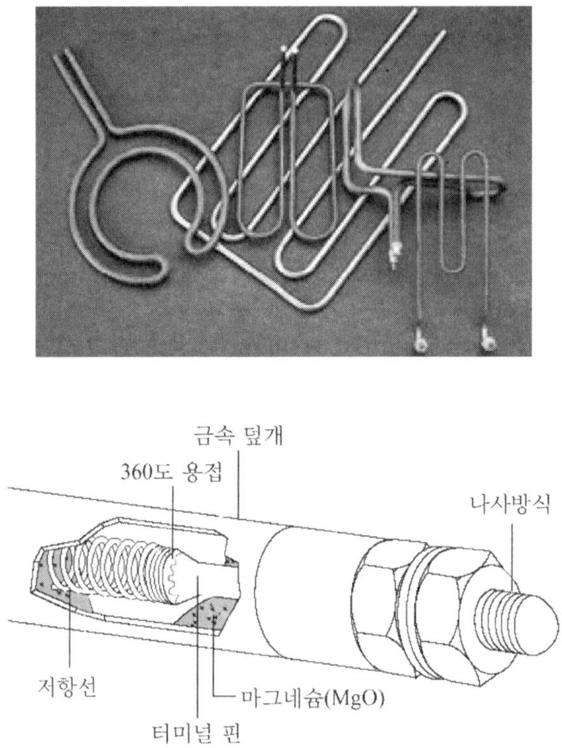

그림 7-3 시즈히터 형태 및 구조

2.2 증거물 검사 및 촬영

(1) 시즈히터의 전원 투입 여부

전기밥솥, 다리미 및 족욕기 등의 가전기기는 별도의 전원 투입 스위치가 존재하기 때문에 내부 배선에 전기적인 특이점이 없더라도 전원의 투입 여부를 용이하게 검사할 수 있는 구조이나, 전기히터(일명, 돼지꼬리)의 경우에는 별도의 전원 투입 스위치 없이 배선기구에 직접 연결되어 전원이 공급되는 경우가 많기 때문에 전원배선에서 식별되는 단락흔을 근거로 전원의 투입 여부를 판단한다.

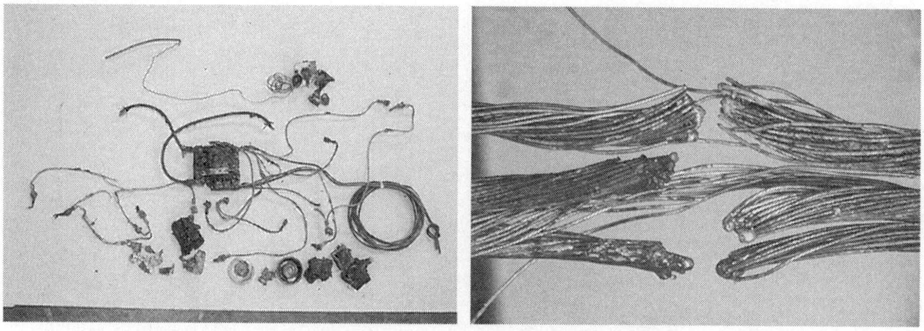

그림 7-4 시즈히터의 배선 단락흔

① 시즈히터를 사용한 컨트롤 패널 내부에 설치된 배선 중, 다수의 배선에서 단락흔이 식별되기 때문에 스위치가 유실된 상태라도 화재 당시 시즈히터에는 전원이 공급된 것으로 판단할 수 있다.

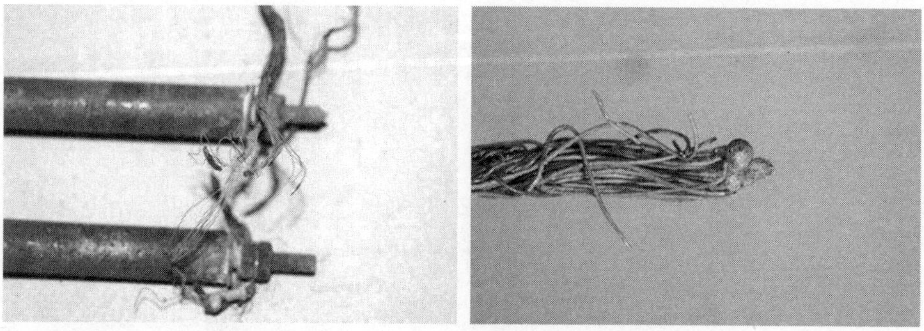

그림 7-5 전기히터의 전원선 단락흔

② 전원 투입 스위치가 존재하지 않는 전기히터(돼지꼬리)는 전원선에서 식별되는 단락흔의 검사를 통하여 화재 당시 전원의 투입 여부에 대한 판단이 가능하다.

(2) 온도센서의 설치 및 결함 여부

온도센서가 설치되지 않거나 온도센서가 결함이 있는 경우, 정상적인 폐루프의 온도제어가 행해지지 않기 때문에 히터의 온도 설정과 무관하게 지속적으로 온도가 상승할 수 있으며 동 조건에 종속하여 발생한 자체 발열, 온도 전달 매개체(물)의 용이한 증발 및 기름의 과열 등으로도 발화될 수 있으므로 온도센서의 존재, 설치 상태 및 결함의 검사는 시즈히터의 발화원인을 검사하는데 있어서 필수적인 부분이다. 또한 정상적인 온도센서가 설치되었다고 하더라도 감온부(부르돈관)이 전열선에서 이탈될 경우, 정상적인 온도제어가 행해질 수 없기 때문에 감온부의 설치위치에 대한 검사도 병행되어야 한다.

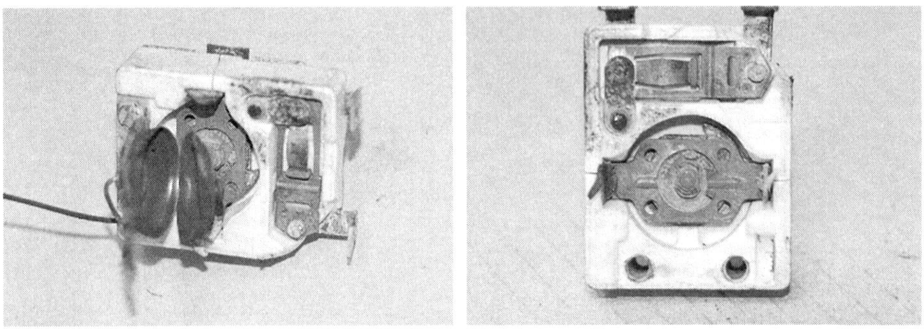

그림 7-6 시즈히터의 온도조절스위치

① 온도조절스위치 내부의 벨로우즈가 팽창 파손된 경우라면, 내부에 열매유가 화재 발생 이전에 만충된 것으로 볼 수 있으며 온도조절스위치의 설정 상태를 검사하여 화재 당시의 온도 설정 상태를 역계산한다.

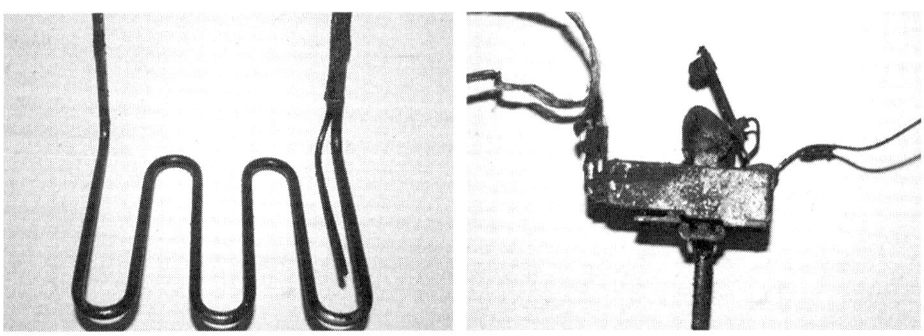

그림 7-7 감열체 부분의 전열선 이탈

② 설치된 온도조절스위치의 벨로우즈, 감열체 및 세관 부분이 파손되지 않은 정상적인 경우라도, 감열체 부분이 전열선에서 이탈될 경우, 원활한 온도의 감지 및 피드백이 불가하기 때문에 전열선이 과열될 수 있으며 이에 종속된 발열에 의해 시즈히터 부분에서 발화될 수 있다.

(3) 시즈히터의 과열 흔적 여부

시즈히터가 온도제어 불량, 온도센서의 결구 및 결함, 장기간 사용에 의한 과열이 발생할 경우, 시즈히터 표면의 변색, 산화, 유지류의 융착 및 탄화 형상이 식별되고, 또한 주변의 구조물 등에서 열변형 형상이 식별된다. 과열이 지속될 경우, 열선의 용융 및 히터 파이프 부분이 용융될 수 있는 바, 상기의 특이점이 증거물에서 식별된다면, 시즈히터의 과열에 의해 발화된 것으로 볼 수 있다.

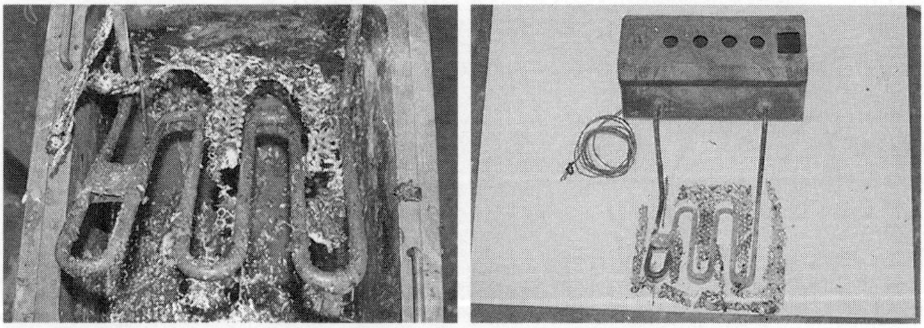

그림 7-8 시즈히터의 탄화 형태

그림 7-8의 경우 시즈히터의 과열에 의해 주변의 구조물인 용기 내부가 심하게 열변형된 상태이며 인접한 튀김망이 전열선을 따라 용융 유실된 형상이 나타난다. 또한 용기 내측 표면 및 시즈히터 표면에 융착 탄화된 상태이며 시즈히터의 표면에서 과열에 종속된 부식 형상이 나타난다.

(4) 시즈히터의 용융 및 절연 파괴 여부

시즈히터의 지속적인 사용에 의한 열전달 매개체의 증발이나 과전압의 유입 등으로 시즈히터가 과열될 경우, 열선이 용단될 수 있고 용단 시 발생한 아크 등의 고열에 의해 히터 파이프가 용융 변형 및 용단될 수 있으며 이 경우 온도센서의 설치 및 불량여부, 열전달 매개체의 존재여부, 사용시간 및 과전압이 유입될 수 있는 조건 등을 고려하여 검사를 행해야 한다.

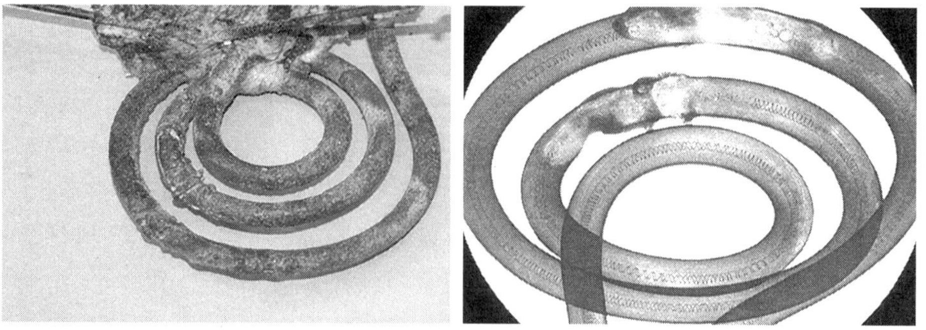

그림 7-9 시즈히터 변형상태 및 X-ray 촬영

시즈히터의 과열에 의해 전열선 및 히터 파이프 부분이 심하게 변형되고 내부의 열선이 용융 단선된 경우 절연 저항계를 통한 전열선의 단선 여부 및 X-ray를 통한 구조적인 변형형태를 촬영한다.

(5) 열전달 매개체의 존재 여부

열전달 매개물이 증발 혹은 유실될 경우, 원활한 열감지 및 제어가 이루어지지 않아 시즈히터는 과열될 수밖에 없다. 이 경우 사용 방치 시간 및 매개물의 양 등을 고려하여 검사를 행해야 한다. 그림 7-10에서는 족욕기 시즈히터를 중심으로 연소되고 전열선의 과열흔적을 확인할 수 있다.

그림 7-10 족욕기 시즈히터 연소상태

3 압축기

3.1 개요

압축기는 유체를 압축하여 유체에 기계적 에너지를 가한다는 점에서 펌프와 원리와 기본적으로 같지만, 펌프는 액체를 압축하는 것이고 압축기는 기체에 압력을 가하여 압력과 속도를 변환시킨다는 점에서 펌프와 구별된다. 공기기계는 송풍기와 압축기 2 종류로 분류되며, 압축기는 압력이 10 mAq 이상 공기를 압축하는 기계를 말하며 그 이하는 송풍기에 해당된다. 일반적으로 압축기는 외부로부터 끌어들인 기체에 기계적 에너지를 가해 기체의 역학적 에너지를 증가시킨 후 압력으로 바꾸어 고압기체를 얻는 기계이다. 압축기의 형식은 터보형과 용적형으로 크게 나뉜다.

3.2 종류 및 구조

표 7-1 공기기계의 분류

종류		송풍기		압축기
		1000 mmAq	1 mAq~10 mAq	10 mAq 이상
터보형	원심식	다익식		
		레디얼팬	레디얼 송풍기	레디얼 압축기
		터보팬	터보 송풍기	터보 압축기
	축류식	축류팬	축류 송풍기	축류 압축기
용적형	루츠식		루츠 송풍기	
	가동익식			가동익식 압축기
	나사식			나사식 압축기
	왕복식			왕복식 압축기

터보형은 에너지교환이 이루어지는 부분이 다수의 날개로 배열된 회전체(날개차, Impeller)로 되어 있고 그 부분을 통과할 때 기계적 에너지를 가해 기체의 압력과 속도를 증가시키는 형식의 것을 말한다. 용적형은 기체를 일정한 체적 내에 봉입하여 그 체적을 피스톤 및 회전자 등으로 감소시켜 압력을 상승시키는 형식이다. 일반적으로 고압화가 쉽고 압축효율도 높으며 특성이 안정되어 화학공업·동력원 등 그 용도가 넓게 사

용되는 왕복식 압축기는 실린더 안의 피스톤 왕복운동에 의해 실린더와 피스톤에 둘러싸인 체적을 주기적으로 감소시켜 그곳에 밀봉된 기체의 압력을 높여 토출밸브에서 방출하는 것인데, 실린더의 배열 방법에 따라 여러 가지 형식이 있다. 취급유량의 범위는 용적형 중에서 넓으며(약 660 m^3/min 이하), 압력비도 단당 2～12 정도까지이다.

(1) 왕복식 압축기

왕복식 압축기는 왕복 펌프와 같은 구조를 가지고 흡입 밸브와 송출 밸브를 장치한 실린더 속에서 피스톤을 왕복운동 시킴으로써 기체를 흡입하고 이것을 압축하여 송출하는 기계이다. 왕복식 압축기는 쉽게 고압을 얻을 수 있으나 밸브의 개폐에 시간이 걸리기 때문에 피스톤의 이동속도를 낮게 하지 않으면(소형은 2～3 m/s, 대형은 3～4 m/s), 기계의 치수 및 중량이 크게 된다. 또 피스톤의 왕복운동에 의하여 진동이 일어나기 쉽다. 왕복식 압축기는 작동 방식에 따라 단동형과 복동형으로 나눌 수 있다.

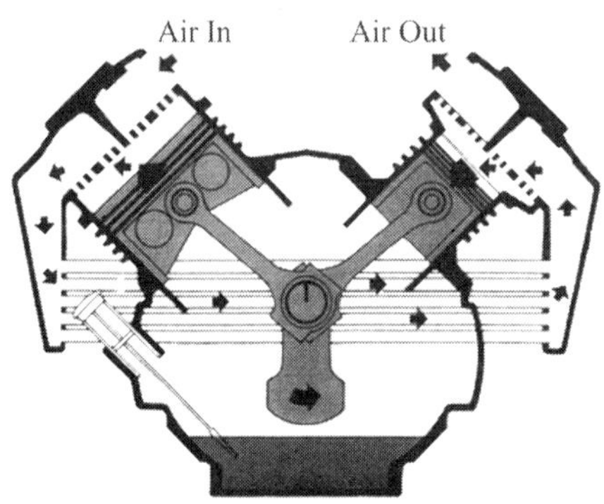

그림 7-11 왕복식 압축기의 구조

그림 7-12 공기 압축기 장치 구성

(2) 축류 압축기

축류 압축기는 회전날개와 고정날개가 교대로 배열되어 회전날개는 로터에, 고정날개는 케이싱에 고정되어 있다. 하나의 동익과 이것에 이어지는 정익에 의하여 1단락을 구성하고 1단락의 비속도는 800～1500 m^3/min의 범위에 있으며 축류 속도는 110～120 m/s 정도 잡는다. 날개는 충분한 강도를 가져야 함과 동시에 내마모성, 내부식성 및 가공이 용이해야 하기 때문에 동익이나 정익은 모두 주로 스테인리스강이 사용된다. 로터는 원주 속도 180 m/s 정도를 경계로 하여 이것보다 고속인 것은 원판식, 저속인 것은 원동식으로 사용한다. 원판식은 주로 항공용으로 사용되며 원동식은 주로 지상용, 선박용으로 사용한다.

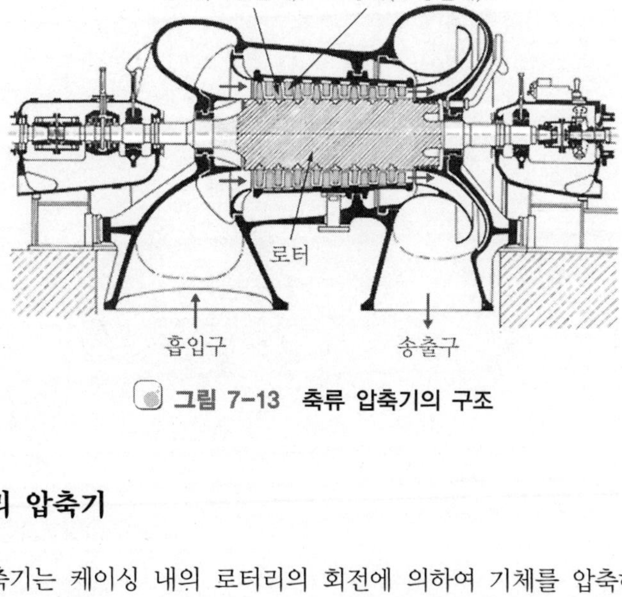

그림 7-13 축류 압축기의 구조

(3) 로터리 압축기

로터리 압축기는 케이싱 내의 로터리의 회전에 의하여 기체를 압축하고 고압으로 만들어 송출하는 기계이다. 종류는 로터의 형상과 구조에 따라 2축식으로는 루츠 압축기(Roots Compressor)와 스크류 압축기(Screw Compressor)가 있고, 편심식으로는 가동익 압축기(Sliding Vane Compressor)와 스크롤 압축기(Scroll Compressor)가 있다. 로터리 압축기의 특징은 경량 소형으로 고속회전이 가능하고 설치면적이 작으며 회전수의 변화와 관계없이 압력을 일정하게 유지할 수가 있고 압력비를 거의 일정하게 하여 유량을 회전수에 비례시켜 변하게 할 수도 있다.

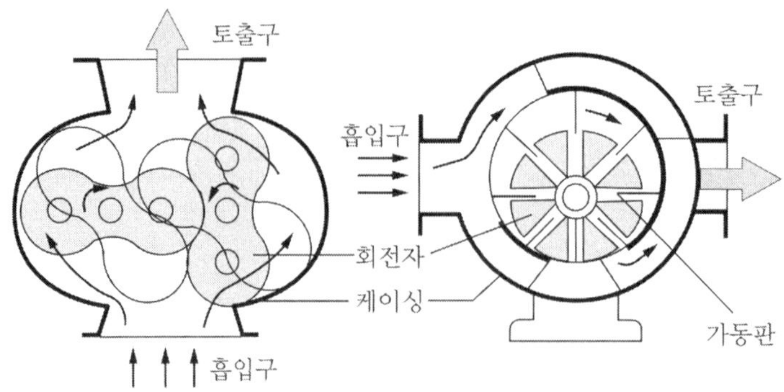

그림 7-14 로터리 압축기의 구조

1) **루츠형 압축기**(Roots Compressor)

케이싱 내에 2개의 기어를 가진 한 쌍의 로터가 90도 위상으로 서로 역방향으로 회전하면서 기체를 흡입 송출하는 구조이다.

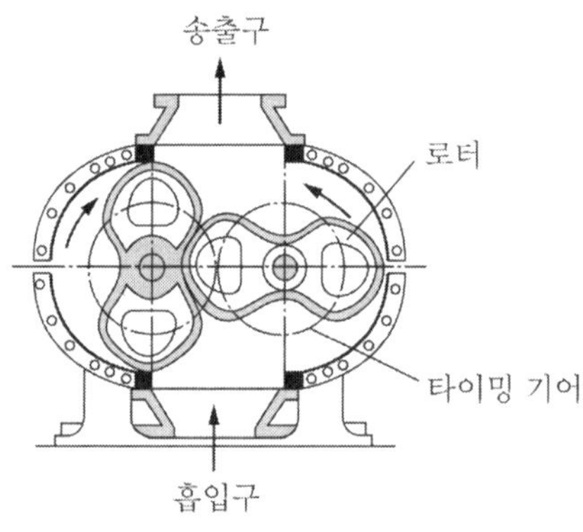

그림 7-15 루츠형 압축기의 구조

2) **스크류 압축기**(Screw Compressor)

스크류식 공기압축기는 1단, 공냉식 스크류 공기압축기로 오일세퍼레이터가 있는 급유식이다. 최근에는 오일이 없는 무급유식 방식도 많이 보편화되어 있다. 에어는 흡입필터로 통해 들어와 압축기에 의해 압축되고 오일세퍼레이터에서 오일과 분리되어 냉각팬에 의해 냉각된 다음 토출라인을 거쳐 별도로 설치된 공기탱크에 저장되어 있다가 필요한 라인으로 공급된다. 작동원리는 구동모터에 의해 동력이 발생하여 이와 커플링 등으로 직결된 압축기가 에어를 압축한다.

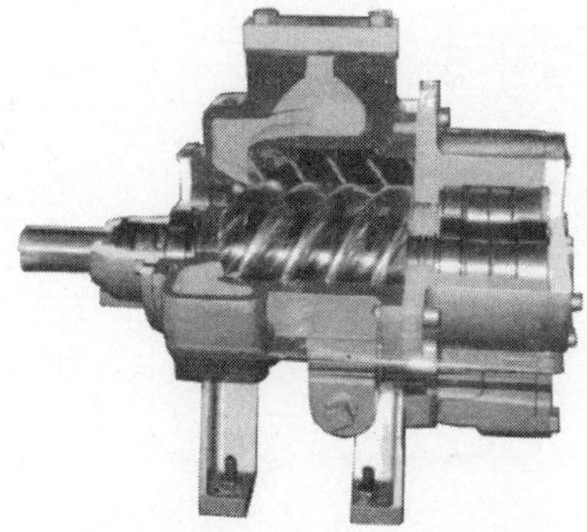

그림 7-16 스크류 압축기

3) 원심 압축기

터보식 압축기라고도 불리는 원심식 압축기는 팬, 프로펠러, 터빈을 포함하는 터보 기계류에 속한다. 원심 압축기는 고속회전하는 임펠러의 원심력에 의해 속도에너지를 압력에너지로 변환시켜 압축시켜 주는 기계이다. 원심 압축기는 원심 송풍기의 구조와 대체적으로 동일하지만 고압력을 내기 위해서는 고속회전으로 운동되어야 하기 때문에 이를 견딜 수 있는 구조로 만들어진다.

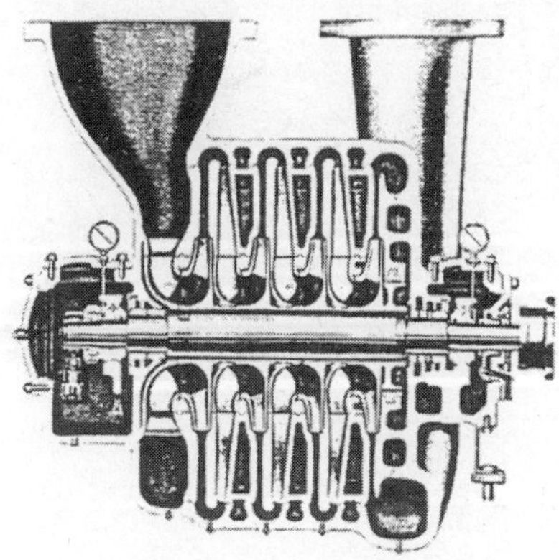

그림 7-17 원심 압축기

3.3 증거물 검사 및 촬영

(1) 전기적 특이점 검사

압축기는 작동 시 소음 등으로 설치 장소가 간이 건물 외부에 설치되므로 습기 등 자연적 영향을 많이 받는다. 따라서 배선의 열화나 트래킹 같은 전기적 결함이나 작동 시 수반되는 진동 등에 따른 절연손상에 유의하여야 한다. 그리고 밀폐공간에 사용 시 압축 공기의 순환과정에서 유발되는 작동유 분위기에 따른 폭발분위기조성이나 가혹 운전에 따른 작동유의 저온폭발 등도 유의사항이다.

1) 압축기의 코드나 배선 검사

배선의 단락 부분을 중심으로 연소·소훼 특성 확인하고 배선 경로 상, 진동에 따른 결함 요인 검사나 사용상황, 설치환경, 사용 연수 등을 고려한 단락을 확인한다.

그림 7-18 압축기 연소부위 분해 검사

(2) 모터 코일 검사

① 모터의 과부하 요인(축의 파열, 베어링 파열, 물의 유입 등) 검사
② 배선의 오결선이나 부족전압이나 과전압 투입 여부 검사
③ 코일의 경년열화나 제품의 결함 등 검사

그림 7-19 모터 내부 수분 침입

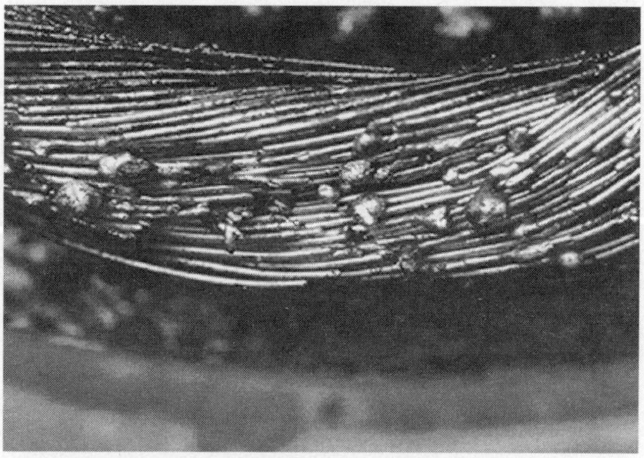

그림 7-20 모터 권선 단락

(3) 축의 파열에 따른 모터 코일 단락 검사

① 모터 코일 단락 검사

② 과부하 요인 검사(압축기 커넥팅 로드 파열 확인)

그림 7-21 왕복식 압축기 커넥팅 로드 파열

그림 7-22 스크류 압축기 베어링 파열

(4) 압축기 오일 미스트(Mist)에 의한 폭발

① 설치 환경 검사

② 폭발 분위기 조성 가스 검사(자체 분위기 조성인지 아니면 외부 유입인지 검사)

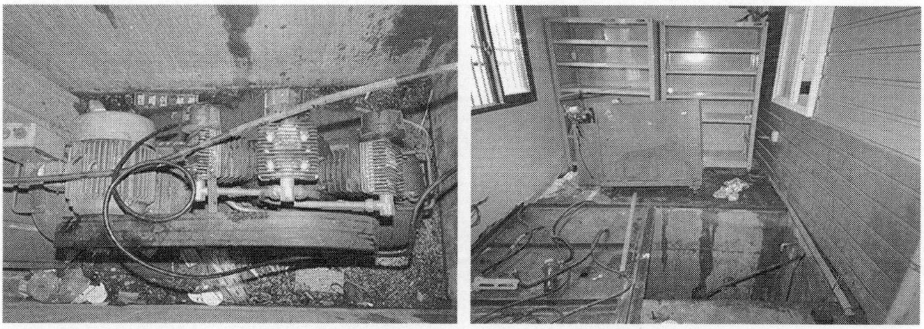

그림 7-23 압축기 폭발 현장

4 온도제어장치

4.1 개요

벨로우즈식 온도제어장치는 온도조절스위치(벨로우즈 포함), 세관 및 감열체 부분으로 구분된다. 벨로우즈, 세관 및 감열체 안에는 에틸 알코올 등의 액체가 봉입되어 있어 내부온도가 설정온도보다 낮을 때는 벨로우즈가 줄어들고, 온도가 높으면 벨로우즈가 팽창하면서 온도 조절을 함으로써 일정한 온도를 유지한다.

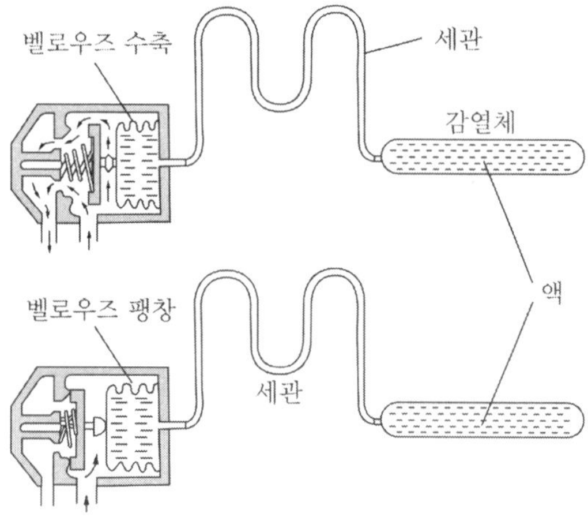

그림 7-24 벨로우즈식 온도제어장치 개략도

4.2 증거물 검사 및 촬영

(1) 온도제어장치(벨로우즈식)의 설정온도 검사

① 온도조절스위치의 외형이 온전히 남아 있는 경우에는 외부에 표기된 온도 표시 위치를 확인하여 설정온도를 판별한다.

② 온도조절스위치의 외형이 연소로 인해 소실된 경우에는 내부 스위치 구성품의 회전 각도를 확인하여 설정온도를 판별한다.

③ 일반적으로 온도조절스위치는 왼쪽으로 회전시킬 경우에는 낮은 온도로 설정되고, 오른쪽으로 회전시킬 경우에는 높은 온도로 설정된다.

그림 7-25 온도조절스위치 내부 형태

(2) 온도제어장치(벨로우즈식)의 작동 검사

① 온도조절스위치 내부의 벨로우즈가 팽창 변형(복귀 불가 상태)되거나 팽창 파손된 경우, 변형되거나 파손되기 이전 시점까지는 온도제어장치의 기능에 이상이 없는 것으로 판단한다.

그림 7-26 벨로우즈 팽창 변형 및 파손 형태

② 온도조절스위치 내부의 벨로우즈가 팽창 변형되지 않은 경우, 감열체에서 벨로우즈까지 물리적인 파손 및 누유 흔적이 있는지 확인하고 파손에 의한 누유 흔적이 있다면, 파손 시점 이후에 온도제어장치의 기능에 이상이 있는 것으로 판단한다.

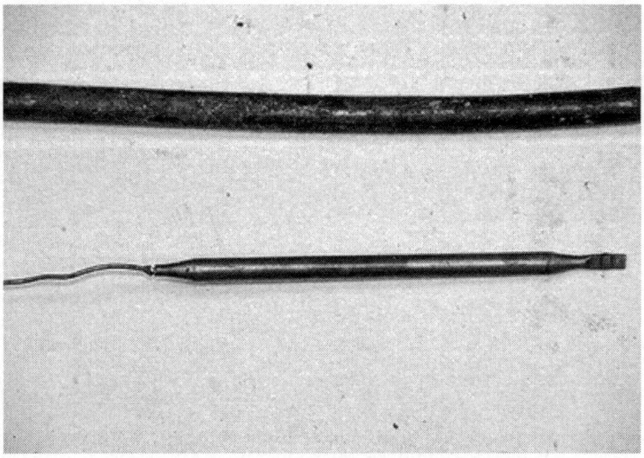

그림 7-27 감열체 및 세관 연결부

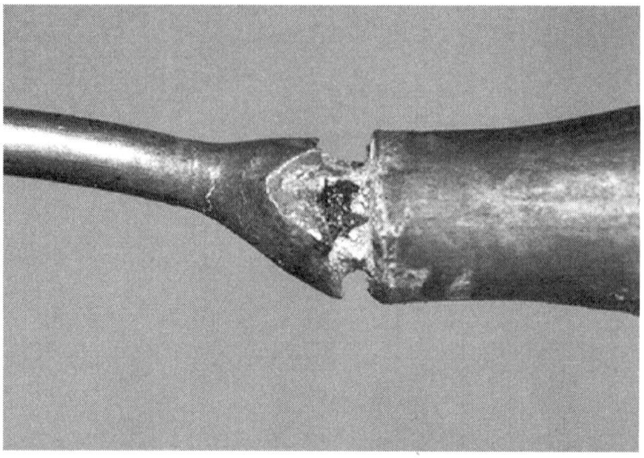

그림 7-28 세관 연결부 파손 형태

③ 온도조절스위치 내부의 벨로우즈가 팽창 변형되지 않고 감열체에서 벨로우즈까지 물리적인 파손 및 누유 흔적이 없다면, 온도제어장치의 기능 이상 및 정상 작동 여부에 대해서는 실험을 통해 판단한다.

5 가스배관

5.1 개요

가스용기로부터 가스기구까지 가스를 전달하는 기능을 하며 일반적으로 저압부에는 금속 플렉시블 호스나 염화비닐호스를 사용하고 고압용에는 고무호스를 사용한다. 배관이나 호스의 이음부는 가스가 누출되는 경우가 많으므로 전선이나 전기기구 등과는 일정거리를 두어 전기 스파크 등에 의한 가스폭발화재가 일어나지 않도록 하여야 한다. 금속배관과 연소기를 연결하는 호스는 최소한의 길이(3 m 이내)로 연결하는 것이 바람직하고 호스의 길이가 길면 꼬여서 가스 흐름이 막힐 수 있고 화기에 닿는 경우 녹아서 가스누출의 직접적인 원인이 될 수 있다. 가정에서 흔히 볼 수 있는 T형 분기 연결은 외력에 의해 호스가 쉽게 빠질 수 있고 한쪽을 사용 않을 경우나 마감 불량 및 사용자가 바뀌는 경우 취급 부주의로 가스가 누설되어 대형 사고로 이어지는 경우가 흔하게 일어나고 있다.

5.2 증거물 검사

(1) 호스 연결부에서 새는 경우 밸브나 콕에 표시된 붉은 선까지 호스가 끼워졌는지와 호스밴드로 조임을 하였는지를 확인한다.
(2) 분리된 상태로 폭발 또는 연소되었다면 오염이나 그을음 흔적으로 분리된 시기가 사고와 관련이 있는지를 검토한다.
(3) 폭발 등에 의해 호스에 손상이 가해졌을 경우 손상원인이 폭발 이전 어떤 공구에 의한 것인지 폭발 시 구조물에 손상된 것인지를 구별해야 한다.
(4) 특히 이사 후에 발생되는 부주의 사고가 자주 일어나는데 'T'자형의 이음관에 분기되어 사용되지 않는 호스를 마감하지 않은 채 중간밸브를 열어 가스가 공급되고 사용되지 않는 하나에서 가스가 누출되어 폭발 화재에 이르는 경우가 대부분이다.

6 중간밸브

6.1 개요

핸들을 돌리면 스핀들에 접속된 볼(Ball)이 좌우로 90도 회전하면서 가스 통로를 열고 닫는 것으로 볼모양의 디스크와 밸브몸통에 끼워져 있는 링모양의 밸브시트 구면이 맞물려 기밀을 유지하게 된다. 조작시간이 짧고 유체의 저항이 적으며 핸들의 위치에 따라 개폐여부를 쉽게 확인할 수 있다. 볼밸브의 구조는 시계바늘 반대방향으로 90도로 완전히 돌렸을 때 핸들방향과 유로의 방향이 평행이 되면 열리는 구조로 되어 있다. 중간밸브의 개폐 여부가 가스사고를 단정하는 데는 큰 영향을 미치지 못한다. 중간밸브는 습관상 잘 잠그는 사람도 있고 사용하지 않는 경우에도 기구 스위치만 잠그고 중간밸브는 열어 놓는 경우도 많기 때문이다. 그러나 기구 화재에 있어서 기구가 심하게 소멸되거나 하는 경우 이의 사용 여부를 50% 구분할 수 있는 것이 중간밸브이고, 사용 안한 것을 중간밸브의 '잠금' 자체로 판단이 가능한 경우도 있다.

6.2 증거물 검사 및 촬영

화재현장에서 문제가 되는 중간밸브의 상태는 크게 두 가지이다. 그것은 심하게 연소되었을 경우 개폐상태를 확인하는 것과 변형의 경우 연소 당시 위치를 찾는 것이다. 심한 연소로 손잡이가 소실되어 외관상 개폐여부를 확인하기 힘들 때는 손잡이 체결용 나사 구멍이 있는 구조물이 길이의 장축이 볼의 관로와 일치하는 것이 대부분이다. 따라서 길게 호스방향으로 되어 있는 경우가 개방의 상태이다. 더욱 확실히 관찰하기 위해 호스 끼움부를 분리하여 내부 볼을 확인하면 된다. 심하게 연소되어 있지 않았으나 사고 초기에 가스와 무관하다고 생각되어 중간밸브를 함부로 다루다 사고 당시 위치를 확인할 수 없을 때는 손잡이와 밸브 몸체가 접촉되는 부분의 먼지나 그을음 오염상태로 개폐여부 판별할 수 있다.

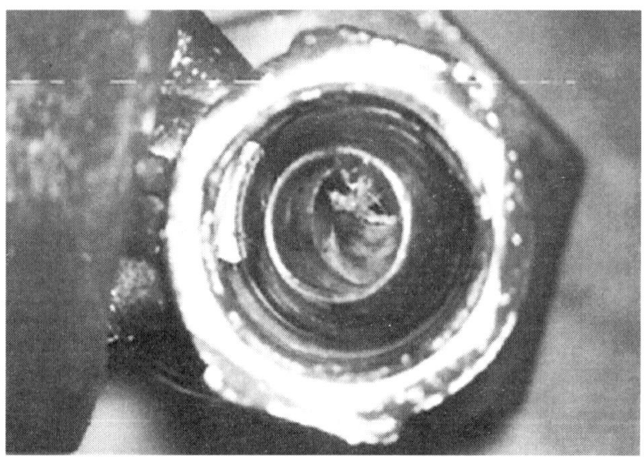

그림 7-29 내부 볼이 유로에 평행(열림)

7 퓨즈콕크

7.1 개요

퓨즈콕크는 중간밸브 내부에 과류차단안전기구를 삽입하여 가스배관에 설정량 이상의 가스가 배출(유속 증가)될 경우 가스통로를 막아 호스가 콕이나 기구에서 빠지는 경우나 호스가 절단되는 경우 가스가 누설되는 것을 방지하여 화재나 폭발에 이를 수 있는 위험을 예방한다. 퓨즈콕크는 몸체 표면에 ‘F’가 표시되어 있고 그 옆에 숫자가 표기되는데 이는 시간당 유량을 나타낸다. 즉 ‘F1.2’인 경우는 퓨즈콕크를 포함하고 한 시간에 1.2 m^3의 작동유량을 가진다는 의미이다. 작동유량 이상이 퓨즈콕크를 통과하는 경우 퓨즈콕크가 작동되어 가스 흐름을 차단한다. 현재 국내에서 시판되고 있는 퓨즈콕크를 퓨즈의 작동유량에 따라 저압용 4가지가 생산되고 있으며 가스연소기의 가스소비량이 퓨즈콕크의 작동유량을 초과할 경우 원래의 의도와는 반대로 작동 중에 닫힐 수 있으므로 연소기의 가스소비량에 적합한 퓨즈콕크를 설치했는지 확인이 필요하다.

그림 7-30 볼밸브와 결합된 퓨즈 콕크

그림 7-31 정상공급 시 퓨즈콕크 측단면

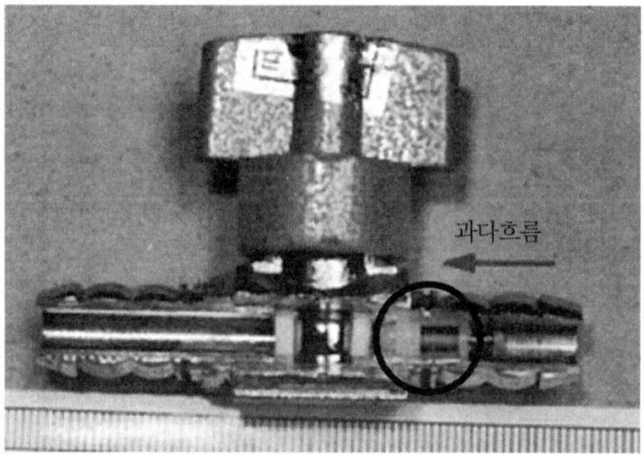

그림 7-32 과다흐름에 의한 퓨즈콕크 작동상태

7.2 증거물 검사

퓨즈콕크 작동에 의해 가스가 누설되지 않았을 경우로 추정되지만 사고 현장에 퓨즈콕크가 작동되지 않은 것으로 의심될 경우는 확인할 사항이다.

(1) 가스방향을 제대로 연결하였는지 확인한다. 밸브에 표시된 가스흐름방향의 화살표대로 연결하지 않으면 퓨즈콕크는 작동되지 않는다.
(2) 내부가 열손상으로 녹았는지 확인한다. 퓨즈의 재질은 열에 약해 변형되기 쉽다.
(3) 밸브 이하 호스를 3 m 이상으로 하여 누출부위의 압력저하가 발생하였는지를 확인한다. 방출되는 압력이 저하되면 가스방출속도가 늦어져 퓨즈콕크는 기능을 발휘하지 못한다.

8 용기밸브

8.1 개요

용기밸브는 용기 내의 가스의 흐름을 열고 닫는 중요한 역할을 하는 것으로 밸브몸통, 안전장치, 핸들, 스템, 오링, 밸브시트 등으로 구성되며, 안전밸브는 용기 내 압력이 비정상적으로 상승할 경우 가스용기 내압 이하에서 가스를 방출함으로써 용기의 파열을 방지한다. 가스용기를 오랫동안 방치하여 오염 등으로 핸들이 덜 잠긴 상태로 고정되어 잠긴 것으로 간주하고 압력조정기를 탈거하여 가스가 누출되는 경우 당황하여 핸들을 반대로 심하게 돌려 고정되면서 잠금이 어려워지는 경우도 흔하게 일어난다. 용기밸브의 충전구 나사는 왼나사이며, 충전 후에는 조정기를 이곳에 연결하여 사용하게 된다.

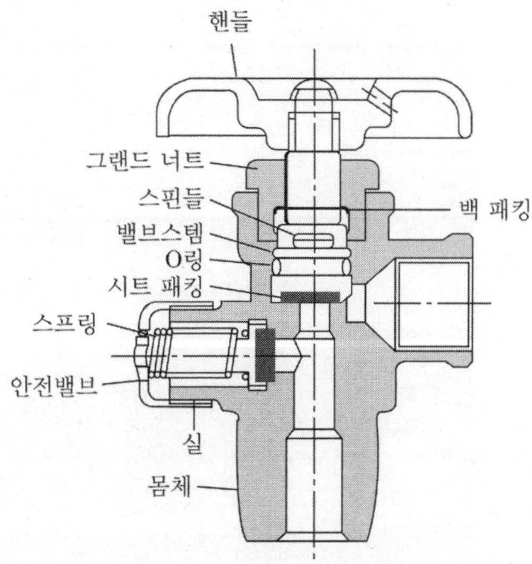

그림 7-33 용기밸브의 단면도

8.2 증거물 검사

핸들 쪽으로 가스가 누설되는 경우는 밸브의 O링이 파열되어 기밀유지가 안 되는 경우이다. 충전구 쪽에서 잠금 시 누출되는 경우는 핸들이 완전히 잠기지 않거나 밸브시트가 경화되거나 파열되어 기밀이 불가능한 경우이다. 출구에 금속조각 등 이물질이 삽입되어 완전 잠금이 안 되는 경우 외부적으로 조치가 불가능하여 가스가 계속 누출된다. 화재 시 화염에 접촉되어 프로텍터 부분에 생성되는 가스누출에 의한 화염 접촉 흔적은 안전밸브 방향일 경우 내압이 상승하여 안전밸브가 작동하면서 가스가 분출될 시 착화된 것이고 출구 주변의 경우는 화염에 밸브시트가 녹아 가스가 분출될 시 착화된 것이다. 용기의 경우는 용기 정기 검사 시 쇼트볼에 의해 세척 작업이 진행되는데 그 때 쇼트볼이 완전히 제거되지 않을 경우 용기 밸브 내에 끼여 완전 잠김이 되지 않아 가스가 누출되는 경우도 빈번히 발생하니 이에 관한 상세 관찰도 필요하다.

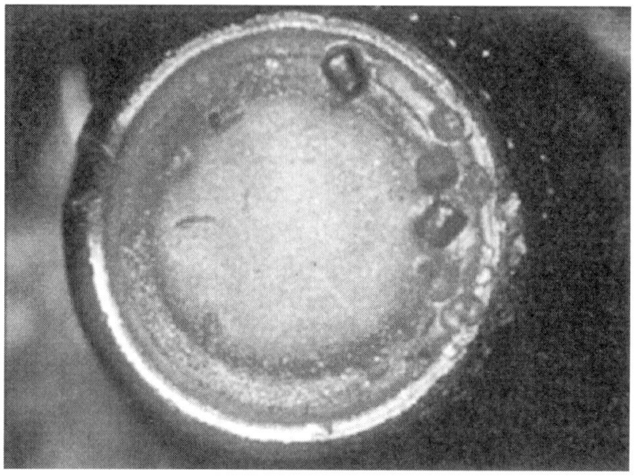

그림 7-34 스템부분의 금속 이물질

그림 7-35 용기 밸브 내 잔류 쇼트볼

Chapter 8

화재분석장비

1 실체현미경

화재 감정에 있어 가장 사용이 많은 장비로 화재 주요 원인으로 작용하는 전기적 특이점을 추적하기 위한 배선의 단락흔과 발화 대상물의 절단흔, 파손흔 등을 식별할 때 매우 유용하게 사용되어진다. 보통 현미경에서는 두 눈의 접안렌즈를 사용해도 대물렌즈로부터의 광축(光軸)이 하나이기 때문에 입체감을 얻을 수 없다. 그러나 실체현미경에서는 광축 사이에 약 15°로 벌어진 2개의 광속(光束)에 의해 정립(正立)한 확대상을 만들고 이것을 각각의 눈으로 봄으로써 입체감을 얻을 수 있다. 종류는 2개의 대물렌즈를 사용하는 것과 하나의 대물렌즈를 사용하는 것이 있으나 원리적으로는 같다. 배율은 10～100배가 보통이며, 최근에는 줌(zoom)식으로 배율을 연속적으로 바꿀 수 있는 것이 있다. 대부분의 실체현미경은 두 개의 대물렌즈와 두 개의 접안렌즈로 시료를 두 방향에서 관찰하는 구조로 되어 있어 입체적인 상을 얻어 낼 수 있다. 보통의 광학현미경에서 얻어지는 상은 도립상이지만 실체현미경에서는 정입 프리즘에 의해 전후좌우 정립상을 얻을 수 있다. 총합배율은 20～100배 정도이고 줌식으로 배율을 연속적으로 바꿀 수도 있다.

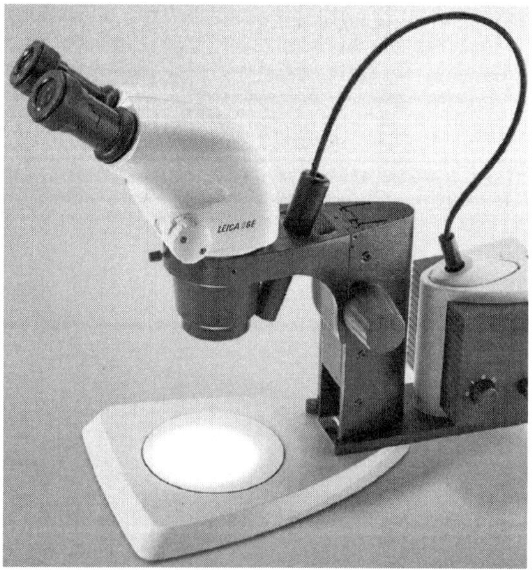

그림 8-1 실체현미경

2 비교현미경

비교현미경은 좌우 양안 렌즈를 부착하여 두 물체의 표면에 생성된 미세 흔적을 비교할 수 있는 실체현미경으로 화재로 인한 흔적 생성 특성을 해석하여 흔적의 동일성 여부를 비교하는 용도로 사용되어진다. 한쪽에 표준이 될 만한 물체를 놓고 다른 한쪽에 피측정물을 놓은 다음 이들 양자를 동시에 보면서 흔적 등에 관한 비교 작업을 수행한다.

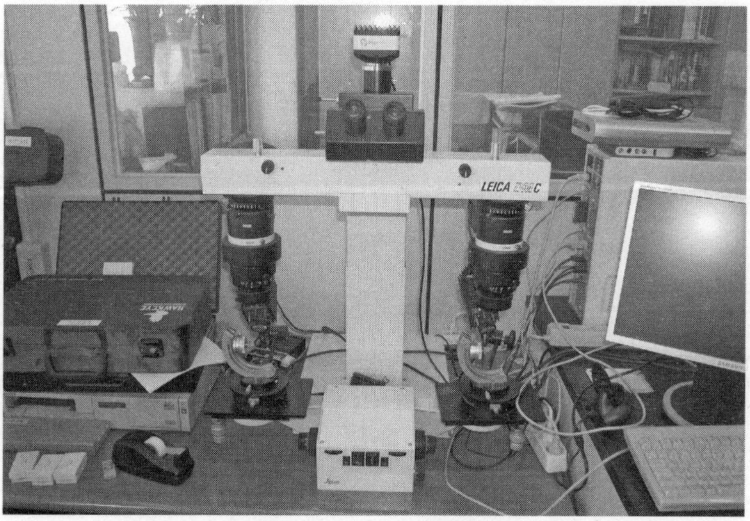

그림 8-2 비교현미경

3 주사전자현미경

육안으로 볼 수 없는 증거물의 경우 현미경을 통하여 관찰을 한다. 주사전자현미경(SEM, Scanning Electron Microscope)은 광학현미경으로 볼 수 없는 아주 미세한 크기도 광범위하게 관찰할 수 있다. 주사형 전자현미경은 전자렌즈 상에 작게 조여진 전자선으로 시료 표면을 주사하고 시료 표면에서 발생하는 이차전자, 반사전자 등을 증폭시켜 그 양자 강도를 휘도로 변환시켜 브라운관에 결상시킨다. 시료 내의 원소에서 발생하는 특성 X선을 분석하는 X선 마이크로 애널라이저(Micro Analyzer)와 병용하여, 시료 내에 있는 특정 원소의 검출이나 분포를 해석하는 수단으로도 널리 사용하고 있다. 보통은 분해능이 10~20 nm이지만, 개량된 것은 대단히 고도의 분해능을 나타내어 미세구조의 해명에 크게 기여하고 있다.

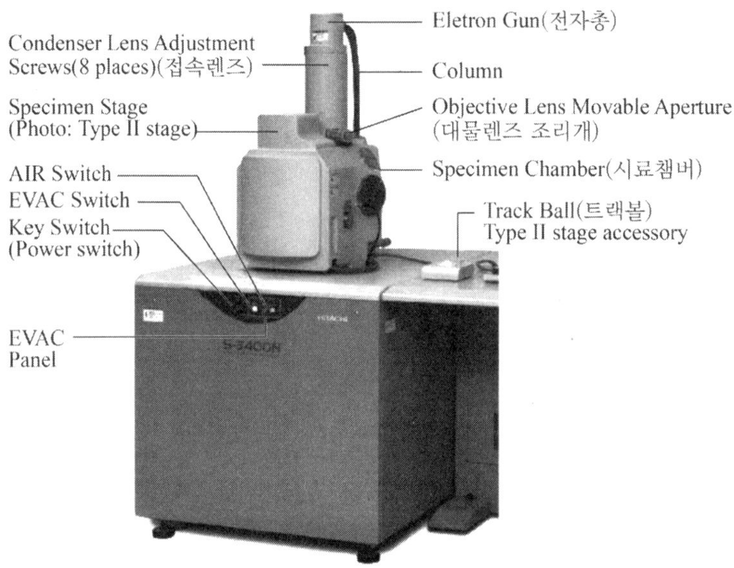

그림 8-3 주사전자현미경

4 엑스레이

엑스선은 파장이 10~0.01나노미터이며, 주파수는 30×10^{15} Hz에서 30×10^{18} Hz 사이인 전자기파인데 자외선보다 짧은 파장의 영역이다. 엑스선은 투과성이 강하여 물체의 내부를 볼 수 있으므로 의료 분야 및 비파괴 검사 등에 널리 사용된다. 화재사고 원인분석을 비롯한 물리학적 감정 과정에서 직접적인 분해 및 파괴검사 이전에 증거물의 손상 없이 원하는 정보를 얻기 위한 비파괴 검사는 반드시 거쳐야 할 검사 과정이다.

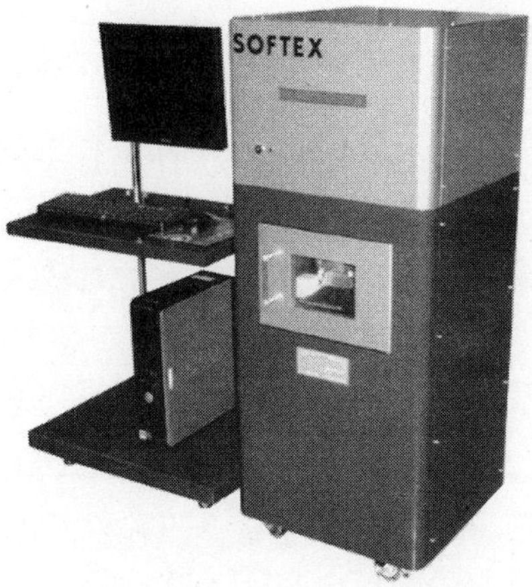

그림 8-4 X-ray 분석장비

5 절연저항계

5.1 개요

전기설비의 기기와 전로는 절연물로 보호되고 있으며 만약 이 절연이 좋지 않으면 누전이 되고 감전이나 전기화재 등 전기사고가 발생하게 된다. 보통 절연상태를 파악하는 방법으로 전로를 정전시킨 후 절연저항계(Megger)로 절연물에 직류전압을 인가하여 그 때에 흐르는 미세한 전류를 측정함으로써 절연저항을 측정한다. 절연저항 측정을 통해 절연 손상에 따른 누설전류의 발생 여부 및 절연물 열화에 따른 트래킹 현상 여부 등을 파악함으로써 누전에 의한 감전사고와 트래킹 현상에 의한 전기화재사고를 방지할 수 있다. 감전사고 및 트래킹에 의한 전기화재사고는 절연물의 손상 등에 의해 발생할 수 있으므로 조사자들은 상세히 종류별 특징과 사용법을 익힐 필요가 있다.

5.2 종류 및 특징

일반적으로 사용되는 절연저항계는 건전지로 구동되는 휴대용으로 내장된 건전지의 전압을 트랜지스터식 정전압회로에서 안정된 전원전압으로 하고 발진회로에서 교류전압으로 바꾼 후 다시 승압변압기에서 소요전압으로 승압하여 배전압 정류회로에서 직류전압으로 변환한다. 지시회로에는 가동코일형 전류계에 절연저항 값을 새겨 넣어 절연저항 값을 볼 수 있다. 여기서 절연저항이란 절연물에 직류전압을 인가 시 절연물에 흐르는 전류를 인가된 전압으로 나눈 값을 말한다. 현재 통용되고 있는 절연저항계는 최소 150 V에서 10 kV까지 전압을 인가할 수 있으며, 용도에 따라 50 MΩ에서 1 TΩ까지의 절연저항을 측정할 수 있다. 600 V 이하의 저압용 선로 및 기기의 절연저항 측정에는 주로 500 V / 1000 MΩ의 절연저항계를 사용하는데, 1000 V 이상의 절연저항계를 저압계통에 사용하는 경우에는 절연파괴가 일어나 정상인 것도 절연저항이 0으로 측정되므로 주의할 필요가 있다. 절연저항계는 아날로그식과 디지털식으로 구분할 수 있다.

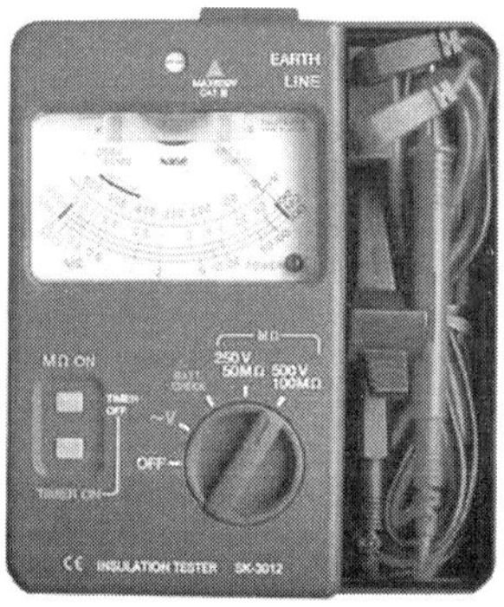

그림 8-5 아날로그 절연저항계

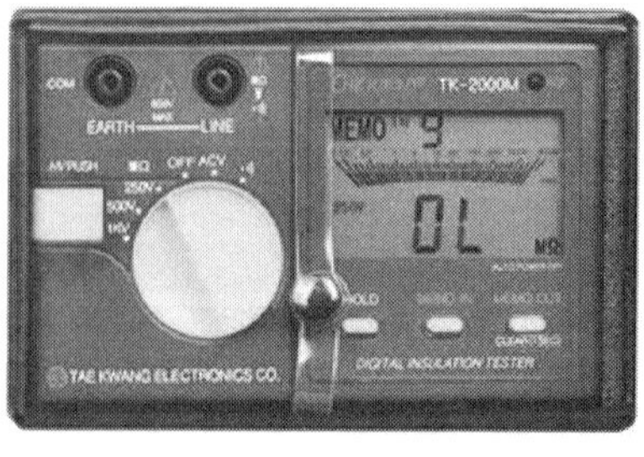

그림 8-6 디지털 절연저항계

5.3 용도별 사용방법

(1) 고압설비의 측정

고압기기 및 전선로의 측정에는 1000 V, 2000 V의 절연저항계를 사용한다. 그러나 고압회로의 절연을 판정하는 경우, 그 값에 대한 판정뿐 아니라 경년의 변화에 대한 것을 보고 판정하는 것이 필요하다. 현재 출시되고 있는 절연저항계는 최대 10 kV의 전압을 인가할 수 있으므로 피측정 대상에 따라 적정한 것을 선택하여야 한다.

(2) 저압설비의 측정

측정 전에 컴퓨터나 반도체를 사용하는 기기는 측정에 의하여 고장이 발생할 우려가 없는지 확인하고 고장의 우려가 있는 경우는 회로에서 분리하여 측정한다. 또한 서지 보호 장치가 설치된 경우에는 이 때문에 절연저항의 값이 0으로 측정될 수 있으므로 반드시 회로에서 제거한 후 측정해야 한다.

(3) 콘덴서의 측정

측정 시 최초에는 충전전류가 흐르고 안정되기까지 1분여 정도 시간이 걸린다. 이 시간이 경과 후 또는 지시가 안정된 후 값을 읽는다. 특히 측정을 종료한 후에도 잔류전하에 의해 고전압이 충전되어 있을 수 있으므로 충분한 시간이 지난 이후 또는 잔류전하를 완전히 방전시키기 이전에는 절대 피측정 콘덴서 단자를 만지지 않도록 주의하여야 한다.

(4) 특별한 사용법

저압회로에서 누전전류가 흐르고 있으나 회로의 절연저항은 이상이 없어 원인을 알 수 없을 때에 사용한다. 전선로가 긴 경우 대지정전용량을 확인하는 방법으로 사용하며 회로를 개방하여 통상의 측정방법으로 이상이 없음을 다음 절연저항계에 전압을 인가한 채 회로에 측정침을 접촉시키면 지침이 조금 흔들거리다가 원래의 저항값으로 돌아가는데 이 흔들림이 대지정전용량의 크기에 해당된다.

6 온도측정기

6.1 개요

온도는 우리 일상생활뿐만 아니라 산업현장에서도 가장 큰 영향을 주는 요소이다. 특히 화재사고의 발화 과정은 온도와 관련이 있음으로 주요 분석 증거물 또는 사고와 연관된 대상물의 작동 또는 비정상 작동으로 인한 온도의 영향을 파악하는 것은 매우 중요하다. 화재사고의 대부분은 온도 상승으로 인한 발열에 기인함으로 조사자들은 상세히 종류별 특징과 사용법을 익힐 필요가 있다.

6.2 종류 및 특징

(1) 접촉식 온도계

물체에 센서를 접촉하여 온도를 측정하게 된다. 심부/표면/대기 등 측정하는 대상에 따라 3가지로 구분한다. 사용이 편리하고 정확도가 뛰어나며 비접촉식 온도계처럼 물체마다 방사율을 입력할 필요가 없다. 특히 백금 센서를 사용할 경우는 오차 범위가 소수점 아래로 내려갈 정도로 정확한 온도 측정이 가능하나 센서를 물체에 접촉시켜야 온도가 측정되기 때문에 센서를 넣기 어려운 지형이나 물체의 온도 측정이 어렵다. 센서의 종류로는 백금 센서와 서미스터, 열전대 등이 있다.

① **백금센서** : 온도에 따른 백금의 저항치가 변하는 원리를 이용한 센서로 현재 온도센서 중 가장 높은 정확도를 자랑한다. 단점은 측정시간이 다소 오래 걸리고 가격이 고가이다.

② **서미스터(Thermistor)** : 백금센서와 마찬가지로 온도에 저항이 변하는 원리를 이용한 센서이다. 정확도가 우수한 편이나 단점은 느린 반응속도와 측정범위가 넓지 못하다.

③ **열전대** : 속성이 다른 금속 두 개를 접하여 온도 변화에 따른 기전력 변화를 이용한 센서로 현재 국내에서 가장 많이 사용되고 있다. 가격이 저렴하고 빠른 반응속도가 장점이나 다른 센서들에 비하여 정확도가 떨어진다.

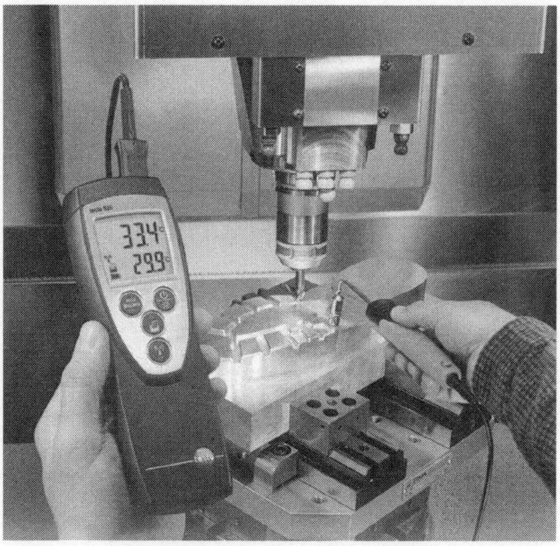

그림 8-7 접촉식 온도계

(2) 비접촉식 온도계

흔히 적외선 온도계라고 일컫는 온도측정기이다. 적외선은 단지 어느 지점을 측정하는지 보여주는 지표이다. 측정원리는 물체마다 빛을 투과, 흡수, 반사하는 과정을 하게 되고 이 과정을 통하여 방출된 에너지를 렌즈를 통하여 온도로 표시한다. 측정 지점에 영향을 받지 않는다는 장점이 있고 접촉식 센서로 측정하기 힘든 지형의 온도를 쉽게 측정할 수 있지만 접촉식 온도계들에 비하여 정확도가 떨어지며 정확한 온도 측정을 위해서는 물체마다 방사율을 입력해 주어야 하며 거리에 따른 측정범위가 다르기 때문에 2포인트 적외선 온도계를 사용하는 것이 좋으며 빛의 반사율이 큰 물체의 경우 온도 측정이 불가능하다.

그림 8-8 비접촉식 온도계

7 적외선카메라

열화상카메라는 열을 추적, 탐지하여 화면으로 한 눈에 보여주는 장치를 말한다. 일반 카메라는 사람의 눈과 같은 구조를 하고 있어 우리 눈이 보는 것과 유사한 모습을 담아내지만 열화상카메라는 오직 열을 이용해서 촬영하는 특수 장비이다. 이러한 점을 활용하여 여러 분야에서 유용하게 쓰이고 있는데, 멀리서는 눈에 보이지 않을 정도의 작은 화재라고 해도 열화상카메라는 이것을 포착할 수 있다. 군사용으로도 사용되는데, 열화상카메라를 이용하면 빛이 전혀 없는 밤이라고 할지라도 스스로 열을 발생시키는 사람의 몸을 쉽게 찾아낼 수 있어 야간 감시 장비로 사용된다. 이처럼 열화상카메라는 열을 어느 정도 내는지에 따라서 화면을 보여주기 때문에 연기와 같은 장애물의 유무, 빛의 유무와 상관없이 물체를 확인할 수 있다.

그림 8-9 적외선카메라

8 액체크로마토그래피

액체크로마토그래피(Liquid Chromatography)는 크로마토그래피의 일종으로 이동상이 액체인 것을 말한다. 고정상으로서 각종 고체 또는 액체를 사용하고 시료를 적당한 전개제로 이동시켜 시료중성분의 고정상에 대한 흡착성이나 분배계수의 차이에 따른 이동속도의 차를 이용해 이것을 분리하는 장비이다. 분리된 시료는 차동굴절계 또는 자외광도계에 의해 검출한다. 고정상에 따라서 분배, 흡착, 이온교환, 게르여과법 등으로 분류된다. 무기이온, 아미노산, 단백질 등의 정제나 정량에 유용한 방법으로 화재 조사 시에는 방화 사건으로 의심될 수 있는 사고 현장 내 수거된 인화물 분석 용도로 사용된다.

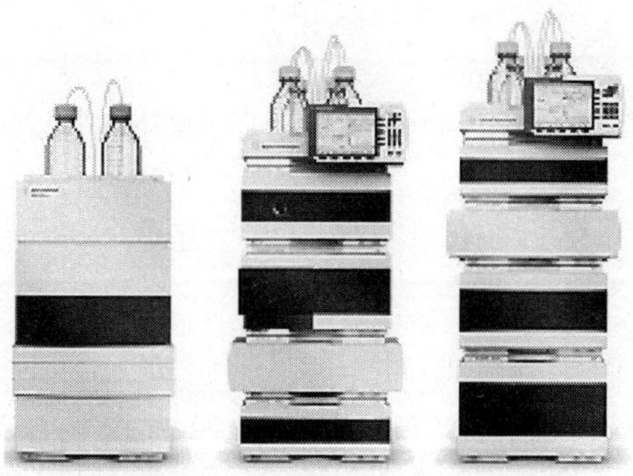

그림 8-10 액체크로마토그래피

찾아보기

ㅂ

ㅅ

ㅇ

ㅊ

ㅋ

ㅌ

ㅍ

ㅎ

영문

기타

■ 참고문헌
- NFPA 921 : Guide for Fire and Explosion Investigations, NFPA, 2014
- 화재조사실무, 국립과학수사연구원, 2003

저 자 : **김 의 수** (金義洙, EUI SOO KIM)

- 현) 국립 한국교통대학교 안전공학과 교수
- 현) 경찰청 과학수사자문단 위원
- 현) 한국화재조사학회 학술이사
- 현) 중앙소방학교 외래강사
- 현) 중앙소방학교 화재조사관 자격시험 출제위원
- 현) 한국소방안전원 초빙강사
- 현) 한국가스안전공사 사고조사전문위원
- 현) 경찰수사연수원 외래강사
- 현) 산업자원통상부 국가안전대진단 민간위원
  가스안전기술 심의위원
  가스기술기준위원회 분과위원
- 현) 행정안전부 안전정책자문위원
  안전정책기동단 전문위원
  안전한국훈련 중앙평가단 위원
- 현) 고용노동부 중대재해해제 심의위원

- 전) 국립과학수사연구원 공업연구관
- 전) 대한민국 안전대상 심사위원
- 전) 서울대/중앙대 공과대학 객원교수
- 전) 미국 조지아텍 방문연구원
- 전) LG디스플레이/LG전자/삼성전자 선임연구원

화재증거물분석 실무개론 정가 20,000원

발 행 2019년 9월 10일 초판 1쇄
저 자 김의수
발행인 정우용
발행처 도서출판 동화기술
경기도 파주시 광인사길 201(문발동, 파주출판도시)
Tel (031)955-4211~6 donghwapub@nate.com
Fax (031)955-4217 www.donghwapub.co.kr
(등록) 1977년 12월 19일/9-16호

ISBN 978-89-425-9239-5